建筑信息模型BIM技术应用系列教程
高等职业教育土木建筑类专业新形态教材

BIM应用基础教程

主　编　郭仙君　张　燕
副主编　赵　威　顾年福　李　晨　房忠洁
　　　　张忠良　张　兵　郭　楷
主　审　李　泉　曹新元

北京理工大学出版社
BEIJING INSTITUTE OF TECHNOLOGY PRESS

内 容 提 要

本书共分为7章，主要内容包括BIM基础知识、BIM建模流程、Revit基础操作、建筑专业BIM模型创建、结构专业BIM模型创建、参数化BIM模型创建、装饰专业BIM模型创建等。本书的编写注重理论联系实际，内容系统全面，知识性、可读性强，力求培养学生在BIM理论与BIM建模应用方面的专业技能。

本书可作为高等院校土木工程、工程管理、建筑学专业及其他建筑类专业用教材，同时可作为高职高专建筑工程技术、建设工程监理、建设工程管理等土建类专业教学用书，也可供从事有关土木工程设计、施工、管理等各专业工程技术人员及从事BIM技术研究的人员学习和参考。

为便于讲授本教材，本书采用二维码形式嵌套多个教学视频和动画作为辅助教学讲解。

图书在版编目（CIP）数据

BIM应用基础教程 / 郭仙君，张燕主编.—北京：北京理工大学出版社，2018.1（2021.8重印）

ISBN 978-7-5682-5179-2

Ⅰ.①B…　Ⅱ.①郭…　②张…　Ⅲ.①建筑设计—计算机辅助设计—应用软件—教材　Ⅳ.①TU201.4

中国版本图书馆CIP数据核字（2018）第006659号

出版发行 / 北京理工大学出版社有限责任公司
社　　址 / 北京市海淀区中关村南大街5号
邮　　编 / 100081
电　　话 /（010）68914775（总编室）
（010）82562903（教材售后服务热线）
（010）68944723（其他图书服务热线）
网　　址 / http：//www.bitpress.com.cn
经　　销 / 全国各地新华书店
印　　刷 / 河北鑫彩博图印刷有限公司
开　　本 / 787毫米×1092毫米　1/16
印　　张 / 13.5　　责任编辑 / 王玲玲
字　　数 / 295千字　　文案编辑 / 王玲玲
版　　次 / 2018年1月第1版　2021年8月第6次印刷　　责任校对 / 周瑞红
定　　价 / 39.00元　　责任印制 / 边心超

图书出现印装质量问题，请拨打售后服务热线，本社负责调换

前言

Preface

BIM 技术是建筑行业的革命性技术，BIM 技术的普及应用离不开从业人员的 BIM 技能。无论是对从业人员还是对建筑工程技术等相关专业的学生，BIM 技能都不仅仅是一种必须掌握的技能，还可能是一种在职业选择和职业发展中突破自我的有效竞争因素。

本书作为 BIM 技术基础应用教程，其目的是让读者能够有效掌握 BIM 基础理论和 BIM 建模操作技能。全书共分为七章，主要分为两大模块，内附 61 个视频资源和 3 个动画资源。第一个模块是第一章～第三章，主要阐述 BIM 基础理论，首先以 BIM 的认识为基础，系统地介绍了什么是 BIM、BIM 的起源发展、BIM 应用价值和 BIM 应用软件；其次，对 BIM 建模流程进行了介绍；最后，对 Revit 建模软件的操作基础和专业术语进行了详细介绍，为后续章节的内容做好了铺垫。第二个模块是本书的第四章～第七章，主要是 BIM 软件的操作实训，详细介绍了实际案例的建模操作，具体包括建筑专业、结构专业、装饰专业和参数化构件的建模应用操作等。

本书的编写理论联系实际，内容系统全面，知识性、可读性强，用二维码形式嵌套视频资源做辅助讲解，力求培养学生在 BIM 理论与应用方面的职业技能。通过对本书的学习，读者能够掌握 BIM 的概念，可以使用常用的 BIM 建模软件进行专业模型的创建，为从事 BIM 相关工作奠定基础。

本书由江海职业技术学院郭仙君、扬州工业职业技术学院张燕担任主编，由江海职业技术学院赵威、顾年福，扬州工业职业技术学院李晨、房忠洁，成都艺术职业学院张忠良，扬州大学建筑科学与工程学院张兵、扬州大学广陵学院郭楷担任副主编。本书由郭仙君总体策划、构思并负责统编定稿。全书由杨州大学李泉和江海职业技术学院曹新元主审。

本书在编写过程中参考了大量国内优秀教材，在此对有关作者表示感谢。由于本书涉及的内容比较广泛，加之编者水平有限，书中难免存在不足之处，恳请各位专家和读者批评指正。

编　者

目 录

Contents

第一章

BIM 基础知识

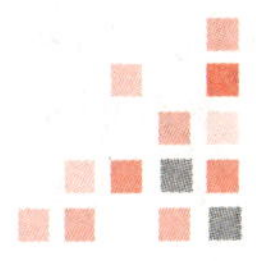

1.1 什么是BIM

1.1.1 BIM 的基本概念和内涵

1. BIM 的基本概念

BIM（Building Information Modeling，建筑信息模型）是由美国的查克•伊斯曼（Chuck Eastman）博士于 20 世纪 70 年代提出的，BIM 以建筑工程项目的各项相关信息数据作为模型的基础，进行建筑模型的建立，通过数字信息仿真模拟建筑物所具有的真实信息。美国国家 BIM 标准委员会（NBIMS）将 BIM 定义为：

（1）BIM 是一个设施（建设项目）物理和功能特性的数字表达；

（2）BIM 是一个共享的知识资源，是一个分享有关这个设施的信息，为该设施从建设到拆除的全生命周期中的所有决策提供可靠依据的过程；

（3）在项目的不同阶段，不同利益相关方通过在 BIM 中插入、提取、更新和修改信息，以支持和反映其各自职责的协同作业。

当前，BIM 技术正逐步应用于建筑业的多个方面，包括建筑设计、施工现场管理、建筑运营维护管理等。

建筑信息模型包含了不同专业的所有的信息、功能要求和性能，将一个工程项目的所有信息，包括在设计过程、施工过程、运营管理过程的信息，全部整合到一个建筑模型（图 1.1.1）。

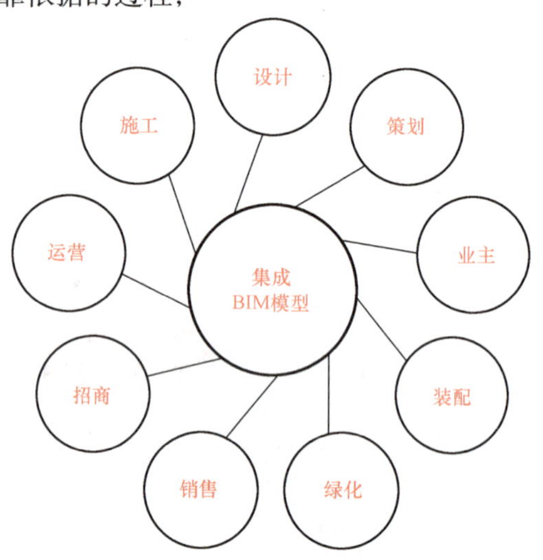

图 1.1.1　各专业集成 BIM 模型图

2. BIM 的内涵

BIM 技术涵盖了几何学、空间关系、地理信息系统、各种建筑组件的性质及数量等信息，整合了建筑项目全生命周期不同阶段的数据、过程和资源，是对工程对象的完整描述。BIM 技术具有面向对象、基于三维几何模型、包含其他信息和支持开放式标准四个关键特征。

（1）面向对象。BIM 以面向对象的方式表示建筑，使建筑成为大量实体对象的集合。例如，一栋建筑包含大量的结构构件、填充墙等，用户的操作对象将是这些实体对象，而不再是点、线、面等几何元素。

（2）基于三维几何模型。建筑物的三维几何模型可以如实地表示建筑对象，并反映对象之间的拓扑关系。相对于二维图形的表达方式，三维模型更能直观地显示建筑信息，计算机可以自动对这些信息进行加工和处理，而不需人工干预。例如，软件自动计算生成建筑面积、体积等数据。

（3）包含其他信息。基于三维几何模型的建筑信息中包含属性值信息，该功能使得软件可以根据建筑对象的属性值对其数量进行统计、分析。例如，选择某种型号的窗户，软件将自动统计、生成该型号门窗的数量。

（4）支持开放式标准。建筑施工过程的参与者众多，不同专业、不同软件支持不同的数据标准。BIM 技术通过支持开放式的数据标准，使得建筑全生命周期内各个阶段产生的信息在后续阶段中都能被共享应用，避免了信息的重复录入。

因此，可以说BIM不是一件事物，也不是一种软件，而是一项涉及整个建造流程的活动。

1.1.2 BIM 的优势

CAD 技术将建筑师、工程师们从手工绘图推向计算机辅助制图，实现了工程设计领域的第一次信息革命。但是此信息技术对产业链的支撑作用是断点的，各个领域和环节之间没有关联，从整个产业整体来看，信息化的综合应用明显不足。BIM 是一种技术、一种方法、一种过程，它既包括建筑物全生命周期的信息模型，同时，又包括建筑工程管理行为的模型，它将两者进行完美的结合来实现集成管理，它的出现将可能引发整个 A/E/C（Architecture/Engineering/Construction）领域的第二次革命。

BIM 技术较二维 CAD 技术的优势见表 1.1.1。

表 1.1.1　BIM 技术较二维 CAD 技术的优势

面向对象	CAD 技术	BIM 技术
基本元素	基本元素为点、线、面，无专业意义	基本元素如墙、窗、门等，不但具有几何特性，同时还具有建筑物理特征和功能特征
修改图元位置或大小	需要再次画图，或者通过拉伸命令调整大小	所有图元均为参数化建筑构件，附有建筑属性；在“族”的概念下，只需要更改属性，就可以调节构件的尺寸、样式、材质、颜色等
各建筑元素间的关联性	各个建筑元素之间没有相关性	各个构件是相互关联的，例如删除一面墙，墙上的窗和门跟着自动删除；删除一扇窗，墙上原来窗的位置会自动恢复为完整的墙
建筑物整体修改	需要对建筑物各投影面依次进行人工修改	只需进行一次修改，则与之相关的平面、立面、面、三维视图、明细表等都自动修改
建筑信息的表达	提供的建筑信息非常有限，只能将纸质图纸电子化	包含了建筑的全部信息，不仅提供形象可视的二维和三维图纸，而且提供工程量清单、施工管理、虚拟建造、造价估算等更加丰富的信息

1.2 BIM 的特点

从 BIM 应用的角度看，BIM 在建筑对象全生命周期内具备可视化、协调性、模拟性、优化性和可出图性等基本特征。

1.2.1 可视化

1. 设计可视化

设计可视化即在设计阶段将建筑及构件以三维方式直观呈现出来。设计师能够运用三维思考方式有效地完成建筑设计，同时，也使业主（或最终用户）真正摆脱技术壁垒限制，随时可直接获取项目信息，大大减小了业主与设计师之间的交流障碍。

BIM 工具具有多种可视化的模式，一般包括隐藏线、带边框着色和真实渲染三种模式。图 1.2.1 是在这三种模式下的图例。

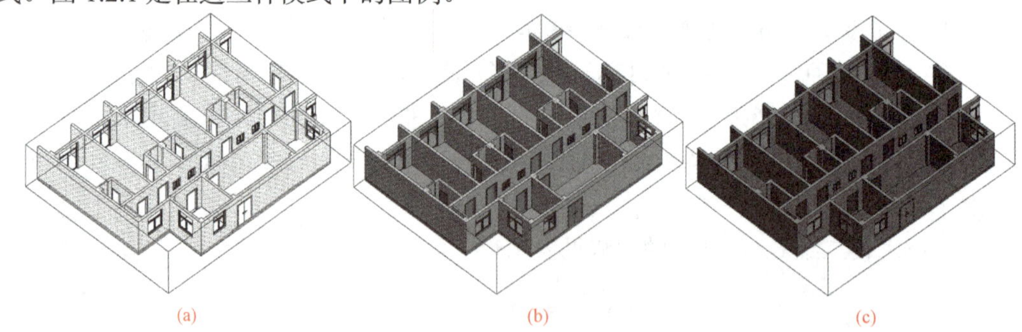

图 1.2.1 BIM 可视化的三种模式图

（a）隐藏线；（b）带边框着色；（c）真实渲染

另外，BIM 还具有漫游功能，通过创建相机路径，并创建动画或一系列图像，可向客户进行模型展示（图 1.2.2）。

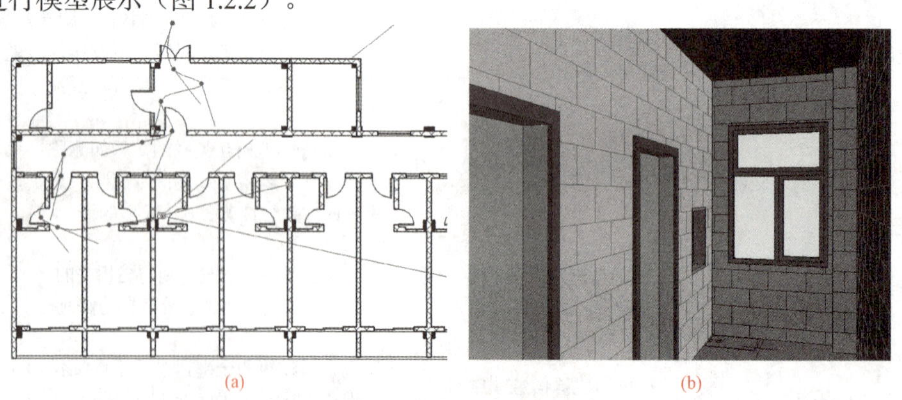

图 1.2.2 BIM 漫游可视化图

（a）漫游路径设置；（b）漫游展示

2. 施工可视化

（1）施工组织可视化。施工组织可视化即利用 BIM 工具创建建筑设备模型、周转材料模型、临时设施模型等，以模拟施工过程，确定施工方案，进行施工组织。通过创建各种模型，可以在计算机中进行虚拟施工，使施工组织可视化（图 1.2.3）。

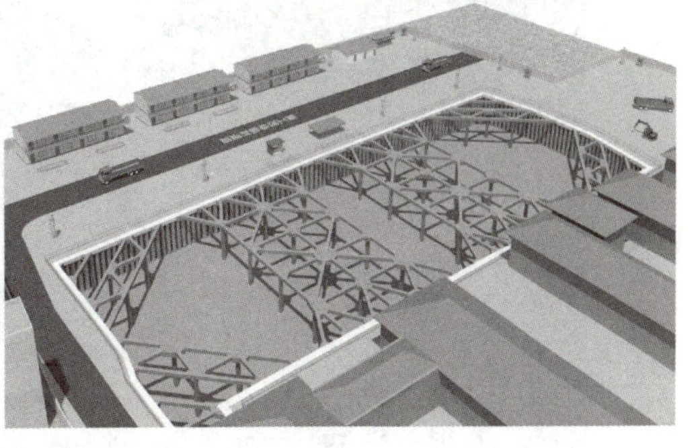

图 1.2.3　施工组织可视化图

（2）复杂构造节点可视化。复杂构造节点可视化即利用 BIM 的可视化特性将复杂的构造节点全方位呈现，如复杂的钢筋节点、幕墙节点等。图 1.2.4 是复杂钢筋节点的可视化应用，传统 CAD 图纸［图 1.2.4（a）］难以表示的钢筋排布，在 BIM 中可以很好地展现［图 1.2.4（b）］，甚至可以做成钢筋模型的动态视频，有利于施工和技术交底。

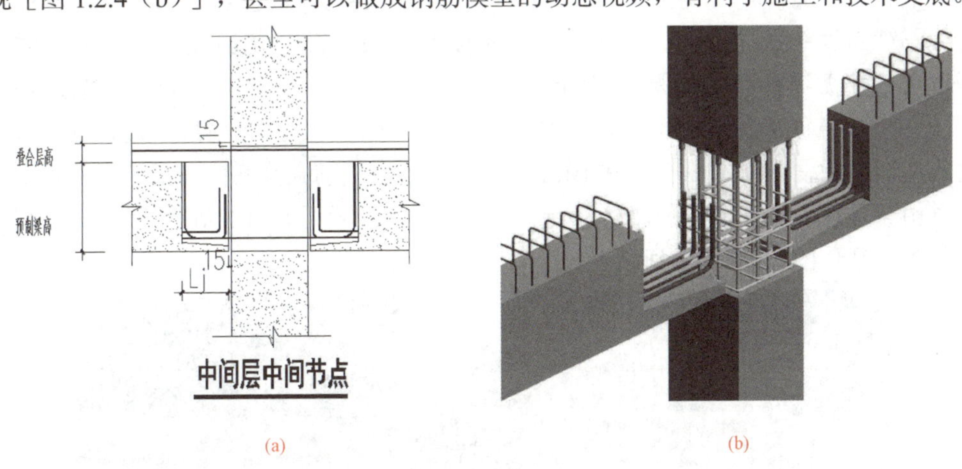

图 1.2.4　复杂钢筋节点可视化图
（a）传统 CAD 图纸；（b）BIM 展现

3. 设备可操作性可视化

设备可操作性可视化即利用 BIM 技术可对建筑设备空间是否合理进行提前检验。某机房 BIM 模型如图 1.2.5 所示，通过该模型可以验证设备房的操作空间是否合理，并对管道支架进行优化。通过制作工作集和设置不同施工路线，可以制作多种设备安装动画，不断调整，从中找出最佳的设备房安装位置和工序。与传统的施工方法相比，该方法更直观、清晰。

图 1.2.5　某机房 BIM 模型

4. 机电管线碰撞检查可视化

机电管线碰撞检查可视化即通过将各专业模型组装为一个整体 BIM 模型，从而使机电管线与建筑物的碰撞点以三维方式直观显示出来。在传统的施工方法中，对管线碰撞检查的方式主要有两种：一是把将同专业的 CAD 图纸叠在一张图上进行观察，根据施工经验和空间想象力找出碰撞点并加以修改；二是在施工的过程中边做边修改。这两种方法均费时费力，效率很低。但在 BIM 模型中，可以提前在真实的三维空间中找出碰撞点，并由各专业人员在模型中调整好碰撞点或不合理处后再导出 CAD 图纸。某工程管线碰撞检查可视化图如图 1.2.6 所示。

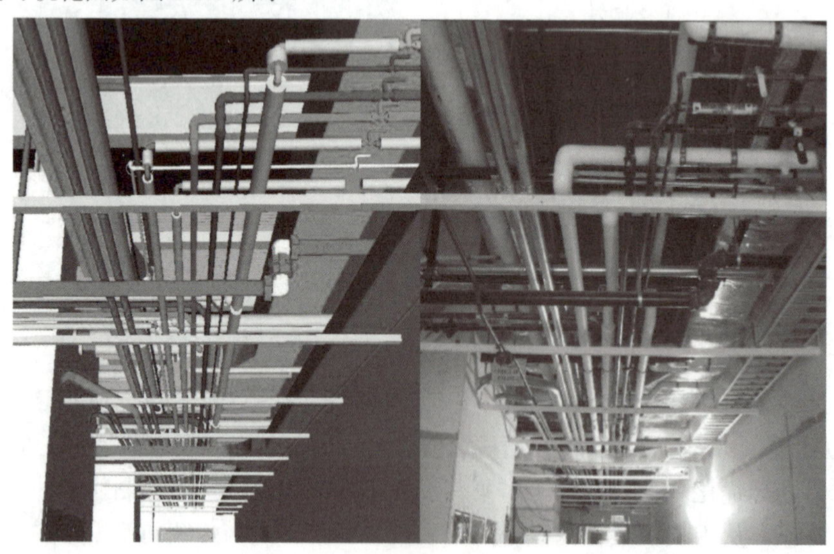

图 1.2.6　某工程管线碰撞检查可视化图

1.2.2 一体化

一体化指的是基于 BIM 技术可进行从设计到施工再到运营，贯穿工程项目的全生命周期的一体化管理。BIM 的技术核心是一个由计算机三维模型所形成的数据库，不仅包含了建筑师的设计信息，而且可以容纳从设计到建成使用，甚至是使用周期终结的全过程信息。BIM 可以持续提供项目设计范围、进度以及成本信息，这些信息完整可靠并且完全协调。BIM 能在综合数字环境中保持信息不断更新并可提供访问，使建筑师、工程师、施工人员以及业主可以清楚全面地了解项目。这些信息在建筑设计、施工和管理的过程中能使项目质量提高，收益增加。BIM 的应用不局限于设计阶段，而是贯穿于整个项目全生命周期的各个阶段。BIM 在整个建筑行业从上游到下游的各个企业之间不断完善，从而实现项目全生命周期的信息化管理，最大化地实现 BIM 的意义。

在设计阶段，BIM 使建筑、结构、给水排水、空调、电气等各个专业基于同一个模型进行工作，从而使真正意义上的三维集成协同设计成为可能。将整个设计整合到一个共享的建筑信息模型中，结构与设备、设备与设备之间的冲突会直观地显现出来，工程师们可在三维模型中随意查看，并能准确查看到可能存在问题的地方，并及时调整，从而极大地避免了施工中的浪费。这在极大程度上促进了设计施工的一体化过程。

在施工阶段，BIM 可以同步提供有关建筑质量、进度以及成本的信息。利用 BIM 可以实现整个施工周期的可视化模拟与可视化管理，帮助施工人员促进建筑的量化，迅速为业主制定展示场地使用情况或更新调整情况的规划，提高文档质量，改善施工规划。其最终结果就是能将业主更多的施工资金投入建筑，而不是行政和管理中。

另外，BIM 还能在运营管理阶段提高收益和成本管理水平，为开发商销售招商和业主购房提供极大的透明和便利。BIM 这场信息革命，对于工程建设设计施工一体化的各个环节，必将产生深远的影响。

1.2.3 参数化

参数化建模是指通过参数（变量）而不是数字建立和分析模型，简单地改变模型中的参数值就能建立和分析新的模型。

BIM 的参数化设计分为两个部分，即“参数化图元”和“参数化修改引擎”。“参数化图元”指的是 BIM 中的图元是以构件形式出现的，这些构件之间的不同，是通过参数的调整反映出来的，参数保存了图元作为数字化建筑构件的所有信息；“参数化修改引擎”指的是参数更改技术使用户对建筑设计或文档部分所做的任何改动，都可以自动地在其他相互关联的部分反映出来。在参数化设计系统中，设计人员根据工程关系和几何关系来指定设计要求。参数化设计的本质是在可变参数的作用下，系统能够自动维护所有的不变参数。因此，参数化模型中建立的各种约束关系，正是体现了设计人员的设计意图。参数化设计可以大大提高模型的生成和修改速度。

1.2.4 仿真性

1. 建筑物性能分析仿真

建筑物性能分析仿真即建筑师基于 BIM 技术在设计过程中赋予所创建的虚拟建筑模型大量建筑信息（如几何信息、材料性能、构件属性等），然后将 BIM 模型导入相关性能分析软件，就可得到相应分析结果。这一性能使得原本 CAD 时代需要专业人士花费大量时间输入大量专业数据的过程，如今可自动轻松完成，从而大大降低了工作周期，提高了设计质量，优化了为业主的服务。

性能分析主要包括能耗分析、光照分析、设备分析、绿色分析等。

2. 施工仿真

（1）施工方案模拟、优化。施工方案模拟、优化指的是通过 BIM 可对项目重点及难点部分进行可建性模拟，按月、日、时进行施工安装方案的分析优化，验证复杂建筑体系（如施工模板、玻璃装配、锚固等）的可建造性，从而提高施工计划的可行性。对于项目管理方而言，可直观了解整个施工安装环节的时间节点、安装工序及疑难点；而对于施工方而言，也可进一步对原有安装方案进行优化和改善，以提高施工效率和施工方案的安全性。

（2）工程量自动计算。BIM 模型作为一个富含工程信息的数据库，可真实地提供造价管理所需的工程量数据。基于这些数据信息，计算机可快速对各种构件进行统计分析，大大减少了烦琐的人工操作和潜在错误，实现了工程量信息与设计文件的统一。通过 BIM 所获得的准确的工程量统计，可用于设计前期的成本估算、方案比选、成本比较，以及开工前预算和竣工后决算。

（3）消除现场施工过程干扰或施工工艺冲突。随着建筑物规模和使用功能复杂程度的增加，设计、施工，甚至业主，对于机电管线综合的出图要求越加强烈。利用 BIM 技术，通过搭建各专业 BIM 模型，设计师能够在虚拟三维环境下快速发现并及时排除施工中可能遇到的碰撞冲突，显著减少由此产生的变更申请单，更大大提高施工现场作业效率，降低了因施工协调造成的成本增长和工期延误。

3. 施工进度模拟

施工进度模拟即通过将 BIM 与施工进度计划相链接，将空间信息与时间信息整合在一个可视的 4D 模型中，直观、精确地反映整个施工过程。当前建筑工程项目管理中常用的表示进度计划的甘特图，专业性强，但可视化程度低，无法清晰描述施工进度以及各种复杂关系（尤其是动态变化过程）。而通过基于 BIM 技术的施工进度模拟可直观、精确地反映整个施工过程，进而可缩短工期、降低成本、提高质量。

4. 运维仿真

（1）设备的运行监控。设备的运行监控即采用 BIM 技术实现对建筑物设备的搜索、定位、信息查询等功能。在运维 BIM 模型过程中，在对设备信息集成的前提下，运用计算机对 BIM 模型中的设备进行操作，可以快速查询设备的所有信息，如生产厂商、使用寿命期限、联系方式、运行维护情况以及设备所在位置等。通过对设备运行周期的预警管理，可以有效地防止事故的发生，利用终端设备和二维码、RFID 技术，迅速对发生故障的设备进行检修。

（2）能源运行管理。能源运行管理即通过 BIM 模型对租户的能源使用情况进行监控与管理，赋予每个能源使用记录表以传感功能，在管理系统中及时做好信息的收集处理，通过能源管理系统对能源消耗情况自动进行统计分析，并且可以对异常使用情况进行警告。

（3）建筑空间管理。建筑空间管理即业主基于 BIM 技术可通过三维可视化直观地查询、定位到每个租户的空间位置以及租户的信息，如租户名称、建筑面积、租约区间、租金情况、物业管理情况；还可以实现租户的各种信息的提醒功能，同时，根据租户信息的变化，实现对数据的及时调整和更新。

1.2.5 协调性

“协调”一直是建筑业工作中的重点内容，无论是施工单位还是业主及设计单位，无不在做着协调及相互配合的工作。基于 BIM 进行工程管理，有助于工程各参与方进行组织协调工作。通过 BIM 建筑信息模型，可在建筑物建造前期对各专业的碰撞问题进行协调，生成并提供协调数据。

1. 设计协调

设计协调指的是通过 BIM 三维可视化控件及程序自动检测，可对建筑物内机电管线和设备进行直观布置模拟安装，检查是否碰撞，找出问题所在及冲突矛盾之处，还可调整楼层净高、墙柱尺寸等，从而有效解决传统方法容易造成的设计缺陷，提升设计质量，减少后期修改，降低成本及风险。

2. 整体进度规划协调

整体进度规划协调指的是基于 BIM 技术，对施工进度进行模拟，同时，根据专业的经验和知识进行调整，极大地缩短施工前期的技术准备时间，并帮助各类各级人员对设计意图和施工方案获得更高层次的理解。以前施工进度通常是由技术人员或管理层敲定的，容易出现下级人员信息断层的情况。如今，BIM 技术的应用使得施工方案更高效、更完美。

3. 成本预算、工程量估算协调

成本预算、工程量估算协调指的是应用 BIM 技术可以为造价工程师提供各设计阶段准确的工程量、设计参数和工程参数，这些工程量和参数与技术经济指标相结合，可以计算出准确的估算、概算，再运用价值工程和限额设计等手段对设计成果进行优化。同时，基于 BIM 技术生成的工程量不是简单的长度和面积的统计，专业的 BIM 造价软件可以进行精确的 3D 布尔运算和实体扣减，从而获得更符合实际的工程量数据，并且可以自动形成电子文档进行交换、共享、远程传递和永久存档，准确率和速度都较传统统计方法有很大的提高，有效降低了造价工程师的工作强度，提高了工作效率。

4. 运维协调

BIM 系统包含了多方信息，如厂家价格信息、竣工模型、维护信息、施工阶段安装深化图等，BIM 系统能够将成堆的图纸、报价单、采购单、工期图等统筹在一起，呈现出直观、实用的数据信息，可以基于这些信息进行运维协调。

运维管理主要体现在以下几个方面：

（1）空间协调管理。空间协调管理主要应用在照明、消防等各系统和设备空间定位。业主应用 BIM 技术可获取各系统和设备空间位置信息，将原来的编号或者文字表示变成三维图形位置，直观、形象且方便查找。如通过 RFID 获取大楼的安保人员位置。BIM 技术还可应用于内部空间设施可视化，利用 BIM 建立一个可视三维模型，所有数据和信息可以从模型获取调用。如装修时，可快速获取不能拆除的管线、承重墙等建筑构件的相关属性。

（2）设施协调管理。设施协调管理主要体现在设施的装修、空间规划和维护操作上。BIM 技术能够提供关于建筑项目的协调一致的、可计算的信息，该信息可用于共享及重复使用，从而可降低业主和运营商由于缺乏相互操作性而导致的成本损失。另外，基于 BIM 技术还可对重要设备进行远程控制，把原来商业地产中独立运行的各设备通过 RFID 等技术汇总到统一的平台上进行管理和控制。通过远程控制，可充分了解设备的运行状况，为业主更好地进行运维管理提供良好条件。

（3）隐蔽工程协调管理。基于 BIM 技术的运维可以管理复杂的地下管网，如污水管、排水管、网线、电线以及相关管井，并且可以在图上直接获得相对位置关系。当改建或二次装修时，可以避开现有管网位置，便于管网维修、更换设备和定位。内部相关人员可以共享这些电子信息，有变化可随时调整，保证信息的完整性和准确性。

（4）应急协调管理。通过 BIM 技术的运维管理对突发事件的管理包括预防、警报和处理。以消防事件为例，该管理系统可以通过喷淋感应器感应信息；如果发生着火事故，在商业广场的 BIM 信息模型界面中，就会自动触发火警警报；着火区域的三维位置和房间立即进行定位显示；控制中心可以及时查询相应的周围环境和设备情况，为及时疏散人群和处理灾情提供重要信息。

（5）节能减排协调管理。通过 BIM 结合物联网技术的应用，使得日常能源管理监控变得更加方便。通过安装具有传感功能的电表、水表、煤气表后，可以实现建筑能耗数据的实时采集、传输、初步分析、定时定点上传等基本功能，并具有较强的扩展性。系统还可以实现室内温、湿度的远程监测，分析房间内的实时温、湿度变化，配合节能运行管理。在管理系统中可以及时收集所有能源信息，并且通过开发的能源管理功能模块，对能源消耗情况进行自动统计分析，例如，各区域、各户主的每日用电量、每周用电量等，并对异常能源使用情况进行警告或者标识。

1.2.6 优化性

整个设计、施工、运营的过程其实就是一个不断优化的过程，没有准确的信息是做不出合理优化结果的。BIM 模型提供了建筑物存在的实际信息，包括几何信息、物理信息、规则信息，还提供了建筑物变化以后的实际存在。BIM 及与其配套的各种优化工具提供了对复杂项目进行优化的可能：把项目设计和投资回报分析结合起来，计算出设计变化对投资回报的影响，使得业主知道哪种项目设计方案更有利于自身的需求，对设计施工方案进行优化，可以带来显著的工期和造价改进。

1.2.7 可出图性

运用 BIM 技术，除能够进行建筑平、立、剖及详图的输出外，还可以出碰撞报告及构件加工图等。

1. 碰撞报告

通过将建筑、结构、电气、给水排水、暖通等专业的 BIM 模型整合后，进行管线碰撞检测，可以出综合管线图（经过碰撞检查和设计修改，消除了相应错误以后）、综合结构留洞图（预埋套管图）、碰撞检查报告和建议改进方案。

（1）建筑与结构专业的碰撞。建筑与结构专业的碰撞主要包括建筑与结构图纸中的标高、柱、剪力墙等的位置是否不一致等。图 1.2.7 是梁与门之间的碰撞。

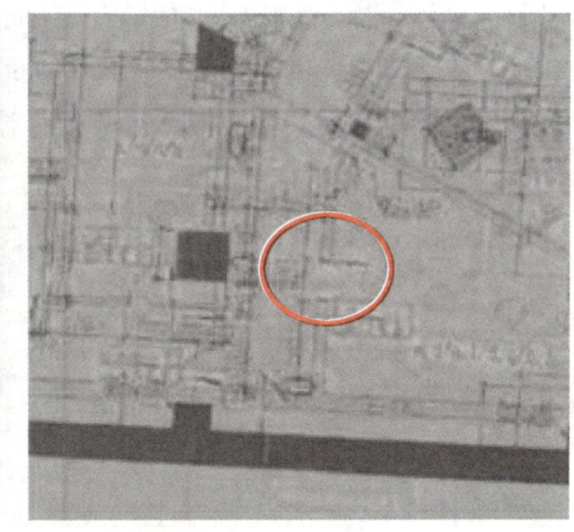

图 1.2.7　梁与门之间的碰撞图

（2）设备内部各专业碰撞。设备内部各专业碰撞内容主要是检测各专业与管线的冲突情况，如图 1.2.8 所示。

（3）建筑、结构与设备专业碰撞。建筑专业与设备专业的碰撞，如设备与室内装修碰撞、管道与梁柱冲突等。

（4）解决管线空间布局。基于 BIM 模型可调整解决管线空间布局问题，如机房过道狭小、各管线交叉等问题。设备管道优化如图 1.2.9 所示。

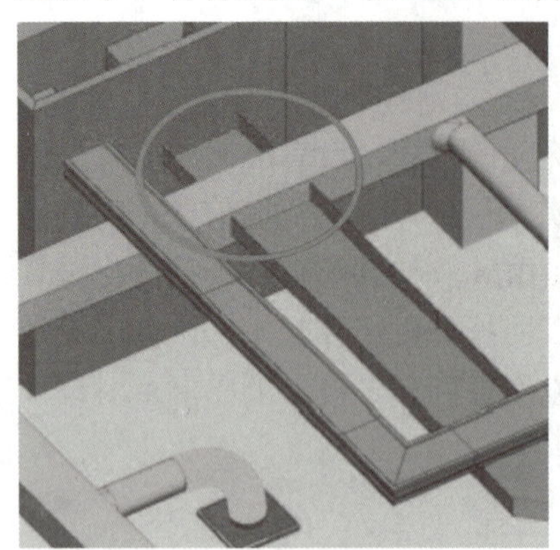
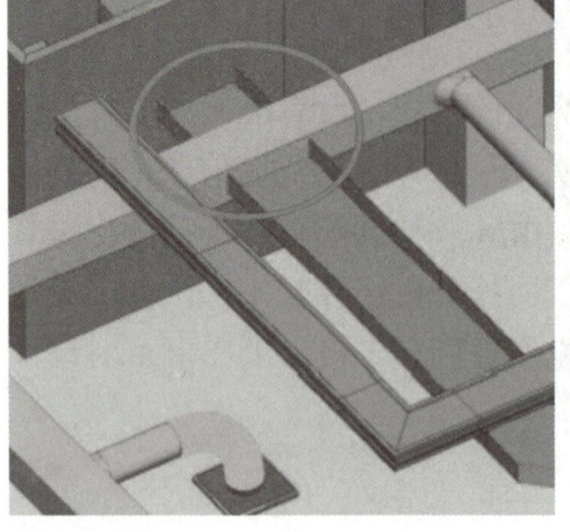

图 1.2.8　风管桥架碰撞图

图 1.2.9　设备管道优化

2. 构件加工指导

（1）出构件加工图。通过 BIM 模型对建筑构件的信息化表达，可在 BIM 模型上直接生成构件加工图，不仅能清楚地传达传统图纸的二维关系，而且对于复杂的空间剖面关系也可以清楚表达，同时还能够将离散的二维图纸信息集中到一个模型当中，这样的模型能够更加紧密地实现与预制工厂的协同和对接。

（2）构件生产指导。在生产加工过程中，BIM 信息化技术可以直观地表达出配筋的空间关系和各种参数情况，能自动生成构件下料单、派工单、模具规格参数等生产表单，并且能通过可视化的直观表达帮助工人更好地理解设计意图，可以形成 BIM 生产模拟动画、流程图、说明图等辅助培训的材料，有助于提高工人生产的准确性和质量、效率。

（3）实现预制构件的数字化制造。借助工厂化、机械化的生产方式，采用集中、大型的生产设备，将 BIM 信息数据输入设备，就可以实现机械的自动化生产，这种数字化建造的方式可以大大提高工作效率和生产质量。例如，现在已经实现了钢筋网片的商品化生产，符合设计要求的钢筋在工厂自动下料、自动成形、自动焊接（绑扎），形成标准化的钢筋网片。

1.2.8　信息完备性

信息完备性体现在 BIM 技术上，主要为可对工程对象进行 3D 几何信息和拓扑关系的描述以及完整的工程信息描述，如对象名称、结构类型、建筑材料、工程性能等设计信息；施工工序、进度、成本、质量以及人力、机械、材料资源等施工信息；工程安全性能、材料耐久性能等维护信息；对象之间的工程逻辑关系等。

1.3 BIM 的起源和发展

1.3.1 BIM 技术的发展沿革

BIM 作为对包括工程建设行业在内的多个行业的工作流程、工作方法的一次重大思索和变革，其雏形最早可追溯到 20 世纪 70 年代。如前文所述，查克·伊斯曼博士在 1975 年提出了 BIM 的概念；在 20 世纪 70 年代末至 80 年代初，英国也在进行类似 BIM 的研究与开发工作，当时，欧洲习惯把它称为“产品信息模型”（Product Information Model），而美国通常称之为“建筑产品模型”（Building product Model）。

1986 年罗伯特·艾什（Robert Aish）发表的一篇论文中，第一次使用 Building Information Modeling 一词，他在这篇论文中描述了今天我们所知的 BIM 论点和实施的相关技术，并在该论文中应用 RUGAPS 建筑模型系统分析了一个案例来表达他的概念。

21 世纪前的 BIM 研究由于受到计算机硬件与软件水平的限制，BIM 仅能作为学术研究的对象，很难在工程实际应用中发挥作用。

21 世纪以后，计算机软、硬件水平的迅速发展以及对建筑生命周期的深入理解，推动了 BIM 技术的不断前进。自 2002 年 BIM 这一方法和理念被提出并推广之后，BIM 技术变革风潮便在全球范围内席卷开来。

1.3.2 BIM 在国外的发展状况

1. BIM 在美国的发展现状

美国是较早启动建筑业信息化研究的国家，发展至今，BIM 研究与应用都走在世界前列。目前，美国大多建筑项目已经开始应用 BIM，BIM 的应用种类繁多，而且存在各种 BIM 协会，也出台了各种 BIM 标准。关于美国 BIM 的发展，有以下几大 BIM 的相关机构：

（1）GSA。2003 年，为了提高建筑领域的生产效率、提升建筑业信息化水平，美国总务署（General Service Administration，GSA）下属的公共建筑服务（Public Building Service）部门的首席设计师办公室（Office of the Chief Architect，OCA）推出了全国 3D-4D-BIM 计划。从 2007 年起，GSA 要求所有大型项目（招标级别）都应用 BIM，最低要求是空间规划验证和最终概念展示都需要提交 BIM 模型。所有 GSA 的项目都被鼓励采用 3D-4D-BIM 技术，并且根据采用这些技术的项目承包商的应用程序不同，给予不同程度的资金支持。目前 GSA 正在探讨在项目生命周期中应用 BIM 技术，包括空间规划验证、4D 模拟、激光扫描、能耗和可持续发展模拟、安全验证等，并陆续发布各领域的系列 BIM 指南，并在官网供下载，对于规范和 BIM 在实际项目中的应用起到了重要作用。

（2）USACE。2006 年 10 月，美国陆军工程兵团（U.S. Army Corps of Engineers，

USACE）发布了为期 15 年的 BIM 发展路线规划，为 USACE 采用和实施 BIM 技术制定战略规划，以提升规划、设计和施工质量及效率（图 1.3.1）。规划中，USACE 承诺未来所有军事建筑项目都将使用 BIM 技术。

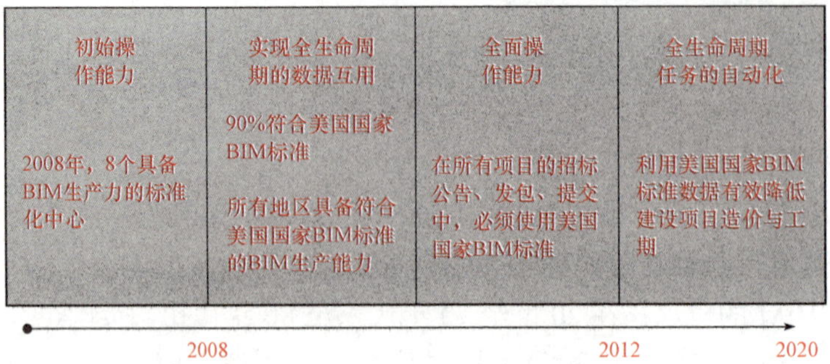

初始操作能力	实现全生命周期的数据互用	全面操作能力	全生命周期任务的自动化
2008年，8个具备BIM生产力的标准化中心	90%符合美国国家BIM标准 所有地区具备符合美国国家BIM标准的BIM生产能力	在所有项目的招标公告、发包、提交中，必须使用美国国家BIM标准	利用美国国家BIM标准数据有效降低建设项目造价与工期

2008　2012　2020

图 1.3.1　USACE 的 BIM 发展图

（3）bSa。Building SMART 联盟（building SMART alliance，bSa）致力于 BIM 的推广与研究，使项目所有参与者在项目生命周期阶段能共享准确的项目信息。通过 BIM 收集和共享项目信息与数据，可以有效地节约成本、减少浪费。美国 bSa 的目标是在 2020 年之前，帮助建设部门节约 31% 的浪费或者节约 4 亿美元。bSa 下属的美国国家 BIM 标准项目委员会（the National Building Information Model Standard Project Committee-United States，NBIMS-US），专门负责美国国家 BIM 标准（National Building Information Model Standard，NBIMS）的研究与制定。2007 年 12 月，NBIMS-US 发布了 NBIMS 的第一版的第一部分，主要包括关于信息交换和开发过程等方面的内容，明确了 BIM 过程和工具的各方定义、相互之间数据交换要求的明细和编码，使不同部门可以开发充分协商一致的 BIM 标准，更好地实现协同。2012 年 5 月，NBIMS-US 发布 NBIMS 的第二版的内容。NBIMS 第二版的编写过程采用了开放投稿（各专业 BIM 标准）、民主投票决定标准的内容（Open Consensus Process）的方式，因此，也被称为是第一份基于共识的 BIM 标准。

2. BIM 在英国的发展现状

与大多数国家不同，英国政府强制要求使用 BIM。2011 年 5 月，英国内阁办公室发布了政府建设战略（Government construction strategy）文件，明确要求：到 2016 年，政府要求实现全面协同的 3D • BIM，并将全部的文件以信息化进行管理。

政府要求强制使用 BIM 的文件得到了英国建筑业 BIM 标准委员会 [AEC（UK）BIM standard Committee] 的支持。迄今为止，英国建筑业 B1M 标准委员会已发布了英国建筑业 BIM 标准 [AEC（UK）BIM Standard]、适用于 Revit 的英国建筑业 BIM 标准 [AEG（UK）BIM Standard for Revit]、适用于 Bentley 的英国建筑业 BIM 标准 [AEC（UK） BIM Standard for Bentley Product]，并且还在制定适用于 ArchiACD.Vectorworks 的 BIM 标准，这些标准的制定为英国的 AEC 企业从 CAD 过渡到 BIM 提供了切实可行的方案和程序。

3. BIM 在新加坡的发展现状

在 BIM 这一术语引进之前，新加坡当局就注意到信息技术对建筑业的重要作用。早在 1982 年，“建筑管理署”（Building and Construction Authority，BCA）就有了人工智能规划审批（Artificial Intelligence Plan Checking）的想法。2000—2004 年，发展 CORENET（Construction and Real Estate NETwork）项目，用于电子规划的自动审批和在线提交，是世界首创的自动化审批系统。2011 年，BCA 发布了新加坡 BIM 发展路线规划（BCA′s Building Information Modelling Roadmap），规划明确规定整个建筑业在 2015 年前广泛使用 BIM 技术。为了实现这一目标，BCA 分析了面临的挑战，并制定了相关策略（图 1.3.2）。

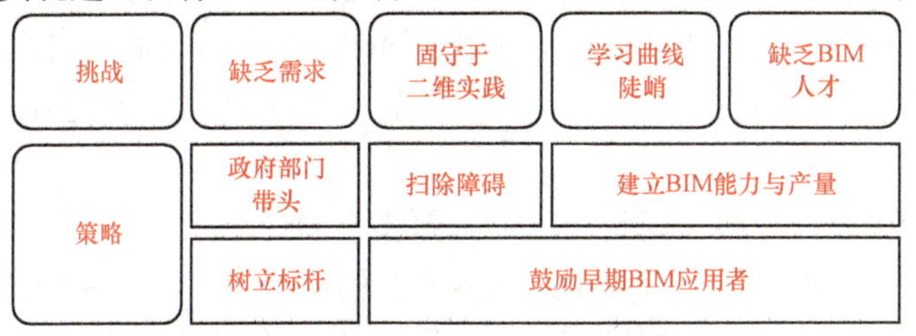

图 1.3.2　新加坡 BIM 发展策略图

在创造需求方面，新加坡政府部门带头在所有新建项目中明确提出 BIM 需求。2011 年，BCA 与一些政府部门合作，确立了示范项目。BCA 强制要求提交建筑 BIM 模型（2013 年起）、结构与机电 BIM 模型（2014 年起），并且最终在 2015 年前实现所有建筑面积大于 5 000 平方米的项目都必须提交 BIM 模型的目标。

在建立 BIM 能力与产量方面，BCA 鼓励新加坡的大学开设 BIM 的课程，为毕业学生组织密集的 BIM 培训课程，为行业专业人士建立了 BIM 专业学位。

4．BIM 在北欧国家的发展现状

北欧国家如挪威、丹麦、瑞典和芬兰，是一些主要的建筑业信息技术的软件厂商所在地，因此，这些国家是全球最先一批采用基于模型的设计的国家，也在推动建筑信息技术的互用性和开放标准。北欧国家冬天漫长多雪，这使得建筑的预制化非常重要，这也促进了包含丰富数据、基于模型的 BIM 技术的发展，并导致了这些国家及早地进行了 BIM 的部署。北欧四国政府并未强制要求全部使用 BIM，由于当地气候的要求以及先进建筑信息技术软件的推动，BIM 技术的发展主要是企业的自觉行为。如 2007 年，Senate Properties 发布了一份建筑设计的 BIM 要求（senate Properties′ BIM Requirements for Architectural Design，2007），自 2007 年 10 月 1 日起，Senate Properties 的项目仅强制要求建筑设计部分使用 BIM，其他设计部分可根据项目情况自行决定是否采用 BIM 技术，但目标将是全面使用 BIM。该报告还提出，在设计招标时，将有强制的 BIM 要求，这些 BIM 要求将成为项目合同的一部分，具有法律约束力；建议在项目协作时，建模任务需创建通用的视图，需要准确的定义；需要提交最终的 BIM 模型，且建筑结构与模型内部的碰撞需要进行存档；建模流程分为 Spatial Group BIM、Spatial BIM、Preliminary Building Element BIM 和 Building Element BIM 四个阶段。

5．BIM 在日本的发展现状

在日本，有 2009 年是日本的 BIM 元年之说。大量的日本设计公司、施工企业开始

应用 BIM，而日本国土交通省也在 2010 年 3 月表示，已选择一项政府建设项目作为试点，探索 BIM 在设计可视化、信息整合方面的价值及实施流程。

2010 年，日经 BP 社 2010 年调研了 517 位设计院、施工企业及相关建筑行业从业人士，了解他们对于 BIM 的认知度与应用情况，结果显示，BIM 的知晓度从 2007 年的 30% 提升至 2010 年的 76%。2008 年的调研显示，采用 BIM 的最主要原因是 BIM 绝佳的展示效果，而 2010 年人们采用 BIM 主要用于提升工作效率，仅有 7% 的业主要求施工企业应用 BIM，这也表明日本企业应用 BIM 更多是企业的自身选择与需求。日本 33% 的施工企业已经应用 BIM 了，在这些企业当中，近 90% 是在 2009 年之前开始实施的。

日本 BIM 相关软件厂商认识到，BIM 需要多个软件来互相配合，而数据集成是基本前提，因此多家日本 BIM 软件商在 IAI 日本分会的支持下，以福井计算机株式会社为主导，成立了日本国产解决方案软件联盟。另外，日本建筑学会于 2012 年 7 月发布了日本 BIM 指南，从 BIM 团队建设、BIM 数据处理、BIM 设计流程、应用 BIM 进行预算、模拟等方面为日本的设计院和施工企业应用 BIM 提供了指导。

6. BIM 在韩国的发展现状

韩国在运用 BIM 技术上十分领先，多个政府部门都致力制定 BIM 的标准。2010 年 4 月，韩国公共采购服务中心（Public Procurement Service，PPS）布了 BIM 路线图（图 1.3.3），内容包括：2010 年，在 1 ～ 2 个大型工程项目中应用 BIM；2011 年，在 3 ～ 4 个大型工程项目中应用 BIM；2012—2015 年，超过 500 亿韩元大型工程项目都采用 4D.BIM 技术（3D+ 成本管理）；2016 年前，全部公共工程应用 BIM 技术。2010 年 12 月，PPS 发布了《设施管理 BIM 应用指南》，针对初步设计、施工图设计、施工等阶段中的 BIM 应用进行指导，并于 2012 年 4 月对其进行了更新。

	短期（2010—2012年）	中期（2013—2015年）	长期（2016年—）
目标	通过扩大BIM应用来提高设计质量	构建4D设计预算管理系统	设施管理全部采用BIM，实行行业革新
对象	500亿韩元以上交钥匙工程及公开招标项目	500亿韩元以上公共工程	所有公共工程
方法	通过积极的市场推广，促进BIM的应用；编制BIM应用指南，并每年更新；BIM应用的奖励措施	建立专门管理BIM发包产业的诊断队伍；建立基于3D数据的工程项目管理系统	利用BIM数据库进行施工管理、合同管理及总预算审查
预期成果	通过BIM应用提高客户满意度；促进民间部门的BIM应用；通过设计阶段多样的检查校核措施，提高设计质量	提高项目造价管理与进度管理水平；实现施工阶段设计变更最少化，减少资料浪费	革新设施管理并强化成本管理

图 1.3.3　BIM 路线图

2010 年 1 月，韩国国土交通海洋部发布了《建筑领域 BIM 应用指南》，该指南为开发商、建筑师和工程师在申请四大行政部门、16 个都市以及 6 个公共机构的项目时，提供了采用 BIM 技术时必须注意的方法及要素的指导。指南应该能在公共项目中系统地实施 BIM，同时，也为企业建立实用的 BIM 实施标准。

1.3.3　BIM 在我国的发展状况

近年 BIM 在我国建筑业形成一股热潮，除前期软件厂商的大声呼吁外，政府和相关单位、各行业协会与专家、设计单位、施工企业、科研院校等也开始重视并推广 BIM。2010 年与 2011 年，中国房地产业协会商业地产专业委员会、中国建筑业协会工程建设质量管理分会、中国建筑学会工程管理研究分会、中国土木工程学会计算机应用分会组织并发布了《中国商业地产 BIM 应用研究报告 2010》和《中国工程建设 BIM 应用研究报告 2011》，一定程度上反映了 BIM 在我国工程建设行业的发展现状（图 1.3.4）。根据两届的报告，BIM 的知晓程度从 2010 年的 60% 提升至 2011 年的 87%。2011 年，共有 39% 的单位表示已经使用了 BIM 相关软件，而其中以设计单位居多。

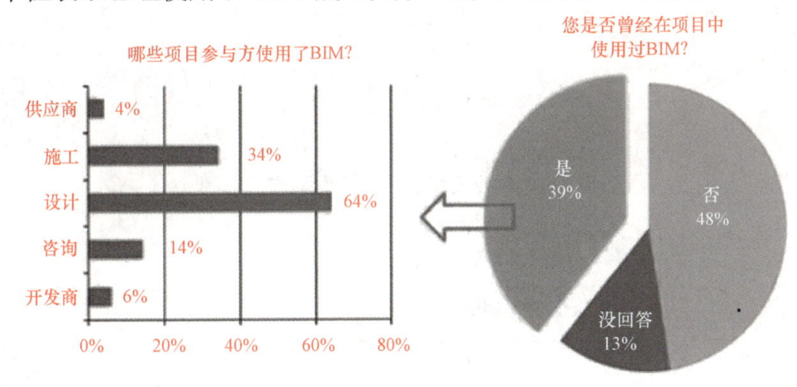

图 1.3.4　BIM 使用调查图

1.3.4　BIM 政策和标准

我国最近几年的 BIM 政策和相关标准见表 1.3.1。

表 1.3.1　我国 BIM 政策和相关标准列表

发布单位	时间	文件	主要内容
住房和城乡建设部	2011 年 5 月	《2011—2015 年建筑业信息化发展纲要》	加快建筑信息模型（BIM）、基于网络的协同工作等新技术在工程中的应用
住房和城乡建设部	2014 年 7 月	《关于推进建筑业发展和改革的若干意见》	推进建筑信息模型（BIM）等信息技术在工程设计、施工和运行维护全过程的应用，提高综合效益

续表

发布单位	时间	文件	主要内容
住房和城乡建设部	2015 年 6 月	《关于推进建筑信息模型应用的指导意见》	到 2020 年年末，建筑行业甲级勘察、设计单位以及特级、一级房屋建筑工程施工企业应掌握并实现 BIM 与企业管理系统和其他信息技术的一体化集成应用。到 2020 年年末，以下新立项项目勘察设计、施工、运营维护中，集成应用 BIM 的项目比率达到 90%：以国有资金投资为主的大中型建筑；申报绿色建筑的公共建筑和绿色生态示范小区
住房和城乡建设部	2016 年 9 月	《2016—2020 年建筑业信息化发展纲要》	1. 企业应加快 BIM 的普及应用，实现勘察设计技术升级。 2. 大力推进 BIM、GIS 等技术在综合管廊建设中的应用，建立综合管廊集成管理信息系统，逐步形成智能化城市综合管廊运营服务能力。 3. 加强信息技术在装配式建筑中的应用，推进基于 BIM 的建筑工程设计、生产、运输、装配及全生命期管理，促进工业化建造。建立基于 BIM、物联网等技术的云服务平台，实现产业链各参与方之间在各阶段、各环节的协同工作。 4. 强化建筑行业信息化标准顶层设计，继续完善建筑业行业与企业信息化标准体系，结合 BIM 等新技术应用，重点完善建筑工程勘察设计、施工、运维全生命期的信息化标准体系，为信息资源共享和深度挖掘奠定基础
住房和城乡建设部	2016 年 12 月	《建筑信息模型应用统一标准》（GB/T 51212—2016）	
住房和城乡建设部	2017 年 5 月	《建筑信息模型施工应用标准》（GB/T 51235—2017）	
住房和城乡建设部	2017 年 5 月	《建设项目工程总承包管理规范》（GB/T 50358—2017）	建设单位对承诺采用 BIM 技术或装配式技术的投标人应当适当设置加分条件
江苏省住房和城乡建设厅	2016 年 12 月	《江苏省民用建筑信息模型设计应用标准》（DGJ 32/TJ210—2016）	

1. BIM 相关政策

2011 年 5 月，住房和城乡建设部发布的《2011—2015 年建筑业信息化发展纲要》明确指出，在施工阶段开展 BIM 技术的研究与应用，推进 BIM 技术从设计阶段向施工阶段的应用延伸，降低信息传递过程中的衰减；研究基于 BIM 技术的 4D 项目管理信息系统在大型复杂工程施工过程中的应用，实现对建筑工程有效的可视化管理等。这拉开了 BIM 在中国应用的序幕。

2012 年 1 月，住房和城乡建设部《关于印发 2012 年工程建设标准规范制订修订计划的通知》宣告了中国 BIM 标准制定工作的正式启动，其中包含五项 BIM 相关标准，即《建筑工程信息模型应用统一标准》《建筑工程信息模型存储标准》《建筑工程设计信息模型交付标准》《建筑工程设计信息模型分类和编码标准》《制造工业工程设计信息模型应用标准》。其中，《建筑工程信息模型应用统一标准》的编制采取“千人千标准”的模式，邀请行业内相关软件厂商、设计院、施工单位、科研院所等近百家单位参与标准研究项目、课题、子课题的研究。至此，工程建设行业的 BIM 热度日益高涨。

2013 年 8 月，住房和城乡建设部发布《关于征求关于推荐 BIM 技术在建筑领域应用的指导意见（征求意见稿）意见的函》，征求意见稿中明确，2016 年以前政府投资的两万平方米以上大型公共建筑以及省报绿色建筑项目的设计、施工采用 BIM 技术；截至 2020 年，完善 BIM 技术应用标准、实施指南，形成 B1M 技术应用标准和政策体系。

2014 年度，各地方政府关于 BIM 的讨论与关注更加活跃，上海、北京、广东、山东、陕西等各地区相继出台了各类具体的政策推动和指导 BIM 的应用与发展。

2015 年 6 月，住房和城乡建设部《关于推进建筑信息模型应用的指导意见》中，明确了发展目标：到 2020 年年末，建筑行业甲级勘察、设计单位以及特级、一级房屋建筑工程施工企业应掌握并实现 BIM 与企业管理系统和其他信息技术的一体化集成应用。

2. BIM 相关标准

我国的标准体系可分为国家标准、行业标准、地方标准，BIM 模型标准也不例外，目前我国大部分 BIM 标准还处于制定过程中。

BIM 模型的国家标准由《建筑信息模型应用统一标准》（GB/T 51212—2016）、《建筑信息模型施工应用标准》（GB/T 51235—2017）、《建筑工程信息模型存储标准》《建筑工程设计信息模型分类和编码标准》《建筑工程设计信息模型交付标准》等组成。

《建筑信息模型应用统一标准》（GB/T 51212—2016）主要从模型体系、数据互用、模型应用等方面对 BIM 模型应用作了相关的统一规定，以提高信息应用效率和效益，便于 BIM 的推广；《建筑工程信息模型存储标准》统一了 BIM 软件输出的通用格式，规范了输入、输出信息的内容、格式以及安全的要求；《建筑工程设计信息模型分类和编码标准》为统一各专业的建筑信息，进行了统一分类与编码，以利于各专业间对建筑信息的相互识别；《建筑工程设计信息模型交付标准》是为各专业之间的协同、工程设计参与各方的协作，以及质量管理体系中的管控、交付过程等一系列交付行为提供一个具有可操作性的、兼容性强的统一基准。另外，它对 BIM 模型数据的精度等级进行了划分，可用于评估 BIM 模型数据的成熟度。《建筑信息模型施工应用标准》（GB/T 51235—2017）适用于工业与民用建筑、机电设备安装工程、装饰装修工程等施工阶段、竣工阶段的建筑信息模型应用。

BIM 模型行业标准，如中国工程建设标准化协会所属《专业 P-BIM 软件功能与信息交换标准》的系列标准，它是针对各专业领域内以完成 BIM 专项任务为目的而具体定出的实施细则。

BIM 模型地方标准是各地为推广本地 BIM 应用而制定的 BIM 相关标准，是对应国家标准而本地化的地方标准。如北京地方 BIM 标准《民用建筑信息模型设计标准》（DB11/T 1069—2014）、《江苏省民用建筑信息模型设计应用标准》（DGJ32/TJ 210—2016）、《天津市民用建筑信息模型（BIM）设计技术导则》等。这些标准是为保证 BIM 模型数据在交换中，统一交换数据格式、规范信息内容、减少信息丢失、提高信息应用效率而制定的。

3. BIM 建模精细度

BIM 模型精细度是表示模型包含的信息的全面性、细致程度及准确性的指标。几何精度采用两种方式来衡量，一是反映对象真实几何外形、内部构造及空间定位的精确程度；二是采用简化或符号化方式表达其设计含义的准确性。在满足项目需求的前提下，宜采用较低的建模精细度，同时，要符合建筑工程量计算要求及满足现行有关工程文件编制深度的规定。

建筑工程设计信息模型精细度分为五个等级，可根据使用需求拟定模型精细度。一些常规的建筑工程阶段和使用需求，其对应的模型精细度见表 1.3.2。

表 1.3.2　建筑信息模型精细度

详细等级		建筑	结构	机电					重点
				暖通	消防	给水排水	强电	弱电	
LOD100	方案设计	√							相对位置、功能
LOD200	初设	√	√	√	√	√	√		协调、深化
LOD300	施工图	√	√	√	√	√	√	√	施工详图
LOD400	施工深化	√	√	√	√	√	√	√	施工 BIM 应用管理
LOD500	竣工	√	√	√	√	√	√	√	信息完整性

对模型进行图形管理和信息管理。图形管理主要包括模型配色和线型要求，模型信息管理主要包括模型的几何信息和非几何信息。几何信息包括形状、尺寸、坐标等；非几何信息包括项目参数、设备参数、生产厂家、成本价格、运维信息等。项目各阶段 BIM 模型包含信息要求见表 1.3.3。

表 1.3.3　项目各阶段 BIM 模型包含信息要求

阶段	BIM 模型信息
方案设计	粗略轮廓模型，无构件
扩初设计	有大概尺寸轮廓，构件完整
施工图	材质与类型，精确尺寸
施工深化	材质与类型，实际尺寸
竣工	与实际安装型号一致

从项目设计阶段到施工阶段的 BIM 模型包含不同的信息，见表 1.3.4。

表 1.3.4　各阶段 BIM 模型信息及其应用

阶段	可提取信息	模型应用
方案设计	模型外观、模型相对位置	总体布置效果展示、方案优化、项目推介
扩初设计	各构件准确位置、精确尺寸、材质类型	深化设计、碰撞检查、系统协调、规范验证
施工	各构件详细尺寸、材质、位置、设备参数、运维信息管理	视频模拟、进度控制、工程量计算、预制件可加工性、质量管理、安全管理

《建筑工程设计信息模型交付标准》对建筑工程设计信息模型各组成系统的各类信息粒度及建模精度作了具体要求。

1.4　BIM 的应用价值

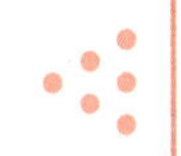

1.4.1　BIM 技术的典型应用

在传统的设计—招标—建造模式下，基于图纸的交付模式使得跨阶段时信息损失带来大量价值的损失，导致出错、遗漏，需要花费额外的精力来创建、补充精确的信息。而基于 BIM 模型的协同合作模型下，利用三维可视化、数据信息丰富的模型，各方可以获得更大投入产出比。

美国 bSa（building SMART alliance）在 BIM Project Execution Planning Guide Version 1.0 中，根据当前美国工程建设领域的BIM使用情况总结了BIM的25种常见应用（表1.4.1）。从表中可以发现，BIM 应用贯穿了建筑的规划、设计、施工与运营四大阶段，多项应用是跨阶段的，尤其是基于 BIM 的“现状建模”与“成本预算”贯穿了建筑的全生命周期。

表 1.4.1　BIM 技术的 25 种常见应用

Plan 规划	Design 设计	Construct 施工	Operate 运营
Existing Conditions Modeling 现状建模			
Cost Estimation 成本估算			
Phase Planning 阶段规划			
Programming 规划编制			

续表

Plan 规划	Design 设计	Construct 施工	Operate 运营
Site Analysis 场地分析			
Design Review 设计方案论证			
	Design Authoring 设计创作		
	Energy Analysis 节能分析		
	Structural Analysis 结构分析		
	Lighting Analysis 采光分析		
	Mechanical Analysis 机械分析		
	Other Engineering Analysis 其他工程分析		
	LEED Evaluation 绿色建筑评估		
	Code Validation 规范验证		
	3D Coordination 3D 协调		
		Site Utilization Planning 场地使用规划	
		Construction System Design 施工系统设计	
		Digital Fabrication 数字化建造	
		3D Control and Planning 3D 控制与规划	
		Record Model 记录模型	
			Maintenance Scheduling 维护计划
			Building System Analysis 建筑系统分析
			Asset Management 资产管理
			Space Management\Tracking 资产管理与跟踪
			Disaster Planning 防灾规划

主要应用

次要应用

这 25 种应用跨越了设施全生命周期的四个阶段，即规划阶段（项目前期策划阶段）、设计阶段、施工阶段和运营阶段。我国通过借鉴上述对 BIM 应用的分类框架，结合目前国内事实现状，归纳得出目前国内建筑市场的 20 种典型 BIM 应用（表 1.4.2）。

表 1.4.2　项目四阶段中的 20 种 BIM 典型应用

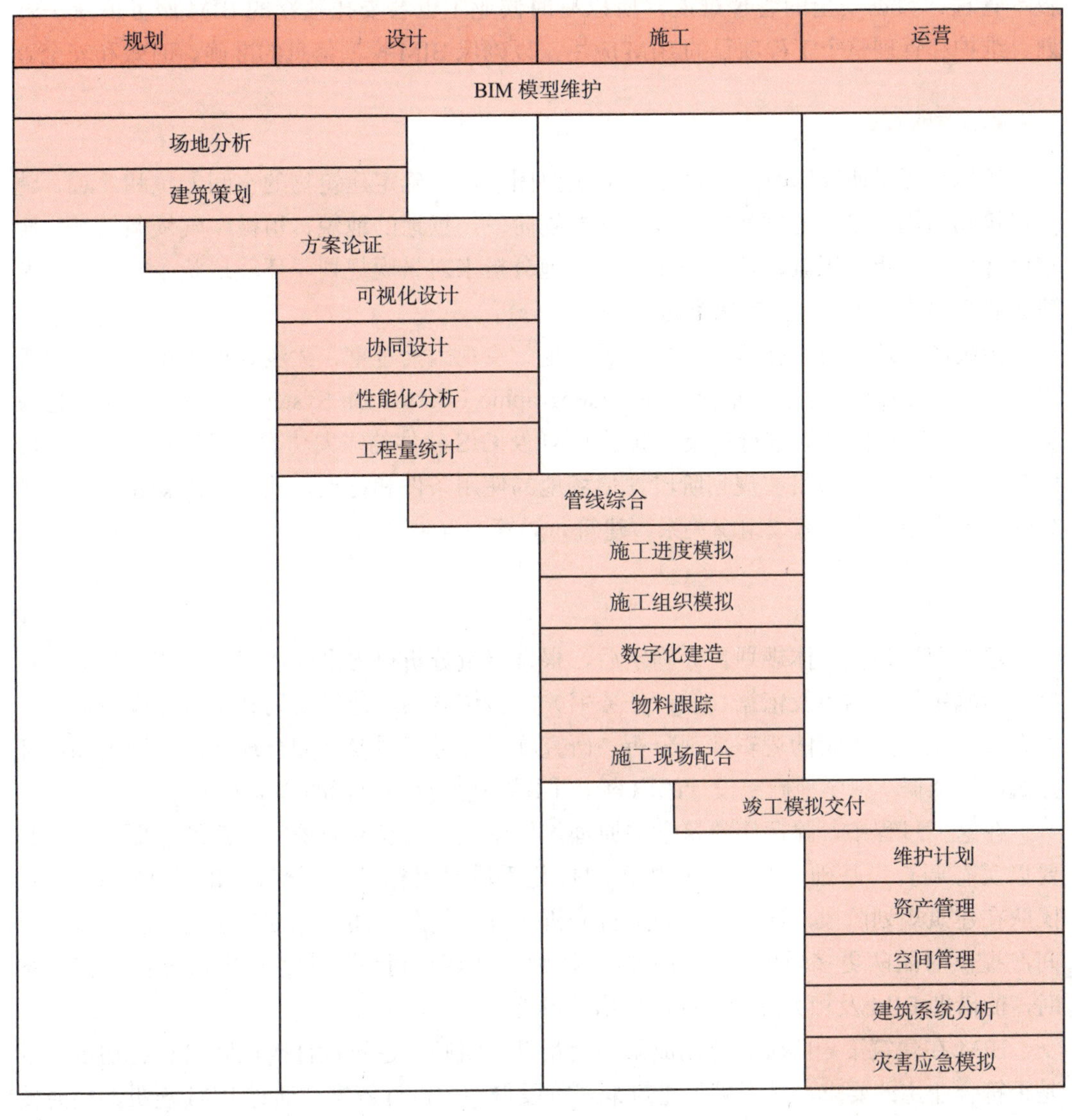

1. BIM 模型维护

根据项目建设进度建立和维护 BIM 模型，实质上是使用 BIM 平台汇总各项目团队所有的建筑工程信息，消除项目中的信息孤岛，并且将得到的信息结合三维模型进行整理和储存，以备在项目全过程中项目各相关利益方随时共享。

由于 BIM 的用途决定了 BIM 模型细节的精度，同时仅靠一个 BIM 工具并不能完成所有的工作，所以目前业内主要采用“分布式”BIM 模型的方法，建立符合工程项目现有条件和使用用途的 BIM 模型。这些模型根据需要，包括设计模型、施工模型、进度模型、成本模型、制造模型、操作模型等。

BIM“分布式”模型还体现在 BIM 模型往往由相关的设计单位、施工单位或者运营单位根据各自工作范围单独建立，最后通过统一标准合成。这将增加对 BIM 建模标准、版本管理、数据安全的管理难度，所以有时候业主也会委托独立的 BIM 服务商统一规划、维护和管理整个工程项目的 BIM 应用，以确保 BIM 模型信息的准确、时效和安全。

2. 场地分析

场地分析是研究影响建筑物定位的主要因素，是确定建筑物的空间方位和外观、建立建筑物与周围景观的联系的过程。在规划阶段，场地的地貌、植被、气候条件都是影响设计决策的重要因素，往往需要通过场地分析来对景观规划、环境现状、施工配套及建成后交通流量等各种影响因素进行评价及分析。

传统的场地分析存在诸如定量分析不足、主观因素过重、无法处理大量数据信息等弊端，通过 BIM 结合地理信息系统（Geographic Information System，GIS），对场地及拟建的建筑物空间数据进行建模，通过 BIM 及 GIS 软件的强大功能，迅速得出令人信服的分析结果，帮助项目在规划阶段评估场地的使用条件和特点，从而作出新建项目最理想的场地规划、交通流线组织关系、建筑布局等关键决策。

3. 建筑策划

建筑策划是在总体规划目标确定后，根据定量分析得出设计依据的过程。相对于根据经验确定设计内容及依据（设计任务书）的传统方法，建筑策划利用对建设目标所处社会环境及相关因素的逻辑数理分析，研究项目任务书对设计的合理导向，制定和论证建筑设计依据，科学地确定设计的内容，并寻找达到这一目标的科学方法。

在这一过程中，除运用建筑学的原理、借鉴过去的经验和遵守规范外，更重要的是要以实态调查为基础，利用计算机等现代化手段对目标进行研究。BIM 能够帮助项目团队在建筑规划阶段，通过对空间进行分析来理解复杂空间的标准和法规，从而节省时间，提供对团队更多增值活动的可能。特别是在客户讨论需求、选择及分析最佳方案时，能借助 BIM 及相关分析数据，作出关键性的决定。

BIM 在建筑策划阶段的应用成果还会帮助建筑师在建筑设计阶段随时查看初步设计是否符合业主的要求，是否满足建筑策划阶段得到的设计依据，通过 BIM 连贯的信息传递或追溯，大大减少以后详图设计阶段发现不合格，从而需要修改设计的巨大浪费。

4. 方案论证

在方案论证阶段，项目投资方可以使用 BIM 来评估设计方案的布局、视野、照明、安全、人体工程学、声学、纹理、色彩及规范的遵守情况。BIM 甚至可以做到建筑局部的细节推敲，迅速分析设计和施工中可能需要应对的问题。

方案论证阶段可以借助 BIM 提供方便的、低成本的不同解决方案供项目投资方进行选择，通过数据对比和模拟分析，找出不同解决方案的优缺点，帮助项目投资方迅速评估建筑投资方案的成本和时间。

对设计师来说，通过 BIM 来评估所设计的空间，可以获得较高的互动效应，以便从使用者和业主处获得积极的反馈。设计的实时修改往往基于最终用户的反馈，在 BIM 平台下，项目各方关注的焦点问题比较容易得到直观的展现并迅速达成共识，相应地，需要决策的时间也会比以往减少。

5. 可视化设计

3d Max、SketchUp 这些三维可视化设计软件的出现有力地弥补了业主及最终用户因缺乏对传统建筑图纸的理解能力而造成的和设计师之间的交流鸿沟，但由于这些软件设计理念和功能上的局限，使得这样的三维可视化展现无论用于前期方案推敲还是用于阶段性的效果图展现，与真正的设计方案之间都存在相当大的差距。

对于设计师而言，除用于前期推敲和阶段展现外，大量的设计工作还是要基于传统 CAD 平台，使用平、立、剖三视图的方式表达和展现自己的设计成果。这种由于工具原因造成的信息割裂，在遇到项目复杂、工期紧的情况下，非常容易出错。

BIM 的出现使得设计师不仅拥有了三维可视化的设计工具，所见即所得，更重要的是，通过工具的提升，使设计师能使用三维的思考方式来完成建筑设计，同时，也使业主及最终用户真正摆脱了技术壁垒的限制，随时知道自己的投资能获得什么。

6. 协同设计

协同设计是一种新兴的建筑设计方式，它可以使分布在不同地理位置的不同专业的设计人员通过网络的协同展开设计工作。协同设计是在建筑业环境发生深刻变化，建筑的传统设计方式必须得到改变的背景下出现的，也是数字化建筑设计技术与快速发展的网络技术相结合的产物。

现有的协同设计主要是基于 CAD 平台，并不能充分实现专业间的信息交流，这是因为 CAD 的通用文件格式仅仅是对图形的描述，无法加载附加信息，导致专业间的数据不具有关联性。

BIM 的出现使协同已经不再是简单的文件参照，BIM 技术为协同设计提供底层支撑，大幅提升协同设计的技术含量。借助 BIM 的技术优势，协同的范畴也从单纯的设计阶段扩展到建筑全生命周期，需要规划、设计、施工、运营等各方的集体参与，因此具备了更广泛的意义，从而带来综合效益的大幅提升。

7. 性能化分析

利用计算机进行建筑物理性能化分析始于 20 世纪 60 年代甚至更早，早已形成成熟的理论支持，开发出丰富的工具软件。但是在 CAD 时代，无论什么样的分析软件，都必须通过手工的方式输入相关数据才能开展分析计算，而操作和使用这些软件不仅需要专业技术人员经过培训才能完成，同时，由于设计方案的调整，造成原本就耗时耗力的数据录入工作需要经常性地重复录入或者校核，导致包括建筑能量分析在内的建筑物理性能化分析通常被安排在设计的最终阶段而成为一种象征性的工作，使建筑设计与性能化分析计算之间严重脱节。

利用 BIM 技术，建筑师在设计过程中创建的虚拟建筑模型已经包含了大量的设计信息（如几何信息、材料性能、构件属性等），只要将模型导入相关的性能化分析软件，就可以得到相应的分析结果，原本需要专业人士花费大量时间输入大量专业数据的过程，如今可以自动完成，这大大降低了性能化分析的周期，提高了设计质量，同时，也使设计公司为业主提供更专业的技能和服务。

8. 工程量统计

在 CAD 时代，由于 CAD 无法存储可以让计算机自动计算工程项目构件的必要信息，所以需要依靠人工根据图纸或者 CAD 文件进行测量和统计，或者使用专门的造价计算软件根据图纸或者 CAD 文件重新进行建模后由计算机自动进行统计。

前者不仅需要消耗大量的人工，而且比较容易出现手工计算带来的差错，而后者同样需要不断地根据调整后的设计方案及时更新模型，如果滞后，得到的工程统计数据也往往失效了。

而 BIM 是一个富含工程信息的数据库，可以真实地提供造价管理需要的工程量信息，借助这些信息，计算机可以快速对各种构件进行统计分析，大大减少了烦琐的人工操作和潜在错误，非常容易实现工程量信息与设计方案的完全一致。

通过 BIM 获得的准确的工程量统计可以用于前期设计过程中的成本估算、在业主预算范围内不同设计方案的探索或者不同设计方案建造成本的比较，以及施工开始前的工程量预算和施工完成后的工程量决算。

9. 管线综合

随着建筑物规模和使用功能复杂程度的增加，无论是设计企业还是施工企业，甚至是业主，对机电管线综合的要求都越加强烈。在 CAD 时代，设计企业主要由建筑或者机电专业牵头，将所有图纸打印成硫酸图，然后各专业将图纸叠在一起进行管线综合。由于二维图纸的信息缺失以及缺乏直观的交流平台，导致管线综合成为建筑施工前让业主最不放心的技术环节。

利用 BIM 技术，通过搭建各专业的 BIM 模型，设计师能够在虚拟的三维环境下方便地发现设计中的碰撞冲突，从而大大提高了管线综合的设计能力和工作效率。这不仅能及时排除项目施工环节中可能遇到的碰撞冲突，显著减少由此产生的变更申请单，更大大提高了施工现场的生产效率，降低了由于施工协调造成的成本增长和工期延误。

10. 施工进度模拟

建筑施工是一个高度动态的过程，随着建筑规模不断扩大，复杂程度不断提高，施工项目管理变得极为复杂。当前建筑工程项目管理中经常用于表示进度计划的甘特图，由于专业性强，可视化程度低，无法描述施工进度以及各种复杂关系，难以表达工程施工的动态变化过程。

通过将 BIM 与施工进度计划相链接，将空间信息与时间信息整合在一个可视的 4D

模型中，可以直观、精确地反映整个建筑的施工过程。4D 施工模拟技术可以在项目建造过程中合理制订施工计划，精确掌握施工进度，优化使用施工资源以及科学地进行场地布置，对整个工程的施工进度、资源和质量进行统一管理和控制，以缩短工期、降低成本、提高质量。

另外，借助 4D 模型，施工企业在工程项目投标中将获得竞标优势，BIM 可以协助评标专家从 4D 模型中很快了解投标单位对投标项目主要施工的控制方法、施工安排是否均衡、总体计划是否基本合理等，从而对投标单位的施工经验和实力作出有效评估。

11. 施工组织模拟

施工组织是对施工活动实行科学管理的重要手段，它决定了各阶段的施工准备工作内容，协调了施工过程中各施工单位、各施工工种、各项资源之间的相互关系。施工组织设计是用来指导施工项目全过程各项活动的技术、经济和组织的综合性解决方案，是施工技术与施工项目管理有机结合的产物。

通过 BIM 可以对项目的重点或难点部分进行可建性模拟，按月、日、时进行施工安装方案的分析优化。对于一些重要的施工环节或采用新施工工艺的关键部位、施工现场平面布置等施工指导措施进行模拟和分析，以提高计划的可行性；也可以利用 BIM 技术结合施工组织计划进行预演，以提高复杂建筑体系的可造性。

借助 BIM 对施工组织的模拟，项目管理方能够非常直观地了解整个施工安装环节的时间节点和安装工序，并清晰把握在安装过程中的难点和要点，施工方也可以进一步对原有安装方案进行优化和改善，以提高施工效率和施工方案的安全性。

12. 数字化建造

制造行业目前的生产效率极高，其中部分原因是利用数字化数据模型实现了制造方法的自动化。同样，BIM 结合数字化制造也能够提高建筑行业的生产效率。通过 BIM 模型与数字化建造系统的结合，建筑行业也可以采用类似的方法来实现建筑施工流程的自动化。

建筑中的许多构件可以异地加工，然后运到建筑施工现场，装配到建筑中(如门窗、预制混凝土结构和钢结构等构件)。通过数字化建造，可以自动完成建筑物构件的预制，这些通过工厂精密机械技术制造出来的构件不仅降低了建造误差，并且大幅度提高了构件制造的生产率，使得整个建筑建造的工期缩短并且容易掌控。

BIM 模型直接用于制造环节，还可以在制造商与设计人员之间形成一种自然的反馈循环，即在建筑设计流程中提前考虑尽可能多地实现数字化建造。同样，与参与竞标的制造商共享构件模型也有助于缩短招标周期，便于制造商根据设计要求的构件用量编制更为统一的投标文件。同时，标准化构件之间的协调也有助于减少现场发生的问题，降低不断上升的建造、安装成本。

13. 物料跟踪

随着建筑行业标准化、工厂化、数字化水平的提升，以及建筑使用设备复杂性的提高，越来越多的建筑及设备构件通过工厂加工并运送到施工现场进行高效的组装。而这些建筑构件及设备是否能够及时运到现场、是否满足设计要求、质量是否合格将成为整个建筑施工建造过程中影响施工计划关键路径的重要环节。

在 BIM 出现以前，建筑行业往往借助较为成熟的物流行业的管理经验及技术方案（如 RFID 无线射频识别电子标签）。通过 RFID 可以把建筑物内各个设备构件贴上标签，以实现对这些物体的跟踪管理，但 RFID 本身无法进一步获取物体更详细的信息（如生产日期、生产厂家、构件尺寸等），而 BIM 模型恰好详细记录了建筑物及构件和设备的所有信息。

另外，BIM 模型作为一个建筑物的多维度数据库，并不擅长记录各种构件的状态信息，而基于 RFID 技术的物流管理信息系统对物体的过程信息都有非常好的数据库记录和管理功能，这样 BIM 与 RFID 正好互补，从而可以解决建筑行业对日益增长的物料跟踪带来的管理压力。

14. 施工现场配合

BIM 不仅集成了建筑物的完整信息，同时，还提供了一个三维的交流环境。与传统模式下项目各方人员在现场从图纸堆中找到有效信息后再进行交流相比，效率大大提高。

BIM 逐渐成为一个便于施工现场各方交流的沟通平台，可以让项目各方人员方便地协调项目方案，论证项目的可造性，及时排除风险隐患，减少由此产生的变更，从而缩短施工时间，降低由于设计协调造成的成本增加，提高施工现场生产效率。

15. 竣工模型交付

建筑作为一个系统，当完成建造过程准备投入使用时，首先需要对建筑进行必要的测试和调整，以确保它可以按照当初的设计来运营。在项目完成后的移交环节，物业管理部门需要得到的不只是常规的设计图纸、竣工图纸，还需要能正确反映真实的设备状态、材料安装使用情况等与运营维护相关的文档和资料。

BIM 能将建筑物空间信息和设备参数信息有机地整合起来，从而为业主获取完整的建筑物全局信息提供途径。通过 BIM 与施工过程记录信息的关联，甚至能够实现包括隐蔽工程资料在内的竣工信息集成，不仅为后续的物业管理带来便利，并且可以在未来进行的翻新、改造、扩建过程中为业主及项目团队提供有效的历史信息。

16. 维护计划

在建筑物使用寿命期间，建筑物结构设施（如墙、楼板、屋顶等）和设备设施（如设备、管道等）都需要不断得到维护。一个成功的维护方案将提高建筑物性能，降低能耗和修理费用，进而降低总体维护成本。

BIM 模型结合运营维护管理系统可以充分发挥空间定位和数据记录的优势，合理制订维护计划，分配专人专项维护工作，以降低建筑物在使用过程中出现突发状况的概率。对一些重要设备，还可以跟踪维护工作的历史记录，以便对设备的适用状态提前作出判断。

17. 资产管理

一套有序的资产管理系统将有效提升建筑资产或设施的管理水平，但由于建筑施工和运营的信息割裂，使得这些资产信息需要在运营初期依赖大量的人工操作来录入，而且很容易出现数据录入错误。

BIM 中包含的大量建筑信息能够顺利导入资产管理系统，大大减少了系统初始化在数据准备方面的时间及人力投入。另外，由于传统的资产管理系统本身无法准确定位资产位置，通过 BIM 结合 RFID 的资产标签芯片还可以使资产在建筑物中的定位及相关参数信息一目了然。

18. 空间管理

空间管理是为节省空间成本、有效利用空间、为最终用户提供良好工作生活环境而对建筑空间所做的管理。BIM 不仅可以用于有效管理建筑设施及资产等资源，也可以帮助管理团队记录空间使用情况，处理最终用户要求空间变更的请求，分析现有空间的使用情况，合理分配建筑物空间，确保空间资源的最大利用率。

19. 建筑系统分析

建筑系统分析是对照业主使用需求及设计规定来衡量建筑物性能的过程，包括机械系统如何操作和建筑物能耗分析、内外部气流模拟、照明分析、人流分析等涉及建筑物性能的评估。

BIM 结合专业的建筑物系统分析软件避免了重复建立模型和采集系统参数。通过 BIM 可以验证建筑物是否按照特定的设计规定和可持续标准建造，通过这些分析模拟，最终确定、修改系统参数甚至系统改造计划，以提高整个建筑的性能。

20. 灾害应急模拟

利用 BIM 及相应灾害分析模拟软件，可以在灾害发生前模拟灾害发生的过程，分析灾害发生的原因，制定避免灾害发生的措施，以及发生灾害后人员疏散、救援支持的应急预案。

当灾害发生后，BIM 模型可以提供救援人员紧急状况点的完整信息，这将有效提高突发状况应对措施。此外，楼宇自动化系统能及时获取建筑物及设备的状态信息，通过 BIM 和楼宇自动化系统的结合，使得 BIM 模型能清晰地呈现出建筑物内部紧急状况的位置，甚至到紧急状况点最合适的路线，救援人员可以由此做出正确的现场处置，提高应急行动的成效。

1.4.2 BIM 技术的深度应用趋势

1. BIM 技术与绿色建筑

绿色建筑是指在建筑的全寿命周期内，最大限度节约资源，节能、节地、节水、节材、保护环境和减少污染，提供健康适用、高效使用、与自然和谐共生的建筑。

BIM 最重要的意义在于它重新整合了建筑设计的流程，其所涉及的建筑生命周期管理（BLM），又恰好是绿色建筑设计的关注和影响对象。真实的 BIM 数据和丰富的构件信息给各种绿色分析软件以强大的数据支持，确保了结果的准确性。BIM 的某些特性（如参数化、构件库等）使建筑设计及后续流程针对上述分析的结果，有非常及时和高效的反馈。绿色建筑设计是一个跨学科、跨阶段的综合性设计过程，而 BIM 模型刚好顺应需求，实现了单一数据平台上各个工种的协调设计和数据集中。BIM 的实施能将建筑各项物理信息分析从设计后期显著提前，有助于建筑师在方案，甚至概念设计阶段进行绿色建筑相关的决策。

另外，BIM 技术提供了可视化的模型和精确的数字信息统计，将整个建筑的建造模型摆在人们面前，立体的三维感增加了人们的视觉冲击和图像印象。而绿色建筑则是根据现代的环保理念提出的，主要是运用高科技设备，利用自然资源，实现人与自然的和谐共处。基于 BIM 技术的绿色建筑设计应用主要通过数字化的建筑模型、全方位的协调处理、环保理念的渗透三个方面来进行，实现绿色建筑的环保和节约资源的原始目标，对整个绿色建筑的设计有很大的辅助作用。

总之，结合 BIM 进行绿色设计已经是一个受到广泛关注和认可的系统性方案，也让绿色建筑事业进入一个崭新的时代。

2. BIM 技术与信息化

信息化是指培养、发展以计算机为主的智能化工具为代表的新生产力，并使之造福于社会的历史过程。智能化生产工具与过去生产力中的生产工具不一样的是，它不是一件孤立分散的东西，而是一个具有庞大规模的、自上而下的、有组织的信息网络体系。这种网络性生产工具正改变人们的生产方式、工作方式、学习方式、交往方式、生活方式、思维方式等，使人类社会发生极其深刻的变化。

随着我国国民经济信息化进程的加快，建筑业信息化早些年已经被提上了议事日程。住房和城乡建设部明确指出："建筑业信息化是指运用信息技术，特别是计算机技术、网络技术、通信技术、控制技术、系统集成技术和信息安全技术等，改造和提升建筑业技术手段、网络技术、通信技术、控制技术、系统集成技术和生产组织方式，提高建筑企业经营管理水平和核心竞争力，提高建筑业主管部门的管理、决策和服务水平。"建筑业的信息化是国民经济信息化的基础之一，而管理的信息化又是实现全行业信息化的重中之重，因此，利用信息化改造建筑工程管理，是建筑业健康发展的必由之路。但是，我国建筑工程管理信息化无论从思想认识上，还是在专业推广中，都还不成熟，仅有部分企业不同程度地、孤立地使用信息技术的某一部分，且仍没有实现信息的共享、交流与互动。

利用 BIM 技术对建筑工程进行管理，应由业主方搭建 BIM 平台，组织业主、监理、设计、施工多方，进行工程建造的集成管理和全寿命周期管理。BIM 系统是一种全新的信息化管理系统，目前正越来越多地应用于建筑行业中。它要求参建各方在设计、施工、项目管理、项目运营等各个过程中将所有信息整合在统一的数据库中，通过数字信息仿真模拟建筑物所具有的真实信息，为建筑的全生命周期管理提供平台。在整个系统的运行过程中，要求业主方、设计方、监理方、总包方、分包方、供应方多渠道和多方位的协调，并通过网上文件管理协同平台进行日常维护和管理。BIM 是新兴的建筑信息化技术，同时也是未来建筑技术发展的大势所趋。

3. BIM 技术与 EPC

EPC 工程总承包（Engineering Procurement Construction）是指工程总承包企业按照合同约定，承担工程项目的设计、采购、施工、试运行服务等工作，并对承包工程的质量、安全、工期、造价全面负责，它是以实现“项目功能”为最终目标，是我国目前推行的总承包模式中最主要的一种。较传统的设计和施工分离承包模式，业主方能够摆脱工程建设过程中的杂乱事务，避免人员与资金的浪费；总承包商能够有效减少工程变更、争议、纠纷和索赔的耗费，使资金、技术、管理各个环节衔接更加紧密；同时，更有利于提高分包商的专业化程度，从而体现 EPC 工程总承包方式的经济效益和社会效益。因此，EPC 总承包越来越受发包人、投资者所欢迎，也被政府有关部门所看重并大力推行。

近年来，随着国际工程承包市场的发展，EPC 总承包模式得到越来越广泛的应用。对技术含量高、各部分联系密切的项目，业主往往更希望由一家承包商完成项目的设计、采购、施工和试运行。大型工程项目多采用 EPC 总承包模式，给业主和承包商带来了可观的便利和效益。同时，也给项目管理程序和手段，尤其是项目信息的集成化管理提出了新的更高的要求，因为工程项目建设得成功与否在很大程度上取决于项目实施过程中参与各方之间信息交流的透明性和时效性能否得到满足。工程管理领域的许多问题，如成本的增加、工期的延误等，都与项目组织中的信息交流问题有关。传统工程管理组织中信息内容的缺失、扭曲以及传递过程的延误和信息获得成本过高等问题严重阻碍了项目参与各方的信息交流和沟通，也给基于 BIM 的工程项目管理预留了广阔的空间。将 EPC 项目生命周期所产生的大量图纸、报表数据融入以时间、工序为维度进展的 4D、5D 模型中，利用虚拟现实技术辅助工程设计、采购、施工、试运行等诸多环节，整合业主、EPC 总承包商、分包商、供应商等各方的信息，增强项目信息的共享和互动，不仅是必要的，而且是可能的。

与发达国家相比，中国建筑业的信息化水平还有较大的差距。根据中国建筑业信息化存在的问题，结合今后的发展目标及重点，住房和城乡建设部印发的《2011—2015 年建筑业信息化发展纲要》明确提出，中国建筑业信息化的总体目标为：“‘十二五’期间，基本实现建筑企业信息系统的普及应用，加快建筑信息模型（BIM）、基于网络的协同工作等新技术在工程中的应用，推动信息化标准建设，促进具有自主知识产权软件的产业化，形成一批信息技术应用达到国际先进水平的建筑企业。”同时提出，在专项信息技术应用上，“加快推广 BIM、协同设计、移动通信、无线射频、虚拟现实、4D 项目管理等技术在勘察设计、施工和工程项目管理中的应用，改进传统的生产与管理模式，提升企业的生产效率和管理水平。”

4. BIM 技术与云计算

云计算是一种基于互联网的计算方式，以这种方式共享的软硬件和信息资源可以按需提供给计算机和其他终端使用。

BIM 与云计算集成应用，是利用云计算的优势将 BIM 应用转化为 BIM 云服务，基于云计算强大的计算能力，可将 BIM 应用中计算量大且复杂的工作转移到云端，以提升计算效率；基于云计算的大规模数据存储能力，可将 BIM 模型及其相关的业务数据同步到云端，方便用户随时随地访问并与协作者共享；云计算使得 BIM 技术走出办公室，用户在施工现场可通过移动设备随时连接云服务，及时获取所需的 BIM 数据和服务等。

根据云的形态和规模，BIM 与云计算集成应用将经历初级、中级和高级发展阶段。初级阶段以项目协同平台为标志，主要厂商的 BIM 应用通过接入项目协同平台，初步形成文档协作级别的 BIM 应用；中级阶段以模型信息平台为标志，合作厂商基于共同的模型信息平台开发 BIM 应用，并组合形成构件协作级别的 BIM 应用；高级阶段以开放平台为标志，用户可根据差异化需要从 BIM 云平台上获取所需的 BIM 应用，并形成自定义的 BIM 应用。

5. BIM 技术与物联网

物联网是通过射频识别、红外感应器、全球定位系统、激光扫描器等信息传感设备，按约定的协议将物品与互联网相连进行信息交换和通信，以实现智能化识别、定位、跟踪、监控和管理的一种网络。

BIM 与物联网集成应用，实质上是建筑全过程信息的集成与融合。BIM 技术发挥上层信息集成、交互、展示和管理的作用，而物联网技术则承担底层信息感知、采集、传递、监控的功能。二者集成应用可以实现建筑全过程"信息流闭环"，实现虚拟信息化管理与实体环境硬件之间的有机融合。目前，BIM 在设计阶段应用较多，并开始向建造和运维阶段应用延伸。物联网应用目前主要集中在建造和运维阶段，二者集成应用将会产生极大的价值。

在工程建设阶段，二者集成应用可提高施工现场安全管理能力，确定合理的施工进度，支持有效的成本控制，提高质量管理水平。例如，临边洞口防护不到位、部分作业人员高处作业不系安全带等安全隐患在施工现场无处不在，基于 BIM 的物联网应用可实时发现这些隐患并报警提示。高空作业人员的安全帽、安全带、身份识别牌上安装的无线射频识别，可在 BIM 系统中实现精确定位，如果作业行为不符合相关规定，身份识别牌与 BIM 系统中相关定位会同时报警，管理人员可精准定位隐患位置，并采取有效措施避免安全事故发生。在建筑运维阶段，二者集成应用可提高设备的日常维护维修工作效率，提升重要资产的监控水平，增强安全防护能力，并支持智能家居。

BIM 与物联网集成应用目前处于起步阶段，尚缺乏数据交换、存储、交付、分类和编码、应用等系统化、可实施操作的集成和实施标准，且面临着法律法规、建筑业现行商业模式、BIM 应用软件等诸多问题，但这些问题将会随着技术的发展及管理水平的不断提高得到解决。BIM 与物联网的深度融合与应用，势必将智能建造提升到智慧建造的新高度，开创智慧建筑新时代，是未来建设行业信息化发展的重要方向之一。未来建筑智能化系统，将会出现以物联网为核心，以功能分类、相互通信兼容为主要特点的建筑“智慧化”大控制系统。

6. BIM 技术与数字化加工

数字化是将不同类型的信息转变为可以度量的数字，将这些数字保存在适当的模型中，再将模型引入计算机进行处理的过程。数字化加工则是在应用已经建立的数字模型基础上，利用生产设备完成对产品的加工。

BIM 与数字化加工集成，意味着将 BIM 模型中的数据转换成数字化加工所需的数字模型，制造设备可根据该模型进行数字化加工。目前，主要应用在预制混凝土板生产、管线预制加工和钢结构加工三个方面。一方面，工厂精密机械自动完成建筑物构件的预制加工，不仅制造出的构件误差小，生产效率也可大幅提高；另一方面，建筑中的门窗、整体卫浴、预制混凝土结构和钢结构等许多构件，均可异地加工，再被运到施工现场进行装配，既可缩短建造工期，也容易掌控质量。

例如，深圳平安金融中心为超高层项目，有十几万平方米风管加工制作安装量，如果采用传统的现场加工制作安装，不仅大量占用现场场地，而且受垂直运输影响，效率低下。为此，该项目探索基于 BIM 的风管工厂化预制加工技术，将制作工序移至场外，由专门加工流水线高效切割完成风管制作，再运至现场指定楼层完成组合拼装。在此过程中，依靠 BIM 技术进行预制分段和现场施工误差测控，大大提高了施工效率和工程质量。

未来将以建筑产品三维模型为基础，进一步加入资料、构件制造、构件物流、构件装置以及工期、成本等信息，以可视化的方法完成 BIM 与数字化加工的融合。同时，更加广泛地发展和应用 BIM 技术与数字化技术的集成，进一步拓展信息网络技术、智能卡技术、家庭智能化技术、无线局域网技术、数据卫星通信技术、双向电视传输技术等与 BIM 技术的融合。

7. BIM 技术与智能全站仪

施工测量是工程测量的重要内容，包括施工控制网的建立、建筑物的放样、施工期间的变形观测和竣工测量等。近年来，外观造型复杂的超大、超高建筑日益增多，测量放样主要使用全站型电子速测仪（简称全站仪）。随着新技术的应用，全站仪逐步向自动化、智能化方向发展。智能型全站仪由马达驱动，在相关应用程序控制下，在无人干预的情况下可自动完成多个目标的识别、照准与测量，且在无反射棱镜的情况下可对一般目标直接测距。

BIM 与智能型全站仪集成应用，是通过对软件、硬件进行整合，将 BIM 模型带入施工现场，利用模型中的三维空间坐标数据驱动智能型全站仪进行测量。二者集成应用，将现场测绘所得的实际建造结构信息与模型中的数据进行对比，核对现场施工环境与 BIM 模型之间的偏差，为机电、精装、幕墙等专业的深化设计提供依据。同时，基于智能型全站仪高效精确的放样定位功能，结合施工现场轴线网、控制点及标高控制线，可高效、快速地将设计成果在施工现场进行标定，实现精确的施工放样，并为施工人员提供更加准确、直观的施工指导。另外，基于智能型全站仪精确的现场数据采集功能，在施工完成后对现场实物进行实地测量，通过对实测数据与设计数据进行对比，检查施工质量是否符合要求。

与传统放样方法相比，BIM 与智能型全站仪集成放样，精度可控制在 3 mm 以内，而一般建筑施工要求的精度为 1 ~ 2 cm，远超传统施工精度。传统放样最少要两人操作，BIM 与智能型全站仪集成放样，一人一天可完成几百个点的精确定位，效率是传统方法的 6 ~ 7 倍。

目前，国外已有很多企业在施工中将 BIM 与智能型全站仪集成应用进行测量放样，而我国尚处于探索阶段，只有深圳市城市轨道交通 9 号线、深圳平安金融中心和北京望京 SOHO 等少数项目应用。未来，二者集成应用将与云技术进一步结合，使移动终端与云端的数据实现双向同步；还将与项目质量管控进一步融合，使质量控制和模型修正无缝融入原有工作流程，进一步提升 BIM 应用价值。

8. BIM 技术与 GIS

地理信息系统是用于管理地理空间分布数据的计算机信息系统，以直观的地理图形方式获取、存储、管理、计算、分析和显示与地球表面位置相关的各种数据，英文缩写为 GIS。BIM 与 GIS 集成应用，是通过数据集成、系统集成或应用集成来实现的，可在 BIM 应用中集成 GIS，也可以在 GIS 应用中集成 BIM，或是 BIM 与 GIS 深度集成，以发挥各自优势，拓展应用领域。目前，二者集成在城市规划、城市交通分析、城市微环境分析、市政管网管理、住宅小区规划、数字防灾、既有建筑改造等诸多领域有所应用。与各自单独应用相比，在建模质量、分析精度、决策效率、成本控制水平等方面都有明显提高。

BIM 与 GIS 集成应用，可提高长线工程和大规模区域性工程的管理能力。BIM 的应用对象往往是单个建筑物，利用 GIS 宏观尺度上的功能，可将 BIM 的应用范围扩展到道路、铁路、隧道、水电、港口等工程领域。例如，邢汾高速公路项目开展 BIM 与 G1S 集成应用，实现了基于 GIS 的全线宏观管理、基于 BIM 的标段管理以及桥隧精细管理相结合的多层次施工管理。

BIM 与 GIS 集成应用，可增强大规模公共设施的管理能力。现阶段，BIM 应用主要集中在设计、施工阶段，而二者集成应用可解决大型公共建筑、市政及基础设施的 BIM 运维管理，将 BIM 应用延伸到运维阶段。例如，昆明新机场项目将二者集成应用，成功开发了机场航站楼运维管理系统，实现了航站楼物业、机电、流程、库存、报修与巡检等日常运维管理和信息动态查询。

BIM 与 GIS 集成应用，还可以拓宽和优化各自的应用功能。导航是 GIS 应用的一个重要功能，但仅限于室外。二者集成应用，不仅可以将 GIS 的导航功能拓展到室内，还可以优化 GIS 已有的功能。例如，利用 BIM 模型对室内信息的精细描述，可以保证在发生火灾时室内逃生路径是最合理的，而不再只是路径最短。

随着互联网的高速发展，基于互联网和移动通信技术的 BIM 与 GIS 集成应用，将改变二者的应用模式，向着网络服务的方向发展。当前，BIM 和 GIS 不约而同地开始融合云计算这项新技术，分别出现了“云 BIM”和“云 GIS”的概念，云计算的引入将使 BIM 和 GIS 的数据存储方式发生改变，数据量级也将得到提升，其应用也会得到跨越式发展。

9. BIM 技术与 3D 扫描

3D 扫描是集光、机、电和计算机技术于一体的高新技术，主要用于对物体空间外形、结构及色彩进行扫描，以获得物体表面的空间坐标，具有测量速度快、精度高、使用方便等优点，而且其测量结果可直接与多种软件接口。3D 激光扫描技术又被称为实景复制技术，采用高速激光扫描测量的方法，可大面积、高分辨率地快速获取被测量对象表面的 3D 坐标数据，为快速建立物体的 3D 影像模型提供了一种全新的技术手段。3D 激光扫描技术可有效、完整地记录工程现场复杂的情况，通过与设计模型进行对比，直观地反映出现场真实的施工情况，为工程检验等工作带来巨大帮助。同时，针对一些古建类建筑，3D 激光扫描技术可快速准确地形成电子化记录，形成数字化存档信息，方便后续的修缮改造等工作。另外，对于现场难以修改的施工现状，可通过 3D 激光扫描技术得到现场真实信息，为其量身定做装饰构件等材料。

BIM 与 3D 扫描技术的集成，是将 BIM 模型与所对应的 3D 扫描模型进行对比、转化和协调，达到辅助工程质量检查、快速建模、减少返工的目的，可解决很多传统方法无法解决的问题，目前正越来越多地被应用在建筑施工领域，在施工质量检测、辅助实际工程量统计、钢结构预拼装等方面体现出较大价值。例如，将施工现场的 3D 激光扫描结果与 BIM 模型进行对比，可检查现场施工情况与模型、图纸的差别，协助发现现场施工中的问题，这在传统方式下需要工作人员拿着图纸、皮尺在现场检查，费时又费力。

再如，针对土方开挖工程中较难统计测算土方工程量的问题，可在开挖完成后对现场基坑进行 3D 激光扫描，基于点云数据进行 3D 建模，再利用 BIM 软件快速测算实际模型体积，并计算现场基坑的实际挖掘土方量。另外，通过与设计模型进行对比，还可以直观地了解基坑挖掘质量等其他信息。上海中心大厦项目引入大空间 3D 激光扫描技术，通过获取复杂的现场环境及空间目标的 3D 立体信息，快速重构目标的 3D 模型及线、面、体、空间等各种带有 3D 坐标的数据，再现客观事物真实的形态特性。同时，将依据点云建立的 3D 模型与原设计模型进行对比，检查现场施工情况，并通过采集现场真实的管线及龙骨数据建立模型，作为后期装饰等专业深化设计的基础。BIM 与 3D 扫描技术的集成应用，不仅提高了该项目的施工质量检查效率和准确性，也为装饰等专业深化设计提供了依据。

10. BIM 技术与虚拟现实

虚拟现实也称作虚拟环境或虚拟真实环境，是一种三维环境技术，集先进的计算机技术、传感与测量技术、仿真技术、微电子技术等为一体，借此产生逼真的视、听、触、力等三维感觉环境，形成一种虚拟世界。虚拟现实技术是人们运用计算机对复杂数据进行的可视化操作，与传统的人机界面以及流行的视窗操作相比，虚拟现实在技术思想上有了质的飞跃。

BIM 技术的理念是建立涵盖建筑工程全生命周期的模型信息库，并实现各个阶段、不同专业之间基于模型的信息集成和共享。BIM 与虚拟现实技术集成应用，主要内容包括虚拟场景构建、施工进度模拟、复杂局部施工方案模拟、施工成本模拟、多维模型信息联合模拟以及交互式场景漫游。其目的是应用 BIM 信息库，辅助虚拟现实技术更好地在建筑工程项目全生命周期中应用。

BIM 与虚拟现实技术集成应用，可提高模拟的真实性。传统的二维、三维表达方式，只能传递建筑物单一尺度的部分信息，使用虚拟现实技术可展示一栋活生生的虚拟建筑物，使人产生身临其境之感。并且，可以将任意相关信息整合到已建立的虚拟场景中，进行多维模型信息联合模拟。可以实时、任意视角查看各种信息与模型的关系，指导设计、施工，辅助监理、监测人员开展相关工作。

BIM 与虚拟现实技术集成应用，可有效支持项目成本管控。根据不完全统计，一个工程项目大约有 30% 的施工过程需要返工、60% 的劳动力资源被浪费、10% 的材料被损失浪费。不难推算，在庞大的建筑施工行业中，每年约有万亿元的资金流失。BIM 与虚拟现实技术集成应用，通过模拟工程项目的建造过程，在实际施工前即可确定施工方案的可行性及合理性，减少或避免设计中存在的大多数错误；可以方便地分析出施工工序的合理性，生成对应的采购计划和财务分析费用列表，高效地优化施工方案；还可以提前发现设计和施工中的问题，对设计、预算、进度等属性及时更新，并保证获得数据信息的一致性和准确性。二者集成应用，在很大程度上可减少建筑施工行业中普遍存在的低效、浪费和返工现象，大大缩短项目计划和预算编制的时间，提高计划和预算的准确性。

BIM 与虚拟现实技术集成应用，可有效提升工程质量。在施工前，将施工过程在计算机上进行三维仿真演示，可以提前发现并避免在实际施工中可能遇到的各种问题，如管线碰撞、构件安装等，以便指导施工和制订最佳施工方案，从整体上提高建筑施工效率，确保工程质量，消除安全隐患，并有助于降低施工成本与时间耗费。

BIM 与虚拟现实技术集成应用，可提高模拟工作中的可交互性。在虚拟的三维场景中，可以实时地切换不同的施工方案，在同一个观察点或同一个观察序列中感受不同的施工过程，有助于比较不同施工方案的优势与不足，以确定最佳施工方案。同时，还可以对某个特定的局部进行修改，并实时地与修改前的方案进行分析比较。另外，还可以直接观察整个施工过程的三维虚拟环境，快速查看到不合理或者错误之处，避免施工过程中的返工。

虚拟施工技术在建筑施工领域的应用将是一个必然趋势，在未来的设计、施工中的应用前景广阔，必将推动我国建筑施工行业迈入一个崭新的时代。

11. BIM 技术与 3D 打印

3D 打印技术是一种快速成型技术，是以三维数字模型文件为基础，通过逐层打印或粉末熔铸的方式来构造物体的技术。其综合了数字建模技术、机电控制技术、信息技术、材料科学与化学等方面的前沿技术。

BIM 与 3D 打印的集成应用，主要是在设计阶段利用 3D 打印机将 BIM 模型微缩打印出来，供方案展示、审查和进行模拟分析；在建造阶段采用 3D 打印机直接将 BIM 模型打印成实体构件和整体建筑，部分替代传统施工工艺来建造建筑。BIM 与 3D 打印的集成应用，可谓两种革命性技术的结合，为建筑从设计方案到实物的过程开辟了一条“高速公路”，也为复杂构件的加工制作提供了更高效的方案。目前，BIM 与 3D 打印技术集成应用有基于 BIM 的整体建筑 3D 打印、基于 BIM 和 3D 打印制作复杂构件、基于 BIM 和 3D 打印的施工方案实物模型展示三种模式。

基于 BIM 的整体建筑 3D 打印，是应用 BIM 进行建筑设计，将设计模型交付专用 3D 打印机，打印出整体建筑物。利用 3D 打印技术建造房屋，可有效降低人力成本，作业过程基本不产生扬尘和建筑垃圾，是一种绿色环保的工艺，在节能降耗和环境保护方面较传统工艺有非常明显的优势。

基于 BIM 和 3D 打印制作复杂构件。传统工艺制作复杂构件，受人为因素影响较大，精度和美观度不可避免地会产生偏差。而 3D 打印机由计算机操控，只要有数据支撑，便可将任何复杂的异形构件快速、精确地制造出来。BIM 与 3D 打印技术集成进行复杂构件制作，不再需要复杂的工艺、措施和模具，只需将构件的 BIM 模型发送到 3D 打印机，短时间内即可将复杂构件打印出来，缩短了加工周期，降低了成本，而且精度非常高，可以保障复杂异形构件几何尺寸的准确性和实体质量。

基于 BIM 和 3D 打印的施工方案实物模型展示。用 3D 打印制作的施工单位微缩模型，可以辅助施工人员更为直观地理解方案内容，携带、展示不需要依赖计算机或其他硬件设备，还可以 360° 全视角观察，克服了打印 3D 图片和三维视频角度单一的缺点。

随着各项技术的发展，现阶段 BIM 与 3D 打印技术集成存在的许多技术问题将会得到解决，3D 打印机和打印材料价格也会趋于合理，应用成本下降也会扩大 3D 打印技术的应用范围，提高施工行业的自动化水平。虽然在普通民用建筑大批量生产的效率和经济性方面，3D 打印建筑较工业化预制生产没有优势，但在个性化、小数量的建筑上，3D 打印的优势非常明显。随着个性化定制建筑市场的兴起，3D 打印建筑在这一领域的市场前景非常广阔。

12. BIM 技术与构件库

当前，设计行业正在进行着第二次技术变革，基于 BIM 理念的三维化设计已经被越来越多的设计院、施工企业和业主所接受，BIM 技术是解决建筑行业全生命周期管理，提高设计效率和设计质量的有效手段。住房和城乡建设部在《2011—2015 年建筑业信息化发展纲要》中明确提出在“十二五”期间将大力推广 BIM 技术等在建筑工程中的应用，国内外的 BIM 实践也证明，BIM 能够有效解决行业上下游之间的数据共享与协作问题。目前，国内流行的建筑行业 BIM 类软件均是以搭积木的方式实现建模，是以构件（例如，Revit 称为“族”，PDMS 称为“元件”）为基础。含有 BIM 信息的构件不但可以为工业化制造、计算选型、快速建模、算量计价等提供支撑，也为后期运营维护提供必不可少的信息数据。信息化是工程建设行业发展的必然趋势，设备数据库如果能有效地和 BIM 设计软件、物联网等融合，无论是工程建设行业运作效率的提高，还是对设备厂商的设备推广，都会起到很大的促进作用。

BIM 设计时代已经到来，工程建设工业化是大势所趋，构件是建立 BIM 模型和实现工业化建造的基础，BIM 设计效率的提高取决于 BIM 构件库的完备水平，对这一重要知识资产的规范化管理和使用，是提高设计院设计效率，保障交付成果的规范性与完整性的重要方法。因此，高效的构件库管理系统是企业 BIM 化设计的必备利器。

13. BIM 技术与装配式结构

装配式建筑是用预制的构件在工地装配而成的建筑，是我国建筑结构发展的重要方向之一，它有利于我国建筑工业化的发展、提高生产效率、节约能源以及发展绿色环保建筑，并且有利于提高和保证建筑工程质量。与现代施工工法相比，预制装配式混凝土结构有利于绿色施工，因为装配式施工更能符合绿色施工的节地、节能、节材、节水和环境保护等要求，降低对环境的负面影响，包括降低噪声，防止扬尘，减少环境污染，清洁运输，减少场地干扰，节约水、电、材料等资源和能源，遵循可持续发展的原则。而且装配式结构可以连续地按顺序完成工程的多个或全部工序，从而减少进场的工程机械种类和数量，消除工序衔接的停闲时间，实现立体交叉作业，减少施工人员，从而提高工效、降低物料消耗、减少环境污染，为绿色施工提供保障。另外，装配式结构在较大程度上减少建筑垃圾（占城市垃圾总量的 30% ～ 40%），如废钢筋、废钢丝、废竹木材、废弃混凝土等。

2013 年 1 月 1 日，国务院办公厅转发《绿色建筑行动方案》，明确提出将“推动建筑工业化”列为十大重要任务之一。同年 11 月 7 日，全国政协主席俞正声主持全国政协双周协商座谈会，箭言“建筑产业化”，这标志着推动建筑产业化发展已成为最高级别国家共识，也是国家首次将建筑产业化落实到政策扶持的有效举措。随着政府对建筑产业化的不断推进，建筑信息化水平低已经成为建筑产业化发展的制约因素，如何应用 BIM 技术提高建筑产业信息化水平，推进建筑产业化向更高阶段发展，已经成为当前一个新的研究热点。

利用 BIM 技术能有效提高装配式建筑的生产效率和工程质量，将生产过程中的上下游企业联系起来，真正实现以信息化促进产业化。借助 BIM 技术三维模型的参数化设计，使得图纸生成修改的效率有了很大幅度的提高，克服了传统拆分设计中的图纸量大、修改困难的难题；钢筋的参数化设计提高了钢筋设计精确性，加大了可施工性。加上时间进度的 4D 模拟，进行虚拟化施工，提高了现场施工管理的水平，降低了施工工期，减少了图纸变更和施工现场的返工，节约投资。因此，BIM 技术的使用能够为预制装配式建筑的生产提供有效帮助，使得装配式工程精细化这一特点更容易实现，进而推动现代建筑产业化的发展，促进建筑业发展模式的转型。

1.4.3 BIM 技术的未来发展趋势

随着 BIM 技术的发展和完善，BIM 的应用还将不断扩展，BIM 将永久性地改变项目设计、施工和运维管理方式。随着传统、低效的方法逐渐退出历史舞台，目前许多工作岗位、任务和职责将成为过时的东西。报酬应当体现价值创造，而当前采用的研究规模、酬劳、风险以及项目交付的模型应加以改变，才能适应新的情况。在这些变革中，可能发生的包括以下几项：

（1）市场的优胜劣汰将产生一批已经掌握 BIM 并能够有效提供整合解决方案的公司，它们基于以往的成功经验来参与竞争，赢得新的工程。这将包括设计师、施工企业、材料制造商、供应商、预制件制造商以及专业顾问。

（2）专业的认证将有助于真正有资格的 BIM 从业人员从那些对 BIM 一知半解的人当中区分开来。教育机构将协作建模融入其核心课程，以满足社会对 BIM 人才的需求。同时，企业内部和外部的培训项目也将进一步普及。

（3）尽管当前 BIM 应用主要集中在建筑行业，具备创新意识的公司正将其应用于大土木的工程项目中。同时，随着它带给各类项目的益处逐渐得到人们的广泛认可，其应用范围将继续快速扩展。

（4）业主将期待更早地了解成本、进度计划以及质量，这将促进生产商、供应商、预制件制造商和专业承包商尽早使用 BIM 技术。

（5）新的承包方式将出现，以支持一体化项目交付（基于相互尊重和信任、互惠互利、协同决策以及有限争议解决方案的原则）。

（6）BIM 应用将有力促进建筑工业化发展。建模将使得更大和更复杂的建筑项目预制件成为可能。更低的劳动力成本、更安全的工作环境、减少原材料需求以及坚持一贯的质量，这些将为该趋势的发展带来强大的推动力，使其具备经济性、充足的劳力以及可持续性激励。项目重心将由劳动密集型向技术密集型转移，生产商将采用灵活的生产流程，提升产品的定制化水平。

（7）随着更加完备的建筑信息模型融入现有业务，一种全新内置式高性能数据仪在不久即可用于建筑系统及产品。这将形成一个对设计方案和产品选择产生直接影响的反馈机制。通过监测建筑物的性能与可持续目标是否相符，以促进帮助绿色设计及绿色建筑全寿命期的实现。

1.4.4 建筑信息化和建筑工业化

党的十八大报告提出：“坚持走中国特色新型工业化、信息化、城镇化、农业现代化道路，推动信息化和工业化深度融合、工业化和城镇化良性互动、城镇化和农业现代化相互协调，促进工业化、信息化、城镇化、农业现代化同步发展。”

住房和城乡建设部科技与产业化发展中心建筑技术处处长叶明表示，在信息化和建筑工业化发展的互相推进中，信息化的发展现阶段主要表现在建筑信息模型（简称 BIM）技术在建筑工业化中的应用。BIM 技术作为信息化技术的一种，已随着建筑工业化的推进逐渐在我国建筑业应用推广。建筑信息化发展阶段依次是“手工、自动化、信息化、网络化”，而 BIM 技术正在开启我国建筑施工从自动化到信息化的转变。

工程项目是建筑业的核心业务，工程项目信息化主要依靠工具类软件（如造价和计量软件等）和管理类软件（如造价管理系统、招标投标知识管理、施工项目管理解决方案等），BIM 技术能够实现工程项目的信息化建设，通过可视化的技术促进规划方、设计方、施工方和运维方协同工作，并对项目进行全生命周期管理，特别是从设计方案、施工进度、成本、质量、安全、环保等方面，增强项目的可预知性和可控性。

随着越来越多的企业认识到 BIM 技术的重要性，BIM 技术将逐步向 4D/5D 仿真模拟和数字化制造方向发展，工业化住宅建造过程届时将更可控、效益将更高。不管未来建筑信息化技术如何发展，从现阶段来看，其已在我国建筑工业化发展中扮演了“推进器”的角色，随着未来信息化和工业化的深度融合，信息化必将在我国的产业化发展中起到更大的作用。

新型建筑工业化正是将传统建筑业的现场作业建造模式转向制造业工厂生产模式。制造业信息化将信息技术、自动化技术、现代管理技术与制造技术相结合，可以改善制造企业的经营、管理、产品开发和生产等各个环节；提高生产效率、产品质量和企业的创新能力，降低消耗，带动产品设计方法和设计工具的创新、企业管理模式的创新、制造技术的创新以及企业间协作关系的创新，从而实现产品设计制造和企业管理的信息化、生产过程控制的智能化、制造装备的数控化以及咨询服务的网络化，全面提升建筑企业的竞争力。

1.5 BIM 软件

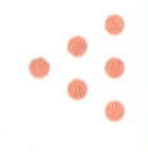

1.5.1 BIM 应用软件的分类

BIM 应用软件是指基于 BIM 技术的应用软件，也即支持 BIM 技术应用的软件。一般来讲，它应该具备四个特征，即面向对象、基于三维几何模型、包含其他信息和支持开放式标准。

查克·伊斯曼（Chuck Eastman）将 BIM 应用软件按其功能分为三大类，即 BIM 环境软件、BIM 平台软件和 BIM 工具软件。在本书中，习惯将其分为 BIM 基础软件、BIM 工具软件和 BIM 平台软件。

1. BIM 基础软件

BIM 基础软件是指可用于建立能为多个 BIM 应用软件所使用的 BIM 数据的软件。例如，基于 BIM 技术的建筑设计软件可用于建立建筑设计 BIM 数据，而且该数据能被用在基于 BIM 技术的能耗分析软件、日照分析软件等 B1M 应用软件中。除此以外，基于 BIM 技术的结构设计软件及设备设计（MEP）软件也包含在这一大类中。目前，实际过程中使用这类软件的例子，如美国 Autodesk 公司的 Revit 软件，其中包含了建筑设计软件、结构设计软件及 MEP 设计软件；匈牙利 Graphisoft 公司的 ArchiCAD 软件等。常见 BIM 基础类软件见表 1.5.1。

表 1.5.1　常见 BIM 基础类软件

产品名称	厂家	专业用途	备注
Rhino+GH	Robert McNeel	建筑、结构、机电	优先级（高）
Revit	Autodesk	建筑、结构、机电	优先级（高）
Tekla Structures	Tekla	结构	优先级（中）
Bentley BIM Suite	Bentley	建筑、结构、机电	优先级（中）
Ditigal Project	Gehry Technologies	建筑、结构、机电	优先级（低）
CATIA	Dassault System	建筑、结构、机电	优先级（低）

对于一个项目或企业 BIM 核心建模软件技术路线的确定，可以考虑如下基本原则：

（1）民用建筑可选用 Autodesk Revit；

（2）工厂设计和基础设施可选用 Bentley；

（3）单专业建筑事务所选择 ArchiCAD、Revit、Bentley 都有可能成功；

（4）项目完全异形、预算比较充裕的可以选择 Digital Project。

2. BIM 工具软件

BIM 工具软件是指利用 BIM 基础软件提供的 BIM 数据，开展各种工作的应用软件。例如，利用建筑设计 BIM 数据，进行能耗分析的软件、进行日照分析的软件、生成二维图纸的软件等。目前，实际过程中使用这类软件的例子，如美国 Autodesk 公司的 Ecotect 软件，我国的软件厂商开发的基于 BIM 技术的成本预算软件等。有的 BIM 基础软件除提供用于建模的功能外，还提供了其他一些功能，所以本身也是 BIM 工具软件。例如，上述 Revit 软件还提供了生成二维图纸等功能，所以它既是 BIM 基础软件，也是 BIM 工具软件，如图 1.5.1 所示。

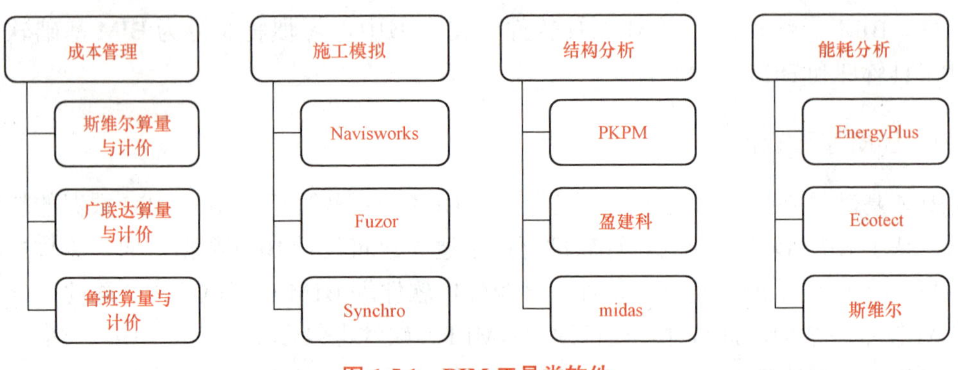

图 1.5.1 BIM 工具类软件

3. BIM 平台软件

BIM 平台软件是指能对各类 BIM 基础软件及 BIM 工具软件产生的 BIM 数据进行有效的管理，以便支持建筑全生命期 BIM 数据的共享应用的应用软件。该类软件一般为基于 Web 的应用软件，能够支持工程项目各参与方及各专业工作人员之间通过网络高效地共享信息。

BIM 平台类软件是单点应用类软件的集成，以协同和综合应用为主，针对不同的应用点以及 BIM 目标，综合选取适合的 BIM 平台类软件，将有效提高项目管理效率、降低施工成本、保证工程进度。在技术应用层面，BIM 平台的特点为着重于数据整合及操作，主要的平台软件有 Navisworks、Takla、广联达 BIM5D、鲁班 MC 等；在项目管理层面，BIM 平台主要着重于信息数据交流，主要的平台软件有 Autodesk BIM 360、Vault、Autodesk Buzzsaw、Trello 等；在企业管理层面，着重于决策及判断其特点，主要平台软件有宝智坚思 Greata、Dassault Enovia 等。

目前，Revit、Navisworks、Tekla、ArchiCAD 是国内应用比较广泛的软件。随着 BIM 的发展，单项应用方面的 BIM 软件数量有明显的增长趋势。同时，BIM 综合数据管理和应用的软件数量也在增加，BIM 应用不仅在广度和深度上扩展，而且开始呈现从单项应用向综合应用发展的趋势。

1.5.2 BIM 建模软件的选择

在 BIM 实施中，会涉及许多相关软件，其中最基础、最核心的是 BIM 建模软件。建模软件是 BIM 实施中最重要的资源和应用条件，无论是项目型 BIM 应用或是企业 BIM 实施，选择好 BIM 建模软件都是第一步重要工作。应当指出，不同时期由于软件的技术特点和应用环境以及专业服务水平的不同，选用 BIM 建模软件也有很大的差异。而软件投入又是一项投资大、技术性强、主观难以判断的工作。因此，在选用软件上，应采取相应的方法和程序，以保证软件的选用符合项目或企业的需要。对具体建模软件进行分析和评估，一般经过初选、测试及评价、审核批准及正式引用等阶段。

1. 初选

初选应考虑的因素包括以下几项：

（1）建模软件是否符合企业的整体发展战略规划；

（2）建模软件对企业业务带来的收益可能产生的影响；

（3）建模软件部署实施的成本和投资回报率估算；

（4）企业内部设计专业人员接受的意愿和学习难度等。

在此基础上，形成建模软件的分析报告。

2. 测试及评价

由信息管理部门负责并召集相关专业参与，在分析报告的基础上选定部分建模软件进行使用测试。测试的过程包括以下几项：

（1）建模软件的性能测试，通常由信息部门的专业人员负责；

（2）建模软件的功能测试，通常由抽调的部分设计专业人员进行；

（3）有条件的企业可选择部分试点项目，进行全面测试，以保证测试的完整性和可靠性。

在上述测试工作基础上，形成 BIM 应用软件的测试报告和备选软件方案。

在测试过程中，评价指标包括以下几项：

（1）功能性：是否适合企业自身的业务需求，与现有资源的兼容情况比较；

（2）可靠性：软件系统的稳定性及在业内的成熟度的比较；

（3）易用性：从易于理解、易于学习、易于操作等方面进行比较；

（4）效率：资源利用率等的比较；

（5）维护性：对软件系统是否易于维护、故障分析、配置变更是否方便等进行比较；

（6）可扩展性：应适应企业未来的发展战略规划；

（7）服务能力：软件厂家的服务质量、技术能力等。

3. 审核批准及正式应用

由企业的信息管理部门负责，将 BIM 软件分析报告、测试报告、备选软件方案，一并上报给企业的决策部门审核批准，经批准后列入企业的应用工具集并全面部署。

4. BIM 软件定制开发

个别有条件的企业，可结合自身业务及项目特点，注重建模软件功能定制开发，提升建模软件的有效性。

CHAPTER

02

第二章

BIM 建模流程

创建 BIM 模型是一个从无到有的过程，而这个过程需要遵循一定的建模流程。建模流程一般需要从项目设计建造的顺序、项目模型文件的拆分方式和模型构件的构建关系等几个方面来考虑。

本章将主要介绍 Revit 建模时需要考虑的工作流程和本书使用的案例情况。

2.1 建模流程

目前，国内工程项目一般都采用传统的项目流程，即“设计—招标—施工—运营”，BIM 模型也是在这个过程中不断生成、扩充和细化的。当一个项目在设计的方案阶段就生成方案模型，则之后的深化设计模型、施工图模型，甚至是施工模型都可以在此基础上深化得到。对于项目中的不同专业团队，共同协作完成 BIM 模型的建模流程一般是按先土建后机电、先粗略后精细。

考虑到项目设计建造的顺序，Revit 建模流程通常如图 2.1.1 所示。首先，确定项目的轴网，也就是项目坐标。对于一个项目，不管划分成多少个模型文件，所有的模型文件的坐标必须是唯一的，只有坐标原点唯一，各个模型才能精确整合。通常，一个项目在开始以前需要先建立唯一的轴网文件作为该项目坐标的基准，项目成员都要以这个轴网文件为参照进行模型的建立。

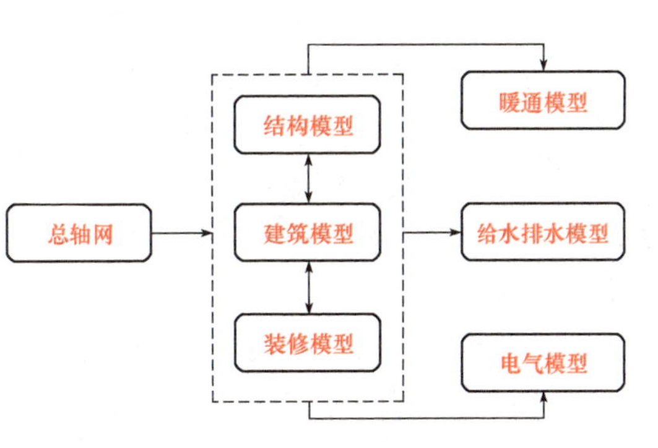

图 2.1.1　Revit 建模流程

需要特别说明的是，与传统 CAD 不同，Revit 软件的轴网是有三维空间关系的。所以，Revit 中的标高和轴网有密切关系，或者说 Revit 的标高和轴网是一个整体，通过轴网的“3D”开关控制轴网在各标高的可见性。因此，在创建项目的轴网文件时，也要建立标高，并且遵循“先建标高，再建轴线”的顺序，可以保证轴线建立后在各标高层都可见。

建好轴网文件后，建筑专业人员就开始创建建筑模型，结构专业人员创建结构模型，并在 Revit 协同技术保障下进行协调。建筑和结构专业模型可以是一个 Revit 文件，也可以分成两个专业文件，或是更多更细分的模型文件，这主要根据项目的需要而定。当建筑、装修和结构模型完成后，水暖电专业人员在建筑结构模型基础上再完成各自专业的模型。

由于 BIM 模型是一个集项目信息大成的数据集合体，与传统的 CAD 应用相比，数据量要大得多，所以很难把所有项目数据保存成一个模型文件，而需要根据项目规模和项目专业拆分成不同的模型文件。所以，建模流程还与项目模型文件的拆分方式有关，如何拆分模型文件就要考虑团队协同工作的方式。

在拆分模型过程中，要考虑项目成员的工作分配情况和操作效率。模型尽可能细分的好处是可以方便项目成员的灵活分工。另外，单个模型文件越小，模型操作效率越高。通过模型的拆分，将可能产生很多模型文件，从几十到几百个文件不等，而这些文件有一定的关联关系。这里要说明一下 Revit 的两种协同方式："工作集"和"链接"。这两种方式各有优缺点，但最根本的区别是："工作集"允许多人同时编辑相同模型；而"链接"是独享模型，当某个模型被打开时，其他人只能"读"而不能"改"。

从理论上讲，"工作集"是更理想的工作方式，既解决了一个大型模型多人同时分区域建模的问题，又解决了同一模型可被多人同时编辑的问题。而"链接"只解决了多人同时分区域建模的问题，无法实现多人同时编辑同一模型。但由于"工作集"方式在软件实现上比较复杂，对团队的 BIM 协同能力要求很高，而"链接"方式相对简单、操作方便，使用者可以依据需要随时加载模型文件，尤其是对于大型模型在协同工作时，性能表现较好，特别是在软件的操作响应上。

另外，Revit 建模流程还与模型构件的构建关系有关。

作为 BIM 软件，Revit 将建筑构件的特性和相互的逻辑关系放到软件体系中，提供了常用的构件工具，如"墙""柱""梁""风管"等。每种构件都具备其相应的构件特性，例如，结构墙或结构柱是要承重的，而建筑墙或建筑柱只起围护作用。一个完整的模型构件系统实际就是整个项目的分支系统的表现，模型对象之间的关系遵循实际项目中构件之间的关系，如门窗，它们只能够建立在墙体之上，如果删除墙，放置在其上的门窗也会被一块删除，所以建模时就要先建墙体再放门窗。例如消火栓的放置，如果该族为一个基于面或墙来制作的族，那么放置时就必须有一个面或一面墙作为基准才能放置，建模时也要按这个顺序来建。

建模流程是很灵活和多样的，不同的项目要求、不同的 BIM 应用要求、不同的工作团队都会有不同的建模流程，如何制定一个合适的建模流程需要在项目实践中去探索和总结，也需要 BIM 项目实战经验的积累。

2.2 操作案例

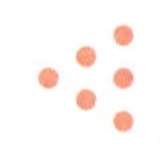

2.2.1 案例概况

本书采用案例为江海学院学生公寓楼项目（以下简称案例项目）。本项目总建筑面积为 2 759.80 m^2，地上主体 5 层、局部 1 层，使用功能为高校内学生宿舍。总建筑高度为 16.80 m。案例项目透视效果图如图 2.2.1 所示。

图 2.2.1　透视效果图

项目为钢筋混凝土框架结构。安全等级为二级，设计使用年限为 50 年，抗震设防烈度为 7 度。

本书将按常规的建模流程，通过案例项目模型的创建过程来讲解 Revit 的操作方法。为方便教学，本书采用根据项目的施工图创建项目模型的方式。这种方式比较简单，也比较适合初学者学习软件的操作。项目所有专业的施工图纸电子版（CAD 图纸），请读者进入 QQ 群（325115904）共享文件下载，建议在开始学习建模前，先通过图纸理解项目设计意图，以便更好地了解建模流程和方法。

2.2.2　项目样板和族文件

为便于统一项目标准，在建模开始之前，项目负责人一般需准备好项目的样板和族文件。本书中，为了便于初学者理解，采用的是 Revit 自带的项目样板，在之后的建模过程中会逐一讲解到各类与项目样板相关的设置方法。除 Revit 自带的族库外，QQ 群（325115904）共享文件里提供了项目模型中会用到的族文件。在建模过程中，可以直接调取现有的族文件使用，也可以按第 6 章讲解的方法自行创建族文件。

2.2.3　模型文件

本书案例按专业将项目模型划分为“建筑”“结构”“装修”三个模型文件，每个专业内部不再划分子模型文件。

根据项目特点和教学要求，对各专业的建模内容进行了基本的设定，这种模型划分方式主要从创建项目模型角度出发，并未考虑过多设计和专业协同的应用环境，初学者可以通过这种简单的方式尽快熟悉掌握软件的操作。每个章节都按此划分方式分别讲解各专业模型的创建方法，各专业模型之间可采用链接方式互相参照，可组合成一个项目模型文件。

CHAPTER

03

第三章

Revit 基础操作

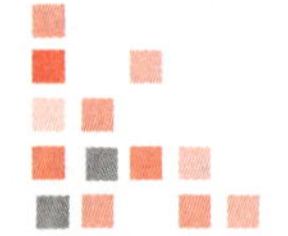

本章从 Revit 软件的基本概念讲起，通过阐述 Revit 软件的概念及术语，使读者对该软件的应用范围有一个初步的认识。以下对软件的界面及基础操作进行简单的介绍，如功能区命令、属性面板、项目浏览器、视图控制栏等界面模块的使用。

3.1 Revit 软件概述

Autodesk Revit 是专为建筑信息模型（BIM）构建模型的软件提供 BIM 应用的基础平台。从概念性研究到施工图纸的深化出图及明细表的统计，Autodesk Revit 可带来明显的竞争优势，提供更好的组织协调平台。

Revit 历经多年的发展，功能也日益完善，本教材使用版本为 Revit 2015。自 2013 版开始，Autodesk 将 Autodesk Revit Architecture（建筑）、Autodesk Revit Structure（结构）和 Autodesk Revit MEP（机电）三者合为一个整体，用户只需一次安装就可以使用三大专业的建模环境，不用再和过去一样需要安装三个软件并在三个建模环境中来回转换，使用时更加方便、高效。

Revit 全面创新的概念设计功能，可自由地进行模型创建和参数化设计，还能够对早期的设计进行分析。借助这些功能，可以自由绘制草图，快速创建三维模型。还可利用内置的工具进行复杂外观的概念设计，为建造和施工准备 BIM 模型。随着设计的持续推进，Revit 能够围绕最复杂的形状自动构建参数化框架，并提供更高的创建控制力、精确性和灵活性。从概念模型到施工图纸的整个设计流程，都可以在 Autodesk Revit 软件中完成。

Revit 在设计阶段的应用主要包括建筑设计、机电深化设计及结构设计三种模式。在 Revit 中进行建筑设计，除可以建立真实的三维模型外，还可以直接通过模型得到设计师所需要的相关信息（如图纸、表格、工程量清单等）。利用 Revit 的机电（系统）设计可以进行管道综合、碰撞检查等工作，更加合理地布置水、暖、电、设备，另外，还可以做建筑能耗分析、水力压力计算等。结构设计师通过绘制结构模型，结合 Revit 自带的结构分析功能，能够准确地计算出构件的受力情况，协助工程师进行设计。

3.2 Revit 基本术语

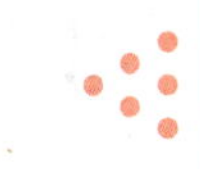

1. 项目

项目是单个设计信息数据库模型。项目文件包含了建筑的所有设计信息（从几何图形到构造数据）。例如，建筑的三维模型、平立剖面及节点视图、各种明细表、施工图纸，以及其他相关信息。项目文件也是最终完成并用于交付的文件，其后缀名为“.rvt”。

2. 项目样板

样板文件即在文件中定义了新建项目中默认的初始参数，例如，项目默认的度量单位、楼层数量的设置、层高信息、线型设置、显示设置等。相当于 AutoCAD 的 .dwt 文件，其后缀名为“.rte”。

3. 族

在 Revit 中，基本的图形单元被称为图元。例如，在项目中建立的墙、门、窗等都被称为图元，而 Revit 中的所有图元都是基于族的。族既是组成项目的构件，同时也是参数信息的载体。例如，“桌子”作为一个族，可以有不同的尺寸和材质。Revit 中的族可分为内建族、系统族、可载入族三类。详参见 3.3.11 节族的类别，族的后缀名为“.rfa”。

4. 族样板

族样板是自定义可载入族的基础。Revit 2015 根据自定义族的不同用途与类型，提供了多个对象的族样板文件。族样板中预定义了常用视图、默认参数和部分构件，创建族初期应根据族类型选择族样板，族样板文件后缀名为“.rft”。

5. 概念体量

通过概念体量可以很方便地创建各种复杂的概念形体。概念设计完成后，可以直接将建筑图元添加到这些形状中，完成复杂模型创建。应用体量的这一特点，可以方便、快捷地完成网架结构的三维建模的设计。

使用概念体量制作的模型还可以快速统计概念体量模型的建筑楼层面积、占地面积、外表面积等设计数据，也可以在概念体量模型表面创建生成建筑模型中的墙、楼板、屋顶等图元对象，完成从概念设计阶段到方案、施工图设计的转换。Revit 提供了两种创建体量模型的方式，即内建体量和体量族。

3.3 Revit 基础操作

Revit 提供了建筑、结构、机电各专业的功能模块，用于进行专业建模和设计，但是一些 Revit 基本的功能和概念是各专业通用的。本节主要讲解在用 Revit 2015 创建项目模型时，需要了解的最基本的通用功能。

3.3.1 Revit 软件启动

成功安装 Revit 2015 后，双击桌面 Revit 图标即可启动进入图 3.3.1 所示的启动界面。

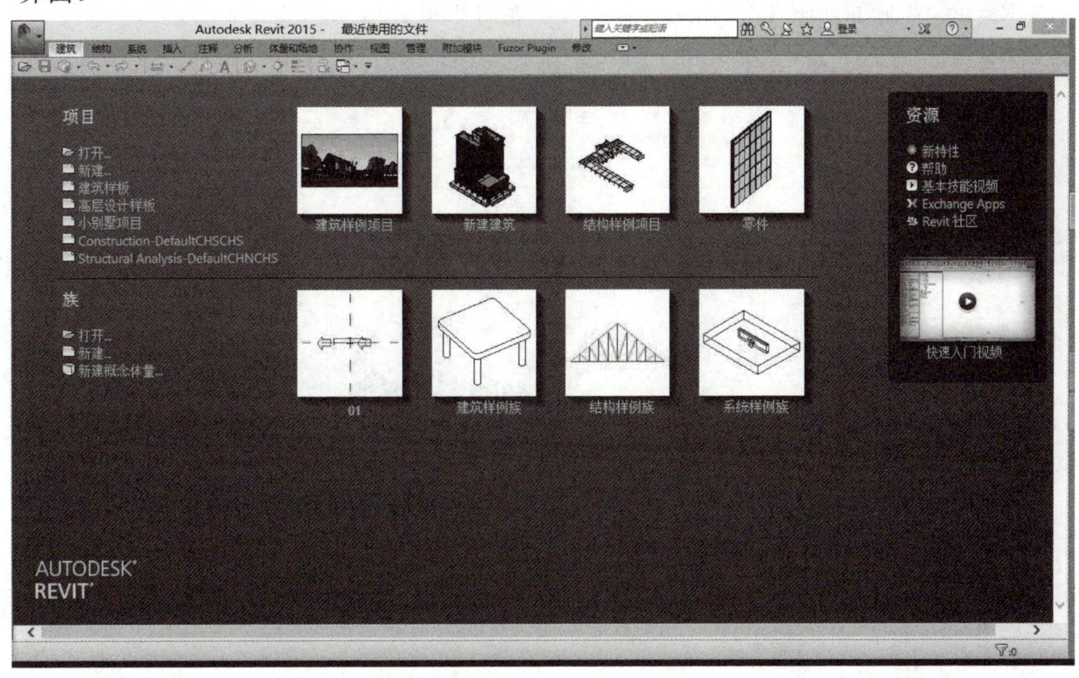

图 3.3.1　Revit 启动界面

在启动界面上，可以直接单击选择“打开”或“新建”命令或用样板创建项目文件和族文件，之前使用过的项目和族也会在界面上显示，单击可直接打开这些文件。

Revit 项目文件格式为 RVT，项目的所有设计信息都是存储在 Revit 的项目文件中的。项目文件包含了建筑的所有设计信息（从几何图形到构造数据），包括建筑的三维模型、平立剖面及节点视图、各种明细表、施工图纸以及其他相关信息。

Revit 项目样板文件格式为 RTE，当在 Revit 中新建项目时，Revit 会自动以一个后缀名为“.rte”的文件作为项目的初始条件。项目样板主要用于为新项目提供预设的工作环境，包括已载入的族构件，以及为项目和专业定义的各项设置，如单位、填充样式、线样式、线宽、视图比例和视图样板等。Revit 提供有多种项目样板文件，默认放置在“C:\ProgramData\Autodesk\RVT2015\Templates\China”文件夹内。

Revit 族文件格式为 RFA，族是 Revit 中最基本的图形单元，例如，梁、柱、门、窗、家具、设备、标注等都是以族文件的方式来创建和保存的。可以说，“族”是构成 Revit 项目的基础。

Revit 族样板文件格式为 RFT，创建新的族时，需要基于相应的样板文件，类似于新建项目要基于相应的项目样板文件。Revit 提供了多种族样板文件，默认放置在“C:\ProgramData\Autodesk\RVT2015\FamilyTemplates\Chinese”文件夹内。

Revit 允许用户自定义项目样板或族样板文件的内容，并保存为新的 RTE 和 RFT 文件。

3.3.2 Revit 界面

Revit 操作界面如图 3.3.2 所示，各部分功能简介如下。

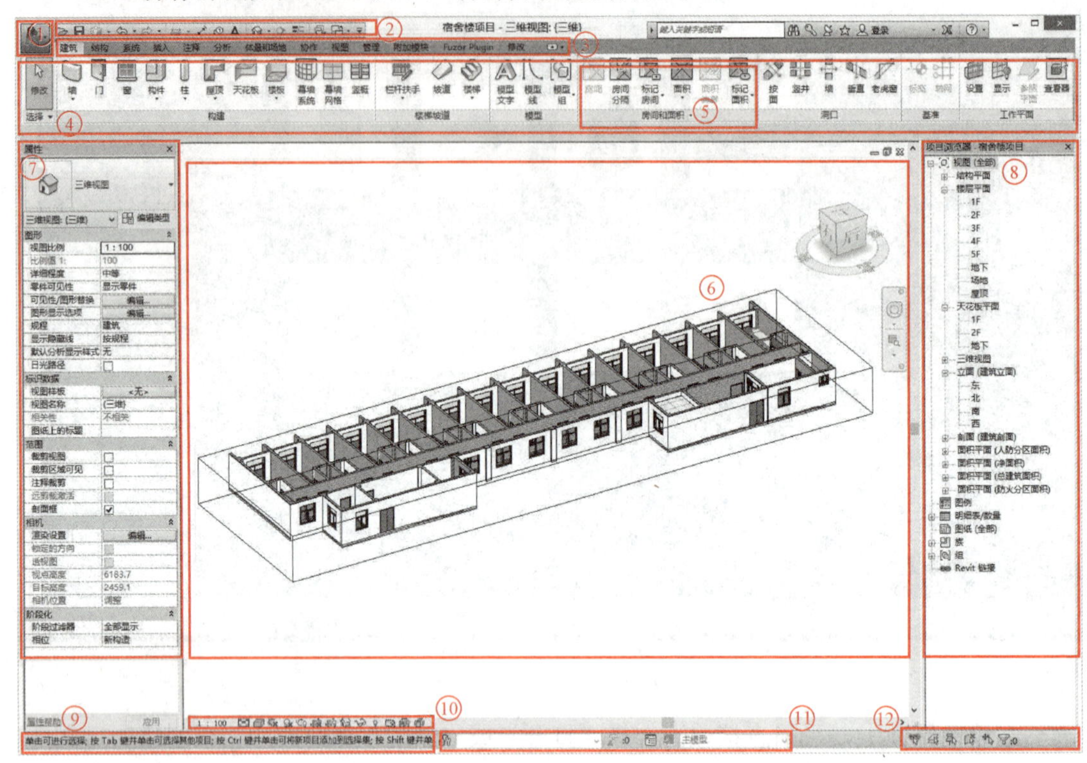

图 3.3.2 Revit 界面

1. 应用程序菜单

应用程序菜单提供对常用文件操作的访问，如“新建”“打开”和“保存”，还可以使用更高级的工具（如“导出”和“发布”）来管理文件。单击图标，即可打开如图 3.3.3 所示的应用程序菜单。

2. 快速访问工具栏

常用工具的快捷访问栏，可以根据需要添加工具到快速访问工具栏。

快速工具栏可以显示在功能区的上方或者下方，如图 3.3.4 所示，选择“自定义快速访问工具栏”下拉列表下方的“在功能区下方显示”即可。

3. 功能选项卡

将 Revit 的不同功能分类成组显示，单击某一选项卡，下方会显示相应的功能命令，如图 3.3.5 所示，单击“修改”，下方会显示相应的功能按钮。

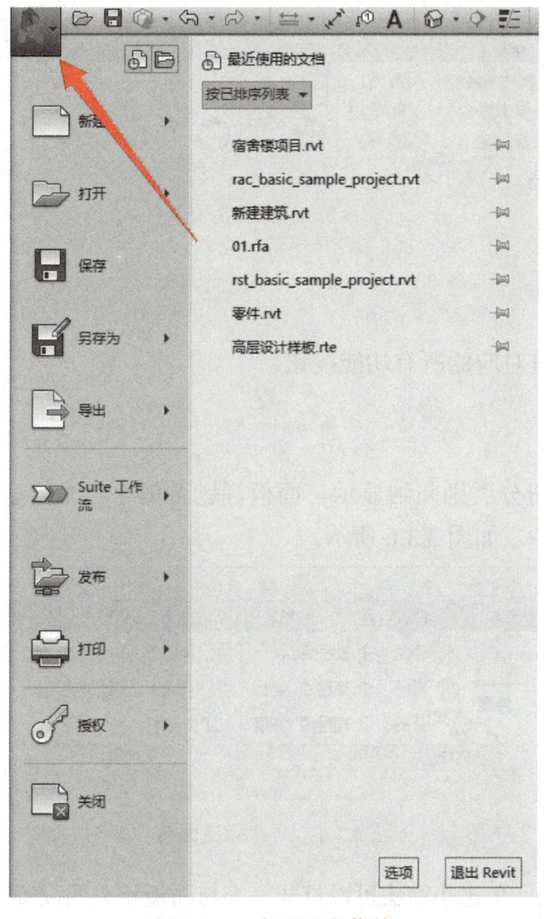

图 3.3.3　应用程序菜单

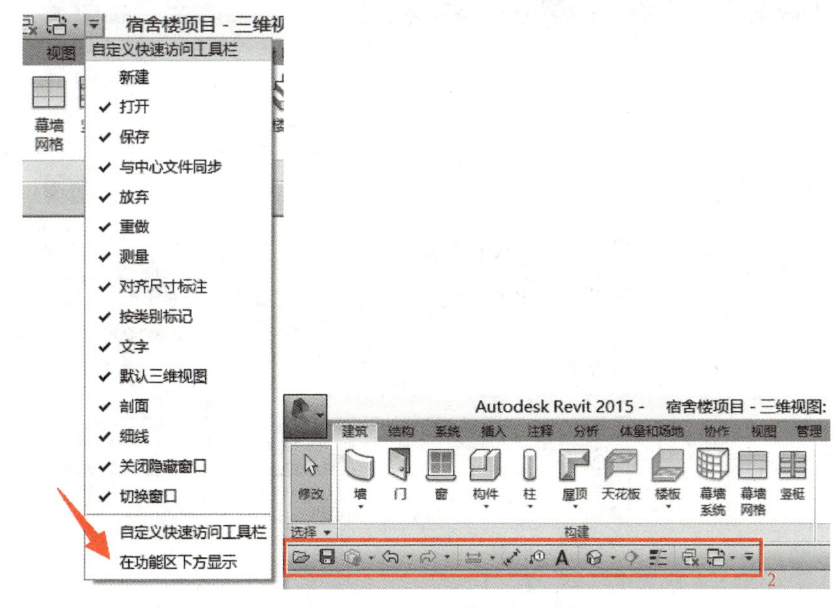

图 3.3.4　自定义快速访问工具栏

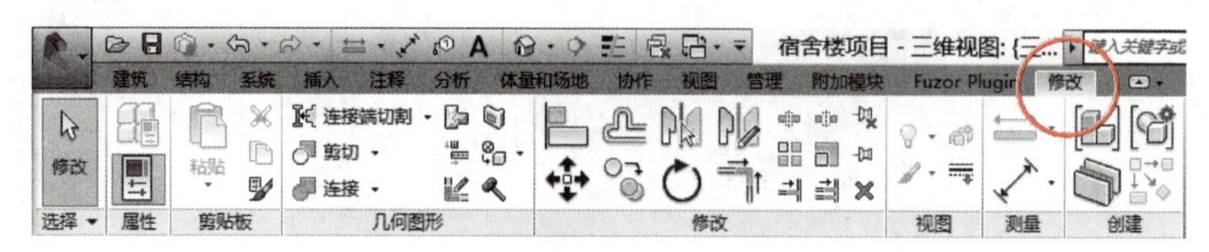

图 3.3.5　功能选项卡

4. 功能区

显示功能选项卡里对应的所有功能按钮。

5. 面板

将功能区里的按钮分类别归纳显示。面板标题旁的小三角，表示该面板可以展开来显示相关的工具和控件，如图 3.3.6 所示。

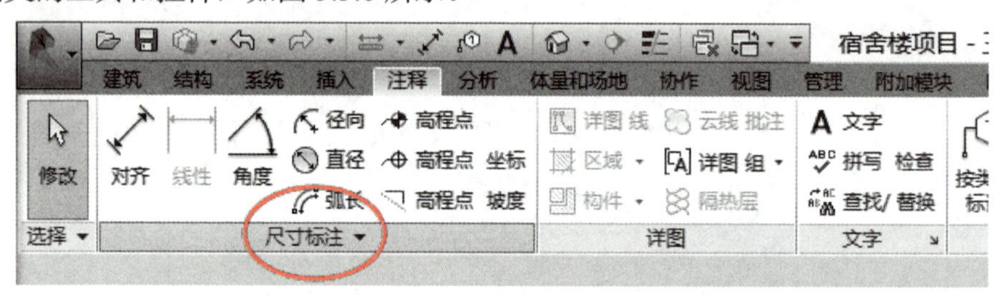

图 3.3.6　尺寸标注面板

面板右边有小箭头，单击小箭头可以打开一个与面板相关的设置窗口，如图3.3.7所示。

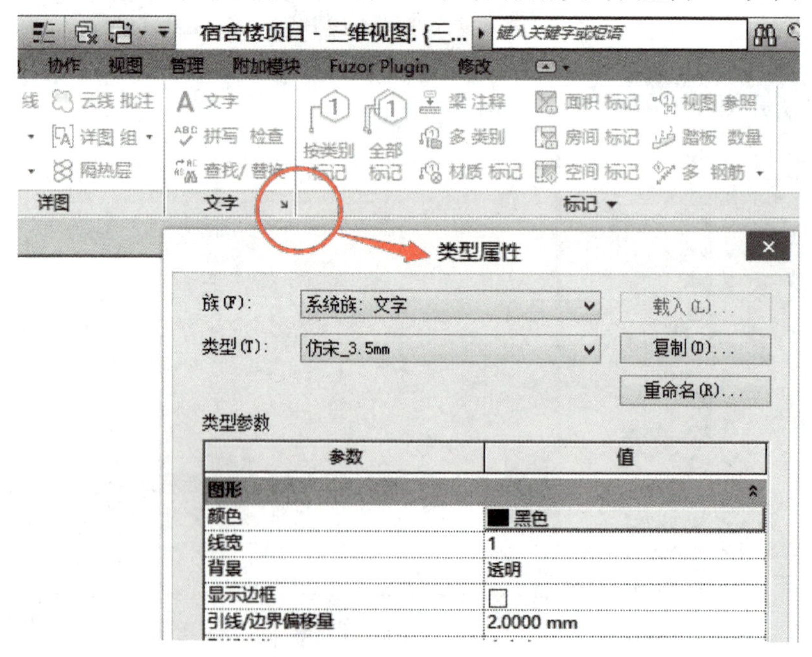

图 3.3.7　面板设置窗口

6. 绘图区域

绘图区域显示当前项目的视图，如三维视图、二维视图、明细表、图纸等。

7. 属性栏

显示选中构件或者当前命令的属性，当未选中任何构件或者没有执行命令时，显示当前视图的属性。属性栏可以根据需要随时关闭和打开，关闭后，单击功能区“修改”→“属性”命令可以重新打开属性栏，或单击“视图”→“用户界面”命令，在下拉列表中勾选“属性”复选框，如图 3.3.8 所示。

图 3.3.8　用户界面

8. 项目浏览器

记录当前打开项目所包含的所有视图、图例、明细表、图纸、族、组、Revit 链接。关闭的“项目浏览器”，可以通过在图 3.3.8 所示的“用户界面”中勾选“项目浏览器”复选框的方法打开。

9. 命令提示栏

提示当前命令应该执行的操作说明。

10. 视图控制栏

控制当前视图的显示状态。

11. 工作集状态

已启用工作共享的团队项目时，显示当前项目的工作集状态。

12. 选择控制栏

控制当前项目的选择状态，根据需要打开或关闭相应的选择项。

3.3.3 Revit 新建项目

在 Revit 中新建项目，可以单击“应用程序菜单”→新建→“项目”命令，或者使用快捷键“Ctrl+N”，弹出如图 3.3.9 所示的“新建项目”对话框。

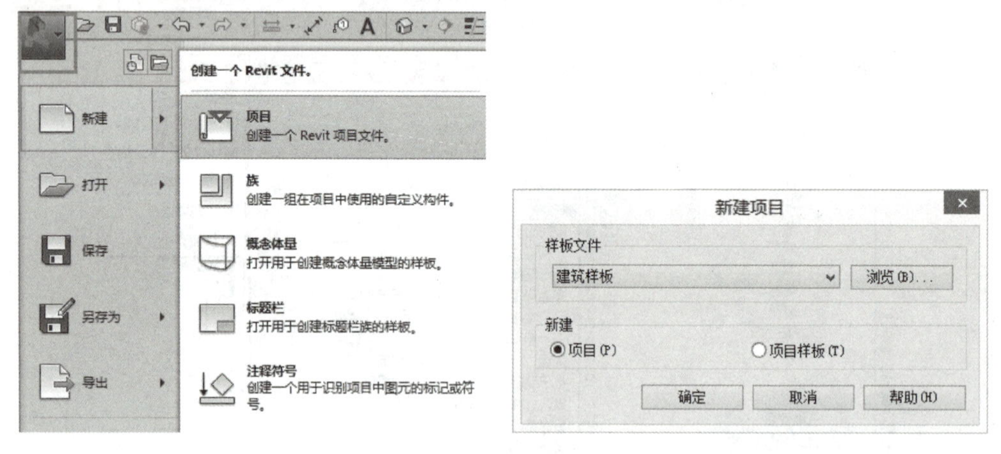

图 3.3.9　打开“新建项目”对话框

在“新建项目”对话框中可以选择想要的样板文件，除默认的“构造样板”外，在下拉框中还有“建筑样板”“结构样板”“机械样板”可供选择，这是 Revit 提供的指向样板文件的快捷方式，具体所对应的样板文件可在“应用程序菜单”→选项→“文件位置”中设置，界面如图 3.3.10 所示。

Revit 默认的“构造样板”Construction-DefaultCHSCHS 包括的是通用的项目设置，如果项目中既有建筑又有结构，或者说不完全为单一专业建模，就选择“构造样板”。

“建筑样板”DefaultCHSCHS 是针对建筑专业，“结构样板”Structural Analysis-DefaultCHNCHS 是针对结构专业，“机械样板”Mechanical-DefaultCHSCHS 是针对机电全专业(包括水暖电)。如果需要机电某个单专业的样板，可以单击“新建样板”(图 3.3.9)对话框中的“浏览”按钮，在“选择样板”(图 3.3.11)中选择 Electrical-DefaultCHSCHS(电气)或 Plumbing-DefaultCHSCHS(水暖)专业样板。

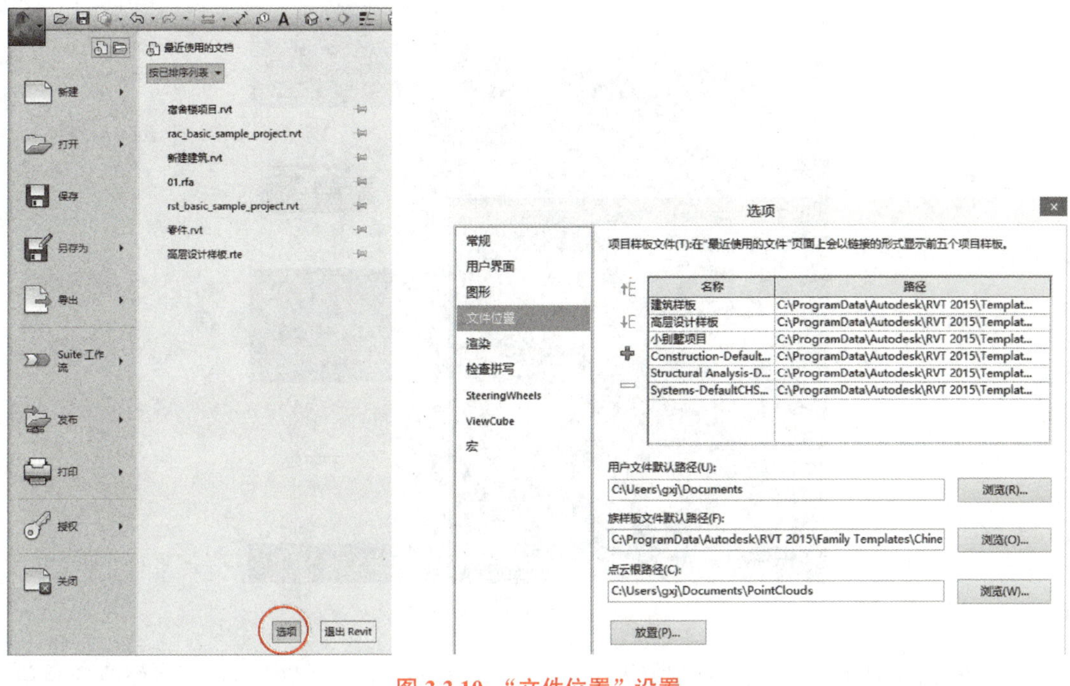

图 3.3.10 “文件位置”设置

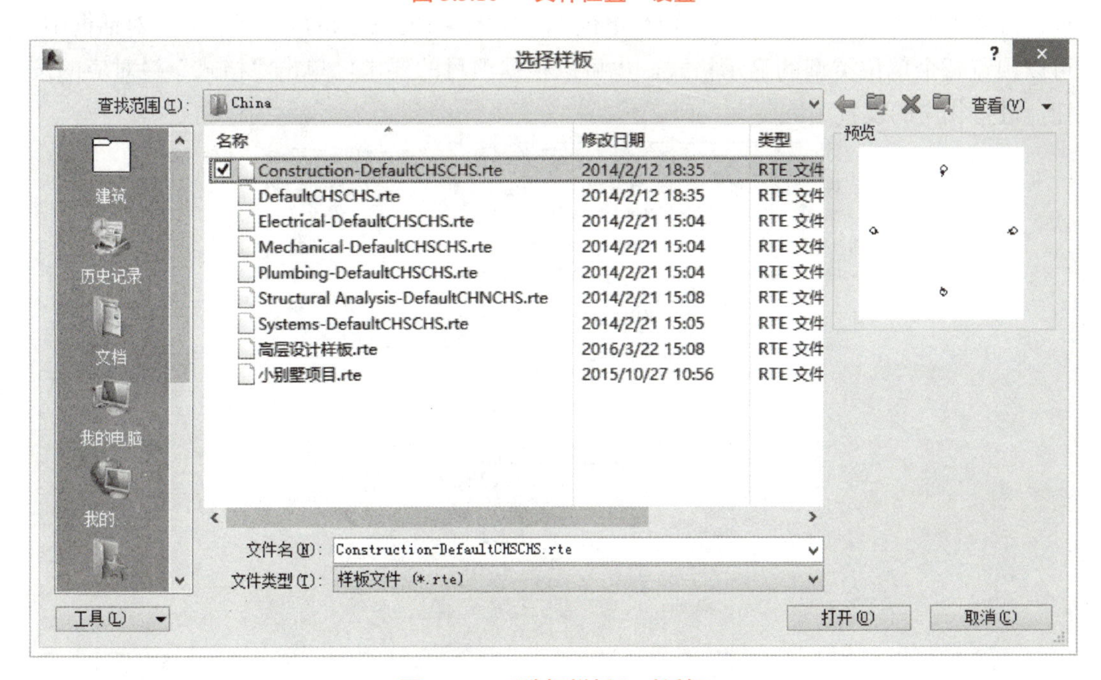

图 3.3.11 “选择样板”对话框

在 Revit 启动界面，如图 3.3.12 所示，有已经默认的“构造样板”“建筑样板”“结构样板”，可以单击这些默认的样板，直接打开项目文件。

在使用 Revit 初期，可以使用 Revit 自带的这些项目样板建立项目文件。当具备一定的使用经验后，就可以建立适合自己项目使用的样板。

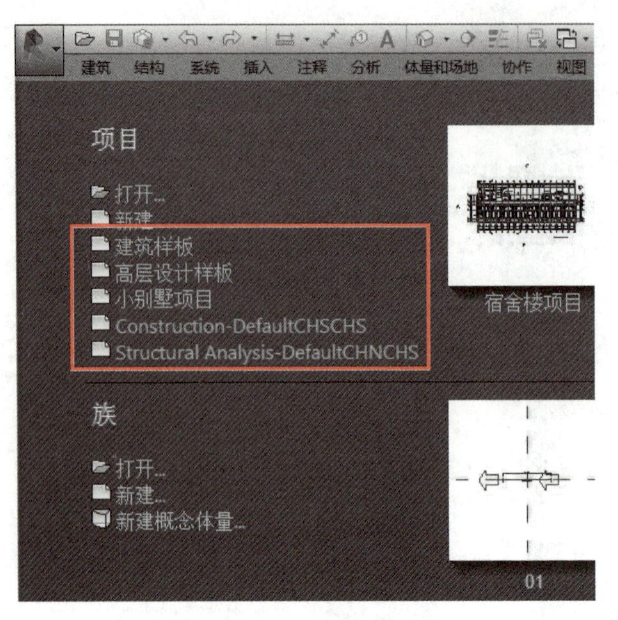

图 3.3.12　Revit 启动界面

在 Revit 自带样板中，一般默认项目单位为毫米（mm）。若需要查看或修改项目单位，可单击功能区的“管理”→“项目单位”，在图 3.3.13 所示的“项目单位”对话框中，可以预览每个单位类型的显示格式，也可以根据项目的要求，单击“格式”栏对应的按钮，进行相应的设置。

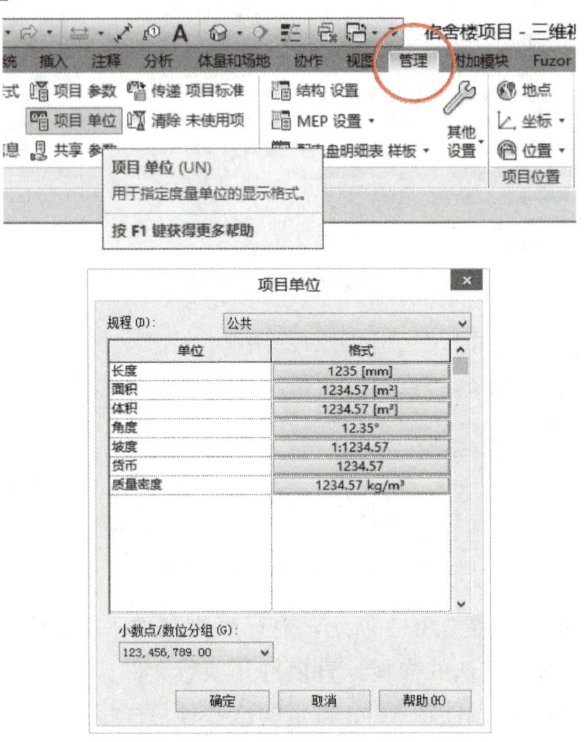

图 3.3.13　项目单位设置

3.3.4 Revit 打开已有项目

如图 3.3.14 所示，单击“应用程序菜单”→“打开”→“项目”命令，或者使用快捷键“Ctrl+0”，弹出“打开”对话框，找到需要打开项目的路径，选择文件打开即可。如果仅查看某种类型的文件，可以从“打开”对话框的“文件类型”下拉列表中选择该类型，筛选需要查看的类型文件，方便查找。

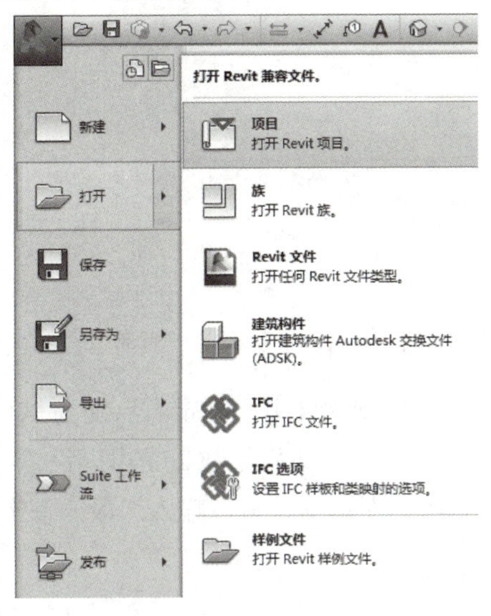

图 3.3.14 打开项目

3.3.5 Revit 模型保存

可直接单击图 3.3.4 所示的“自定义快速访问工具栏”→“保存”（Ctrl+S）按钮，或如图 3.3.15 所示，单击“应用程序菜单”→“另存为”→“项目”命令，弹出如图 3.3.16 所示的“另存为”对话框，找到需要保存的路径，单击“保存”按钮即可。

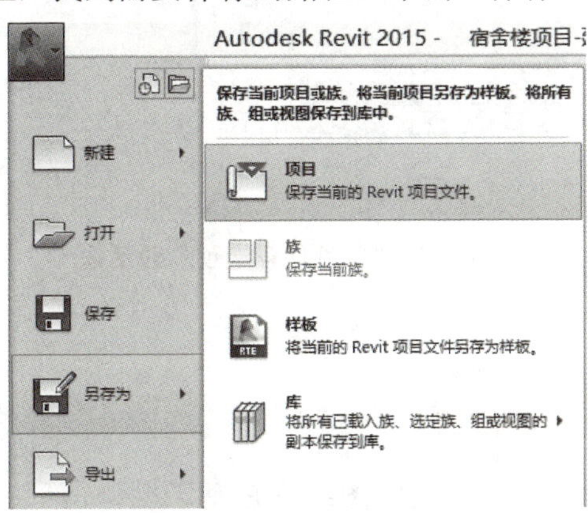

图 3.3.15 另存为项目

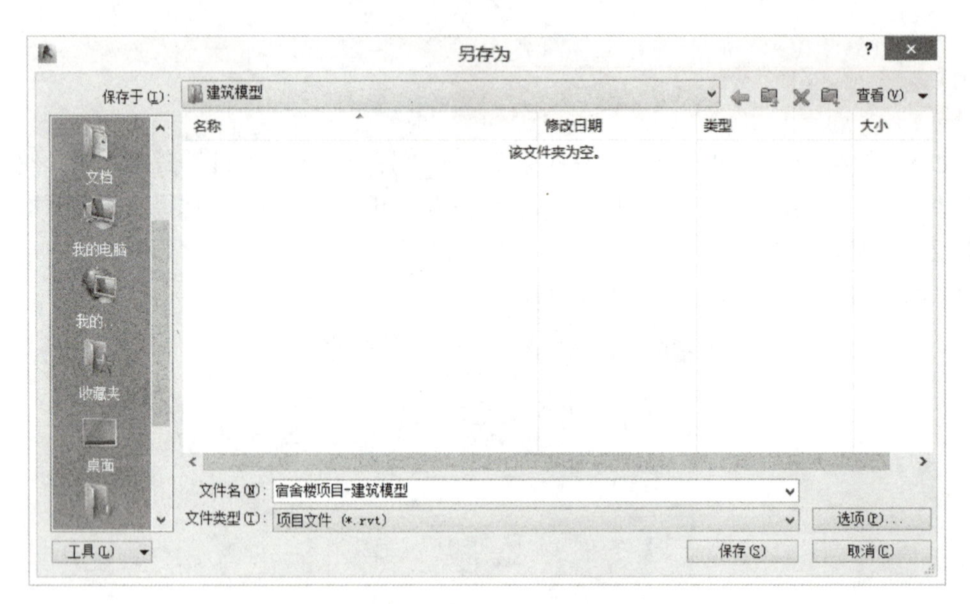

图 3.3.16 “另存为”对话框

模型保存后，会看到保存的模型文件里，附带有后缀为 0001、0002、…的文件，此为备份文件，格式与模型文件一样。备份文件的数量是可以设置的，单击图 3.3.17 中所示的“选项”，弹出“文件保存选项”对话框，可以输入“最大备份数”，数值不能为“0”。

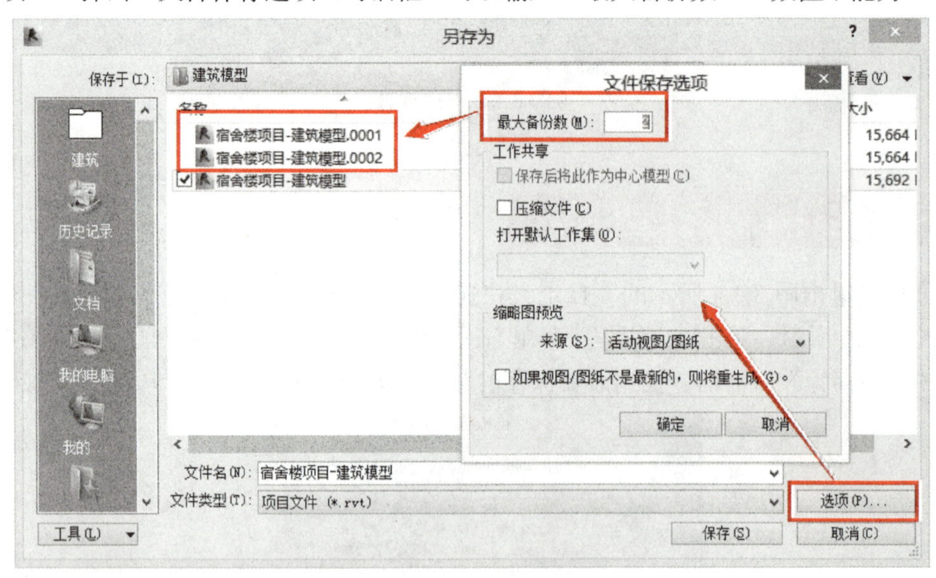

图 3.3.17 “文件保存选项”对话框

3.3.6 Revit 视图

在 Revit 中，所有的平、立、剖面图纸都是基于模型得到的“视图”，是建筑信息模型的表现形式。可以创建模型的不同视图，有平面视图、立面视图、剖面视图、三维视图，甚至详图、图例、明细表、图纸都是以视图方式存在的。当模型修改时，所有的视图都会自动更新。

所有的视图都会放在“项目浏览器”的“视图”目录下（图 3.3.18），打开方法为单击“视图”→“用户界面”命令。不同的项目样板都预设有不同的视图。视图可以新建、打开、复制，也可以被删除。

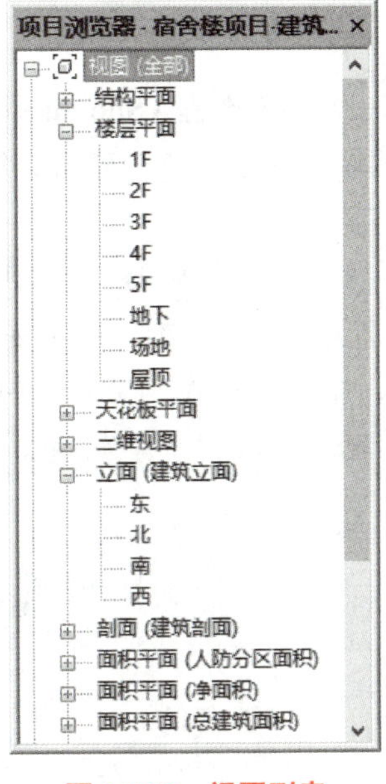

图 3.3.18　视图列表

当打开了多个视图时，可以单击功能选项卡中“视图”→“窗口”面板中的命令（图 3.3.19），对窗口进行排布。

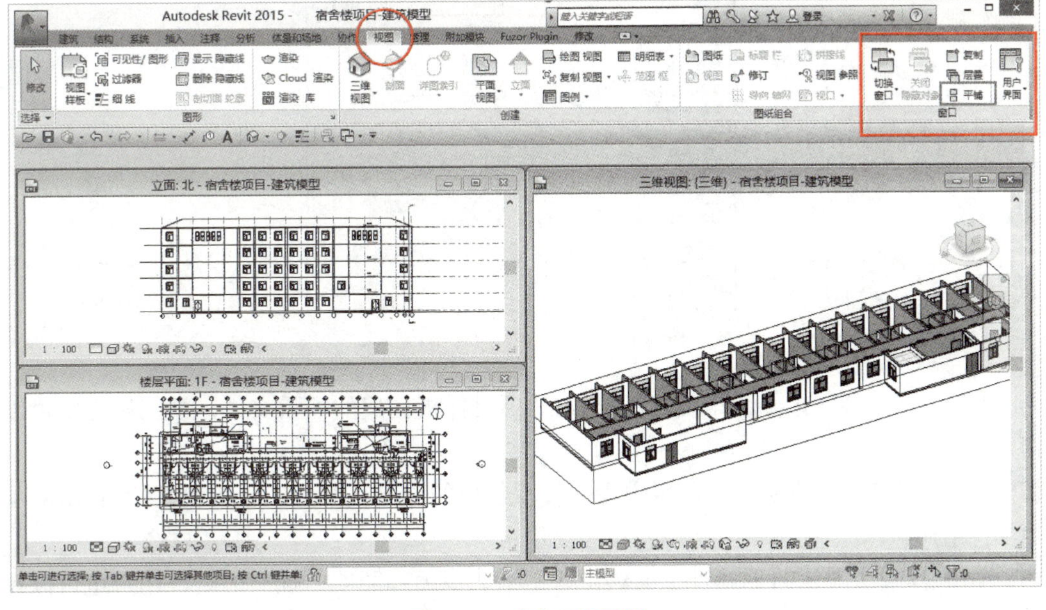

图 3.3.19　“窗口”面板

3.3.7 视图控制

Revit 视图可以通过视图控制栏上的工具或视图属性栏中的参数设置不同的显示方式，这些设置都只影响当前视图。

1. 规程

这里简单介绍规程（discipline）和子规程（Sub-discipline）这两个概念。在 Revit 中，规程一般是指按照功能或专业领域进行划分，如建筑、结构、机械、电气。以下地方会用到规程：

（1）视图设置。在 Revit 项目中，可以将规程指定到视图。然后，根据指定的规程控制视图中的图元的可见性或图形外观。图 3.3.20 所示为视图属性中指定规程的地方。指定到视图的规程有以下选项：建筑、结构、机械、电气、协调，类似于设计中专业分工。

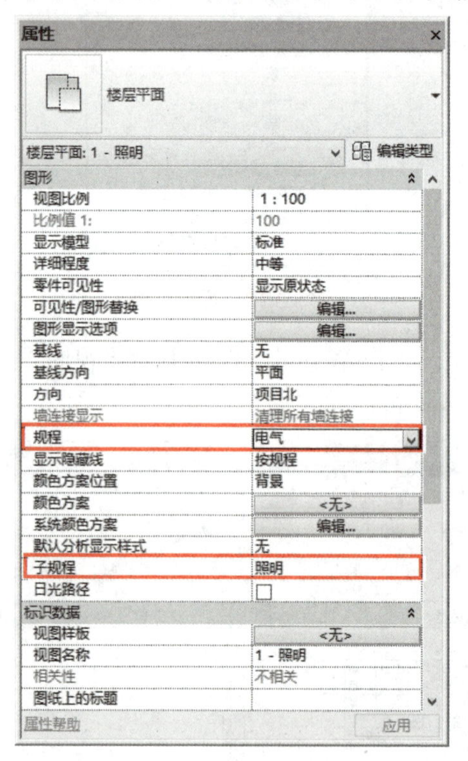

图 3.3.20 视图属性窗口

其中，对于 MEP 项目样板或基于 MEP 项目样板创建的项目文件，视图属性中可以指定子规程。

子规程是 MEP 的项目浏览器中为父规程创建的分支（注意：子规程只针对 MEP 项目文件适用）。

MEP 样板中默认的子规程是 HVAC、卫浴、电力和照明，如有需要，用户也可以在“属性”对话框中的“子规程”一栏中填入自定义的子规程名称。

（2）项目浏览器组织。如图3.3.21所示，右击浏览器“视图”命令，单击“浏览器组织”命令，在弹出的“浏览器组织”对话框中（图3.3.22），选择按照规程来组织项目浏览器。

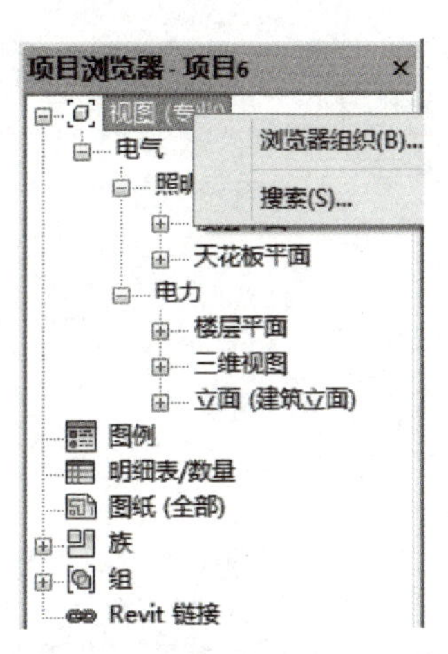

图 3.3.21　浏览器“视图”右键菜单

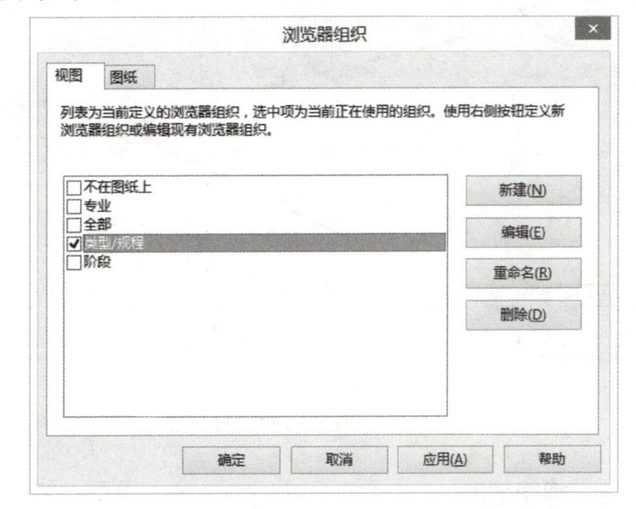

图 3.3.22　“浏览器组织”对话框

对于 MEP 项目文件中有子规程的情况，例如，设置规程为“电气”→“照明”作为子规程，则照明分支也将添加到项目浏览器的“电气”下，如图 3.3.23 所示。

（3）项目单位设定。项目单位也可以按规程指定，如图 3.3.24 所示。

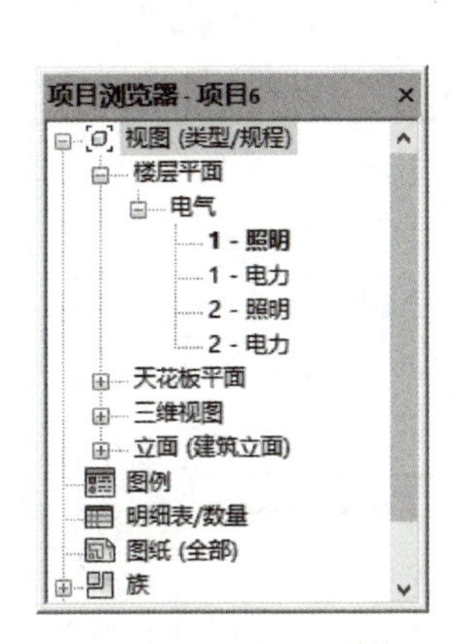

图 3.3.23　项目浏览器

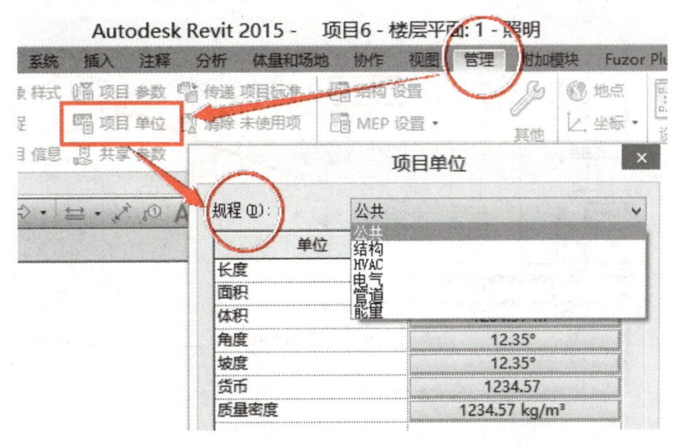

图 3.3.24　按规程指定项目单位

2. 可见性 / 图形替换

模型对象在视图中的显示控制可以通过“可见性 / 图形替换”进行。单击功能区“视图”→“可见性 / 图形替换”命令，或是单击视图属性栏中的“可见性 / 图形替换”按钮，弹出可见性设置对话框（图 3.3.25），根据项目的不同，对话框会有多个标签页，以控制不同类别的对象的显示性。在此对话框中可以通过勾选相应的类别，来控制该类别在当前视图是否显示，也可以修改某个类别的对象在当前视图的显示设置，如投影或截面线的颜色、线型、透明度等。

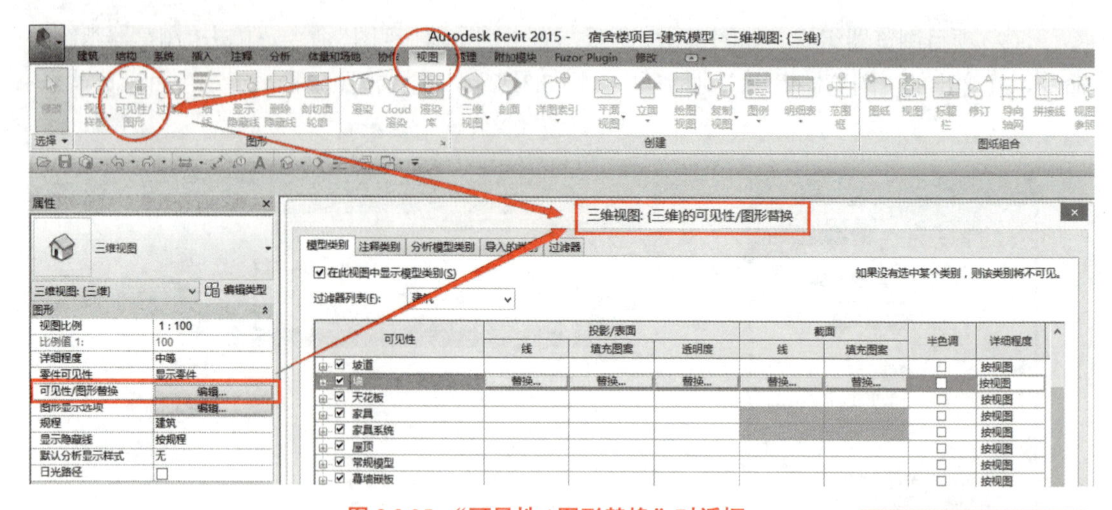

图 3.3.25 “可见性 / 图形替换”对话框

动画 3.3.7-3 视图范围

3. 视图范围

视图属性栏中的“视图范围”参数是设置当前视图显示模型的范围和深度的。单击视图属性栏中的“视图范围”按钮，即可在弹出的对话框中设置（图 3.3.26）。不同专业和视图类别对于显示范围有不同的设定。

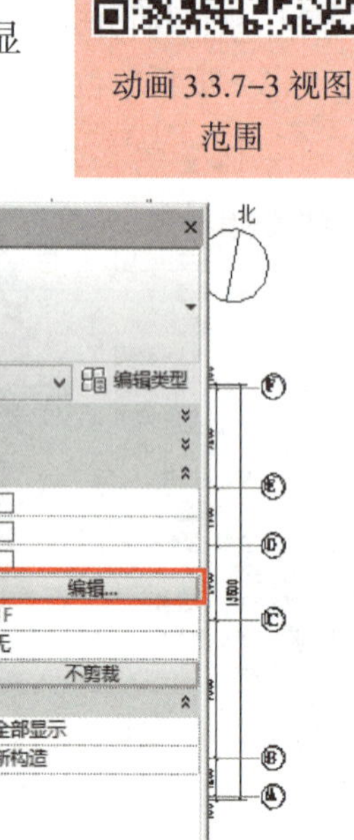

图 3.3.26 “视图范围”对话框

4. 视图比例

单击“视图控制栏”的“视图比例”按钮，如图 3.3.27 所示，可以为当前视图设置视图比例。

图 3.3.27　视图控制栏

5. 详细程度

单击“视图控制栏”的“详细程度”按钮（图 3.3.27），可以为当前视图设置“粗略”“中等”或“精细”三种详细程度。

6. 视觉样式

单击视图控制栏的“视觉样式”按钮，如图 3.3.27 所示，有六种不同的显示模式，可以根据需要选择。

7. 裁剪区域

裁剪区域用于定义当前视图的边界，可以在视图控制栏上单击“显示裁剪区域”（图 3.3.28）按钮，用于显示或隐藏裁剪区域，通过拖曳控制柄可以调整裁剪区域的范围。在视图控制栏上单击“裁剪视图”按钮，可以选择是否裁剪视图，如图 3.3.29 所示。

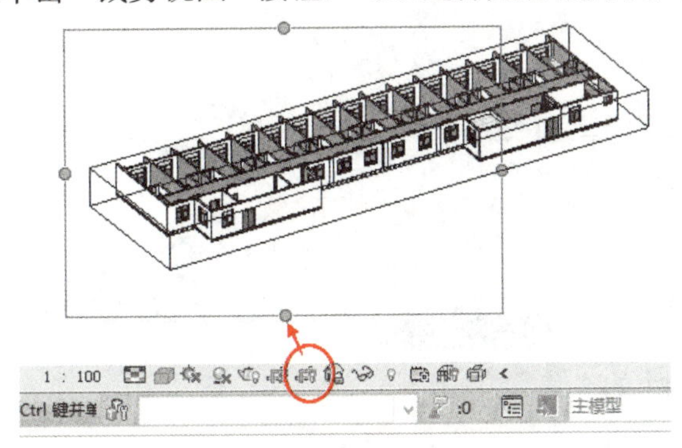

图 3.3.28　单击“显示裁剪区域”

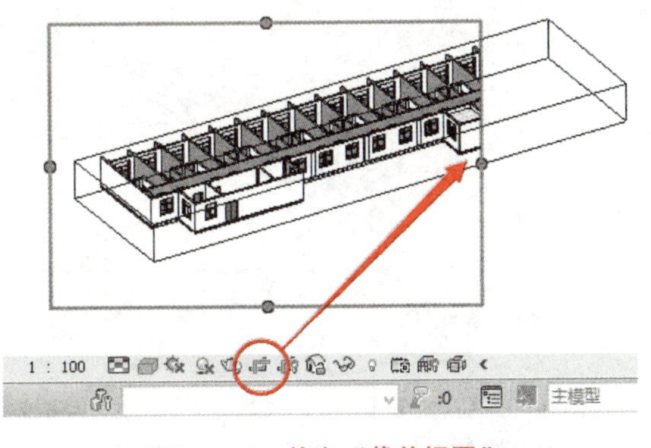

图 3.3.29　单击“裁剪视图”

8. 临时隐藏/隔离

动画 3.3.7–8 临时隐藏和隐藏图元

单击视图控制栏上的"临时隐藏/隔离"按钮（图 3.3.30），可以在当前视图中，隐藏/隔离所选对象，或是与所选对象相同类别的所有模型。临时隐藏/隔离时，绘图区域的边框会蓝色高亮显示。

单击"将隐藏/隔离运用到视图"按钮，可以将当前视图中临时隐藏/隔离的内容永久隐藏/隔离。当前视图有临时隐藏/隔离的内容时，该按钮才亮显。右击"在视图中隐藏"命令的结果和此命令一样，都是永久隐藏。

单击"重设临时隐藏/隔离"按钮，可以恢复临时隐藏/隔离对象的可见性。当前视图有临时隐藏/隔离的内容时，该按钮才亮显。

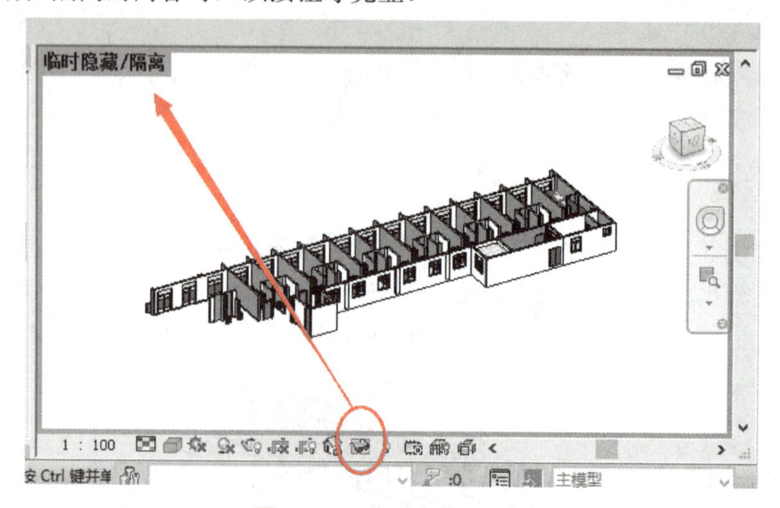

图 3.3.30　临时隐藏/隔离

9. 显示隐藏的图元

单击视图控制栏的"显示隐藏的图元"按钮（图 3.3.31），被临时和永久隐藏的构件均以红色显示，绘图区域以红色边框显示，这时选中隐藏的构件，右击选择"取消隐藏图元"，恢复其在视图中的可见性。

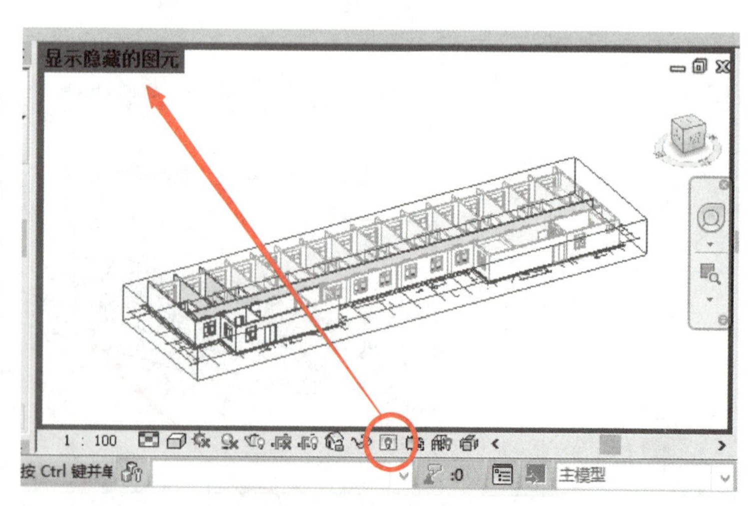

图 3.3.31　显示隐藏的图元

10. 细线模式

在默认情况下，视图中的模型对象会显示线宽。若想忽略线宽，仅按细线模式显示，可以单击功能区“视图”→“图形”面板中的“细线”命令，或者单击“快捷选项栏”的“细线”命令，如图 3.3.32 所示。

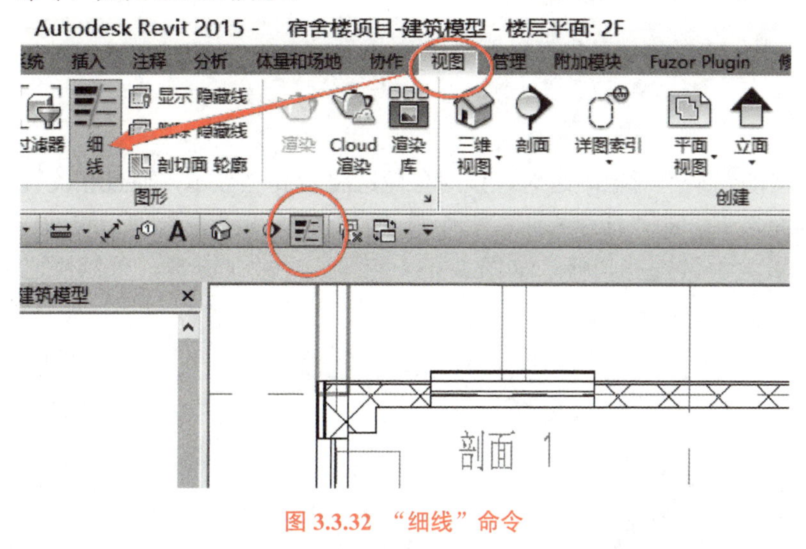

图 3.3.32 “细线”命令

11. 剖面框

当需要使用剖面视图看模型内部时，可以首先将视图切换到“三维”，然后在“属性”窗口中找到“剖面框”进行勾选，如图 3.3.33 所示。

此时，三维模型周围会出现一个矩形框，选中矩形框，矩形框周围会出现蓝色箭头。按住蓝色箭头进行拖动，即可以对模型进行剖切，剖切后如图 3.3.33 所示。

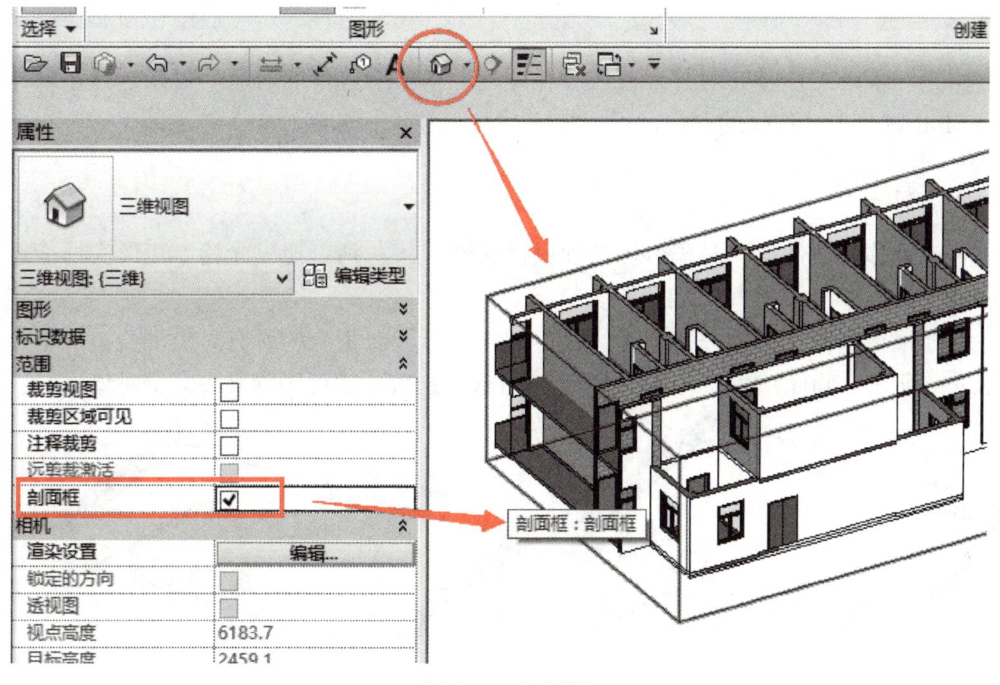

图 3.3.33 剖面框

3.3.8 选择与查看

在 Revit 中，选择模型对象有以下多种方式。

1. 预选

将光标移动到某个对象附近时，该对象轮廓将会高亮显示，而且相关说明会在工具提示框和界面左下方的“命令提示栏”中显示。当对象高亮显示时，可按键盘上的 Tab 键在相邻的对象中做选择切换，如图 3.3.34 所示。通过 Tab 键，可以快速选择相连的多段墙体。

图 3.3.34　Tab 键的使用

2. 点选

用光标单击要选择的对象。按住 Ctrl 键逐个单击要选择的对象，可以选择多个；再按住 Shift 键单击已选择的对象，可以将该对象从选择中删除。

3. 框选

将光标移到被选择的对象旁，按住鼠标左键，从左到右拖曳光标，矩形实框能包住的构件会被选中，如图 3.3.35 所示。

按住鼠标左键，从右向左拖曳光标，则与矩形虚框相交的所有对象都会被选中，如图 3.3.36 所示。同样，按 Ctrl 键可做多个选择，按 Shift 键可删除其中某个对象。

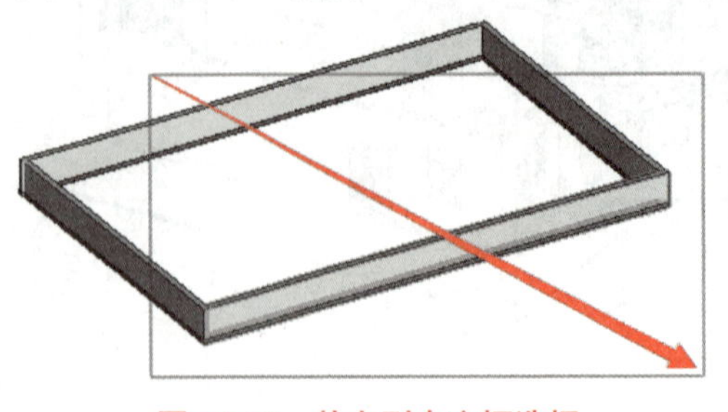

图 3.3.35　从左到右实框选择

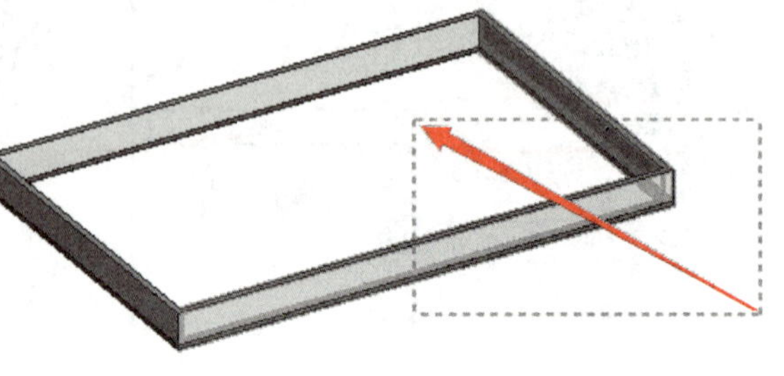

图 3.3.36　从右到左虚框选择

4. 选择全部实例

先选择一个对象，右击，从右键菜单中选择“选择全部实例”，则所有与被选择对象相同类型的实例都被选中。在后面的下拉选项中可以选择让选中的对象在视图中可见，或是在整个项目中都可见，如图 3.3.37 所示。

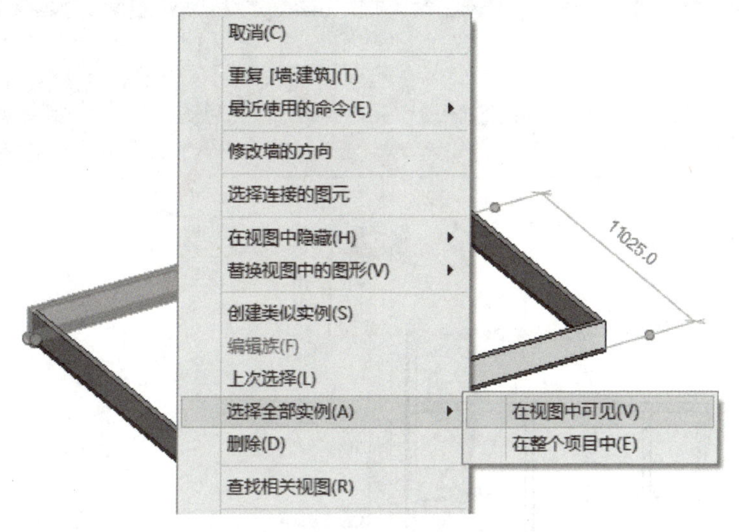

图 3.3.37 选择全部实例

在“项目浏览器”的族列表中，选择特定的族类型，右键菜单有同样的命令，可以直接选出该类型的所有实例（当前视图或整个项目），如图 3.3.38 所示。

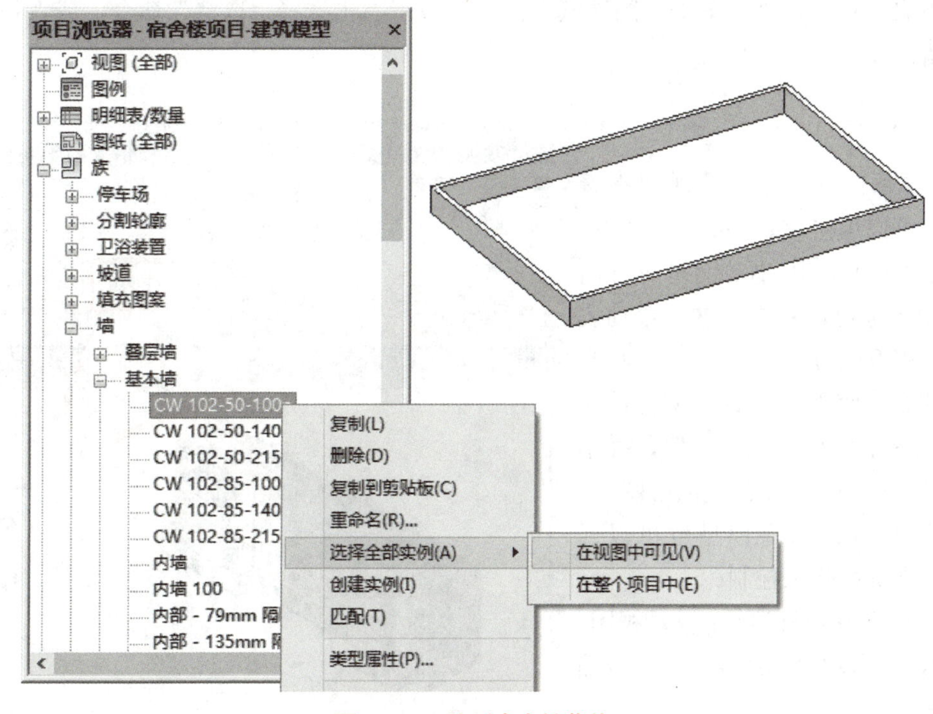

图 3.3.38 族列表右键菜单

5. 过滤器

选择多种类型的对象后，单击功能区的“修改”→“过滤器”命令，打开“过滤器”对话框（图 3.3.39），在其列表中勾选需要选择的类别即可。

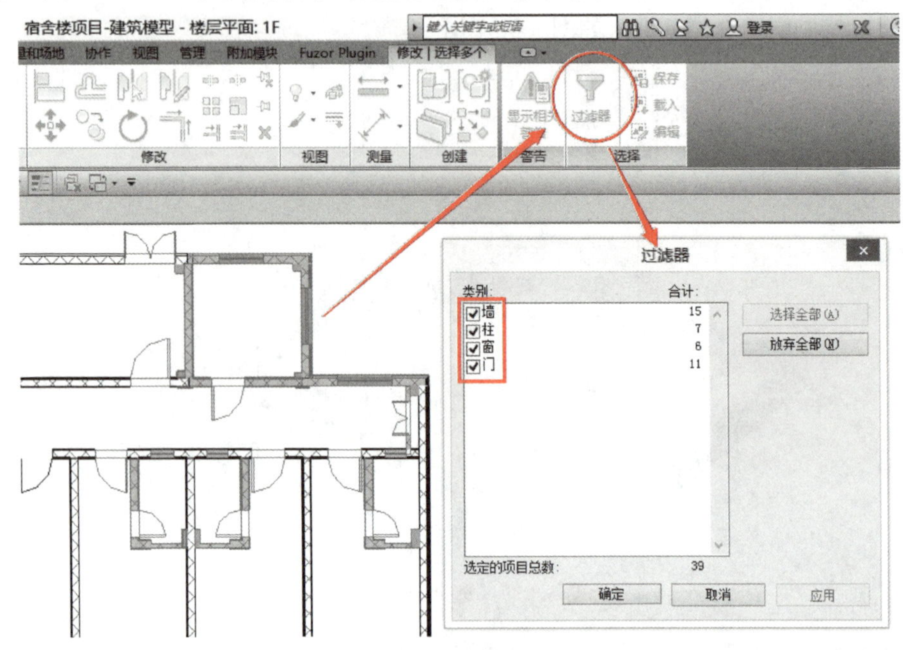

图 3.3.39 “过滤器”对话框

要取消选择，则可单击绘图区域空白处，或者右击选择“取消”命令，或者按 Esc 键撤消选择。

6. Viewcube

在 Revit 中，在三维视图查看模型，可以单击 Viewcube 上各方位（图 3.3.40），快速展示对应方向的模型；也可以右击，在菜单列表中选择查看的方式。

注意：使用 Viewcube 只是改变三维视图中相机的视点位置，并不能代替项目浏览器中的立面视图。

在 Revit 中查看模型也可以通过以下鼠标操作来控制：

（1）按住鼠标滚轮：移动视图。

（2）滑动鼠标滚轮：放大或缩小视图。

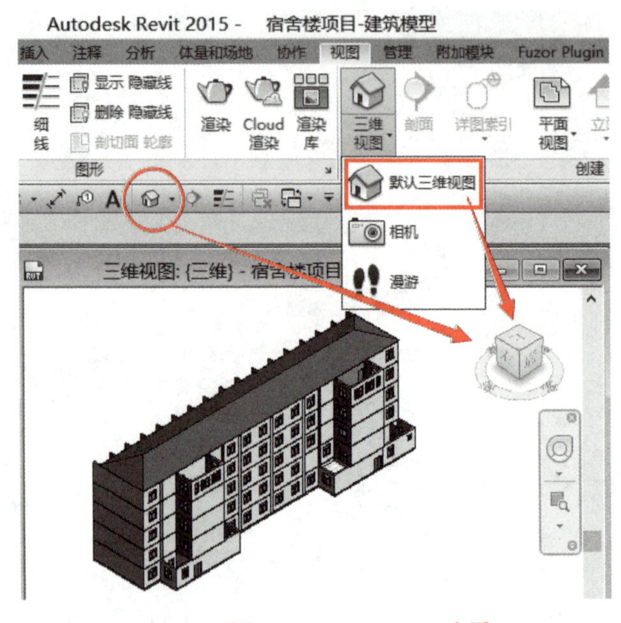

图 3.3.40 Viewcube 查看

（3）按住鼠标滚轮 +Shift 键：旋转视图，可以选中一个构件，再来操作旋转，旋转中心为选中的构件。

3.3.9 对象编辑通用功能

1. 对象修改

Revit 提供了多种对象修改工具，可用于在建模过程中，对选中对象进行相应的编辑。修改工具都放在功能选项卡“修改”下，如图 3.3.41 所示，包括对齐、偏移、镜像、移动、复制、旋转、阵列、缩放、修剪 / 延伸、拆分图元、间隙拆分、锁定、解锁、删除。在后面案例的创建过程中，会详细讲解具体用法。

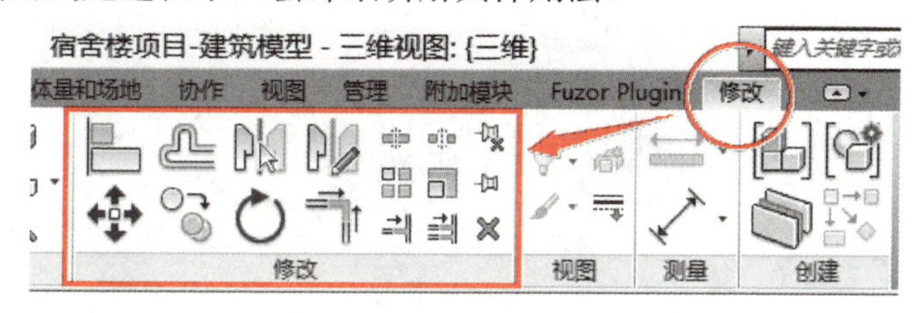

图 3.3.41　对象修改工具

2. 对象样式

模型对象的线型和线宽可以通过“对象样式”和“线宽”来分别控制，注意“对象样式”和“线宽”的设置是针对模型对象的，所以会影响所有视图的显示。

动画 3.3.9-2
对象样式

（1）对象样式。单击功能区“管理”→“对象样式”命令，打开“对象样式”对话框（图 3.3.42），Revit 分别对模型对象、注释对象等进行类别、线宽、颜色、图案等控制，但要注意的是，这里的线宽所用的数值只是线宽的编号而非实际线宽，例如，墙线宽的投影是 1，代表使用了 1 号线宽，实际线的宽度在“线宽”对话框（图 3.3.43）中设置。

要注意“对象样式”对话框与“可见性 / 图形替换”对话框的区别。“对象样式”的设置是针对模型对象的，而“可见性 / 图形替换”是控制当前视图显示的。在“可见性 / 图形替换”对话框（图 3.3.25）中，单击“对象样式”按钮，也可以打开“对象样式”对话框。

（2）线宽。单击功能区“管理”→“其他设置”→“线宽”命令，打开“线宽”设置对话框（图 3.3.43）。

Revit 分别对模型线宽、透视视图线宽、注释线宽进行线宽的设置，同时，有些编号较大的线条，还对应不同的视图比例设置不同的线宽，例如 8 号线宽，它在模型显示时，如果视图比例是 1 : 50，其实际的线宽为 2 mm，在比例是 1 : 100 时，其实际的线宽为 1.4 mm 等。可以根据需要调整、增加或删除这些参数。

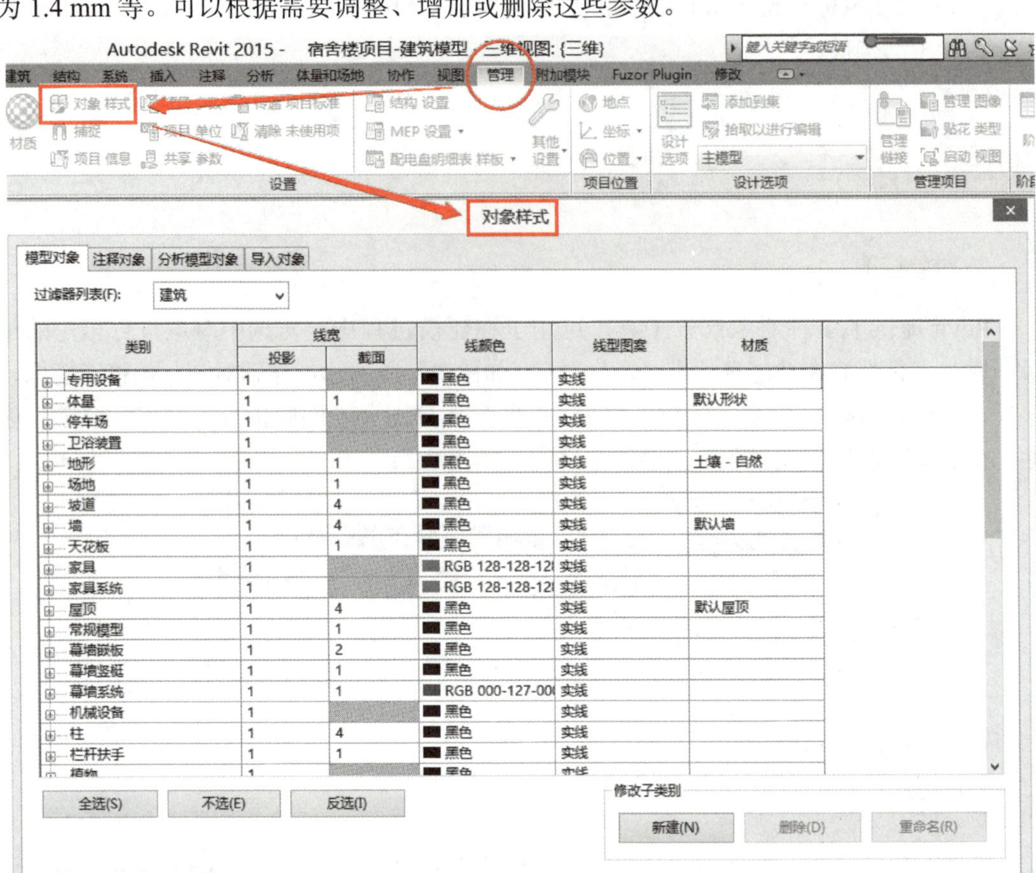

图 3.3.42 “对象样式”对话框

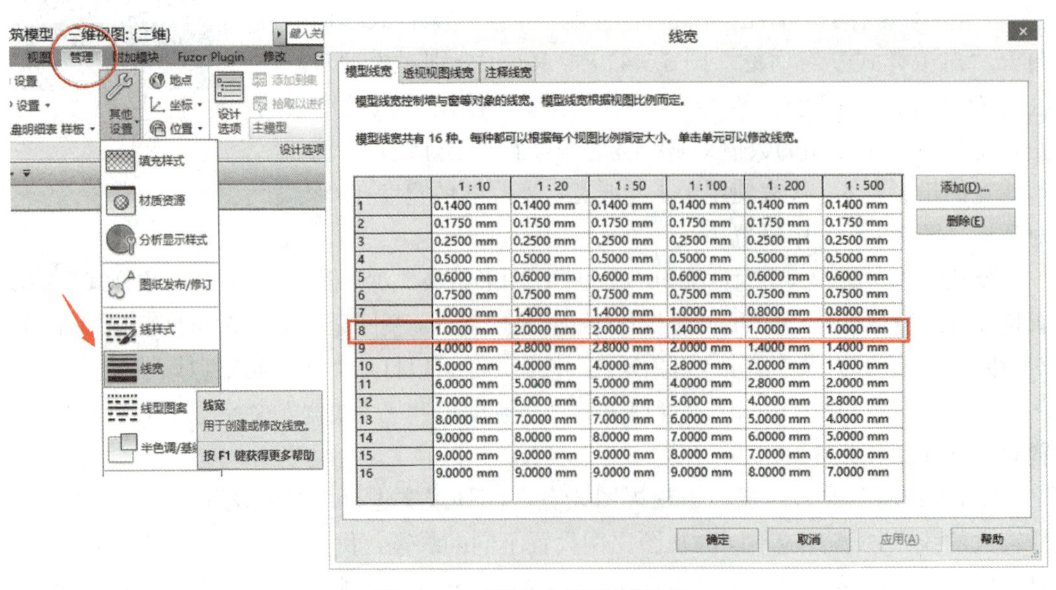

图 3.3.43 “线宽”设置对话框

3.3.10 快捷键

在使用 Revit 软件时，可以使用快捷键快速执行命令，软件已对常用命令设置了快捷键，可以直接使用。如图 3.3.44 所示，当鼠标光标移动至“墙”命令时，稍作停留，光标旁会出现提示框，提示框中括号内大写字母“WA”即为“墙”的快捷键。

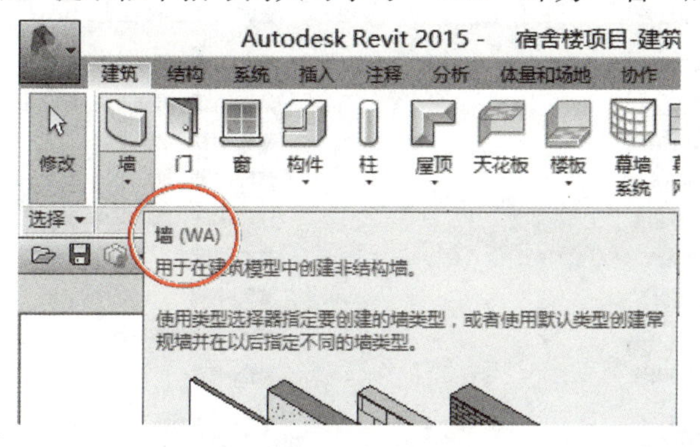

图 3.3.44 “墙”快捷键

除软件默认的快捷键外，也可以自己定义快捷键。单击“应用程序菜单”→“选项”命令，在“选项”对话框中选择“用户界面”，如图 3.3.45 所示，单击“快捷键”后方的“自定义”按钮，弹出如图 3.3.46 所示的“快捷键”设置窗口。

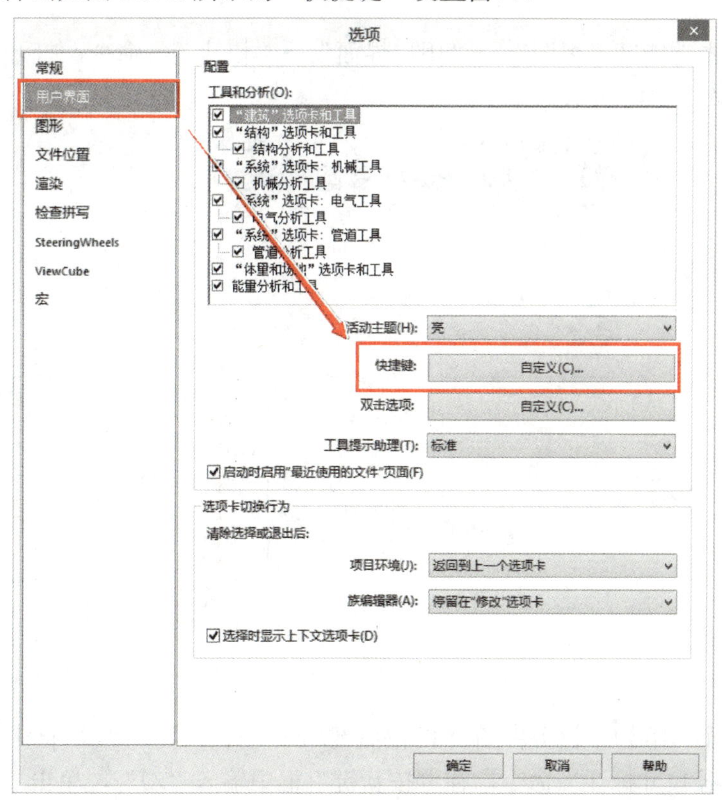

图 3.3.45 “用户界面”对话框

图 3.3.46 “快捷键”设置对话框

也可以单击功能区“视图”→“用户界面”→“快捷键”命令，打开“快捷键”设置对话框，如图 3.3.47 所示。

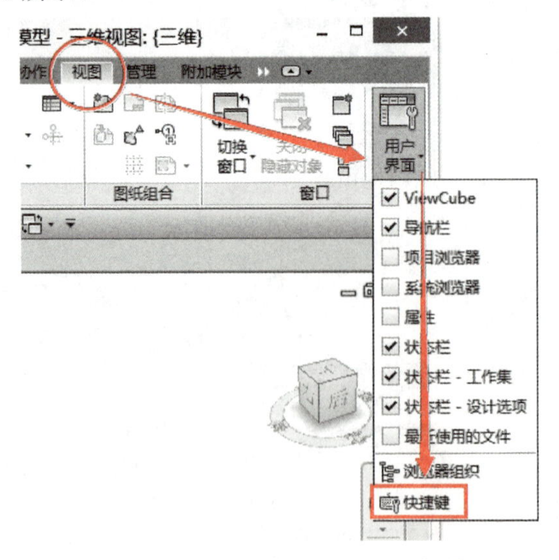

图 3.3.47 打开“快捷键”设置对话框

以添加一个“直径尺寸标注”命令的快捷键“ZJ”为例，在“搜索”框中输入“直径”，快速找到“直径尺寸标注”命令，在“按新键”框中输入“ZJ”，单击“指定”按钮，确定后快捷键即添加完成。

快捷键也可以统一导出，或者导入已设置好的快捷键，导出或导入的快捷键文件格式为“.xml”，这样可以帮助团队在使用 Revit 软件时，统一快捷键。

不同于其他软件，Revit 软件使用快捷键，只需要直接在键盘上键入快捷键字母即可开始命令，不需要按空格键或 Enter 键。

3.3.11 Revit 族

Revit 的项目是由墙、门、窗、楼板、楼梯等一系列基本对象“堆积”而成的，这些基本的零件称为图元。除三维图元外，包括文字、尺寸标注等单个对象也称为图元。

族是 Revit 项目的基础。Revit 的任何单一图元都由某一个特定族产生，例如，一扇门、一面墙、一个尺寸标注、一个图框。由一个族产生的各图元均具有相似的属性或参数，例如，对于一个平开门族，由该族产生的图元都可以具有高度、宽度等参数，但具体每个门的高度、宽度的值可以不同，这由该族的类型或实例参数定义决定。

1. 三种族

在 Revit 中，族分为系统族、可载入族和内建族三种。

（1）系统族。系统族仅能利用系统提供的默认参数进行定义，只能在项目内进行修改编辑，不能作为单个族文件载入或创建，也不能将其存成外部族文件。在 Revit 中是通过专用命令使用系统族创建模型的。例如，Revit 中的墙体、屋顶、天花板、楼板、坡道、楼梯、管道、尺寸标注等都为系统族，如图 3.3.48 所示。系统族中定义的族类型可以使用“项目传递”功能在不同的项目之间进行传递。

图 3.3.48 系统族

（2）可载入族。可载入族是指单独保存为族“.rfa”格式的独立族文件，且可以随时载入项目中的族。Revit 提供了族样板文件（RFT 格式），允许用户自定义任意形式的族。在 Revit 中，门、窗、结构柱、卫浴装置等均为可载入族。可载入族可以从项目文件中单独保存出来重复使用。

载入方法有两种：一是单击功能区“插入”→“载入族”命令；二是在族文件中，单击功能区“载入到项目中”命令。

Revit 在安装时自带有族库，包含建筑、结构、机电、注释等多个类型的族，这些族都是可载入族，如图 3.3.49 所示。其默认放置在“C:\ProgramData\Autodesk\RVT2015\Libraries\China”文件夹内。

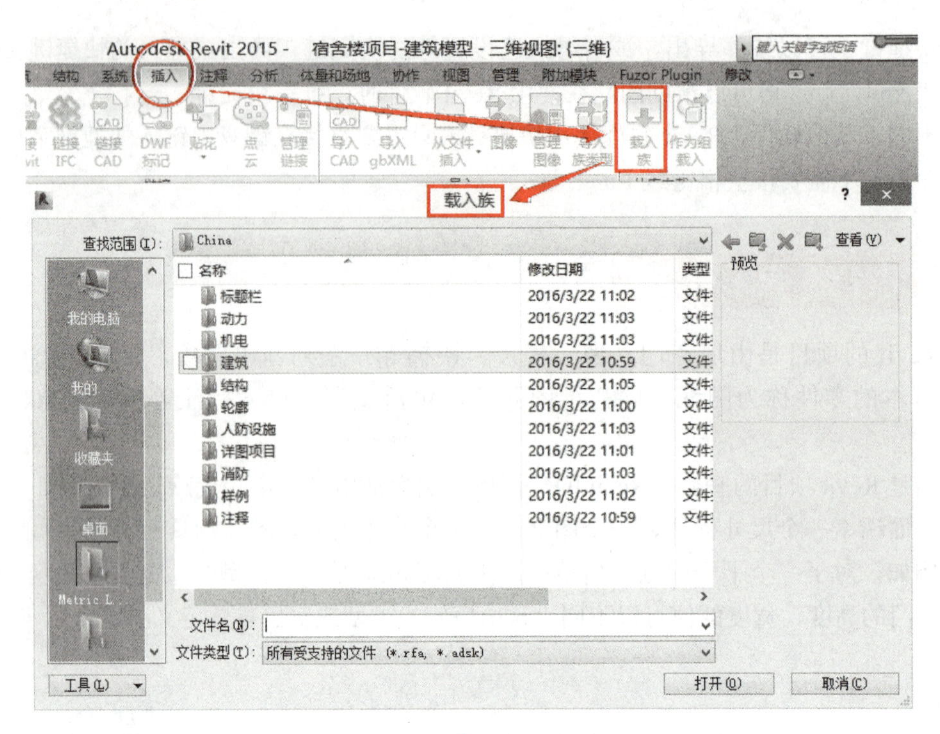

图 3.3.49 “载入族”对话框

（3）内建族。在项目中，由用户在项目中直接创建的族称为内建族。内建族仅能在本项目中使用，既不能保存为单独的“.rfa”格式的族文件，也不能通过“项目传递”功能将其传递给其他项目。与其他族不同，内建族仅能包含一种类型。Revit 不允许用户通过复制内建族类型来创建新的族类型。

内建族可以通过单击“构件”→“内建模型”命令来创建（图 3.3.50）。主要用于在项目中需要参照其他模型的对象或是仅针对当前项目而定制的特殊对象。由于内建族比可载入族更占内存，一般建议尽量采用可载入族。

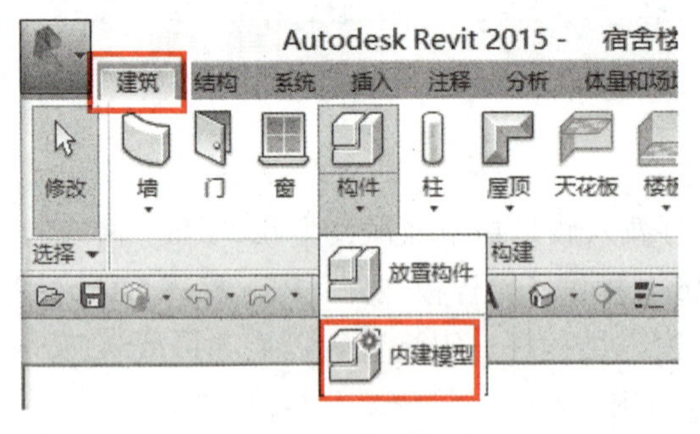

图 3.3.50 内建模型

2. 族的类别

在 Revit 中，“族”有类别和参数的概念。不同的类别代表不同种类的构件，在创建族时，要注意选择合适的族类别。不同的类别也会有不同的参数定义，这些参数记录着族在项目中的尺寸、规格、材质、位置等信息。在项目中，可以通过修改这些参数改变族的尺寸和位置等，也可以根据不同的参数控制保存不同类型的族。如图 3.3.51 所示，“圆柱”和“矩形柱”都属于“柱”类别的族构件，其分别又有不同的类型，这些类型就是由不同的参数设置而得到的。

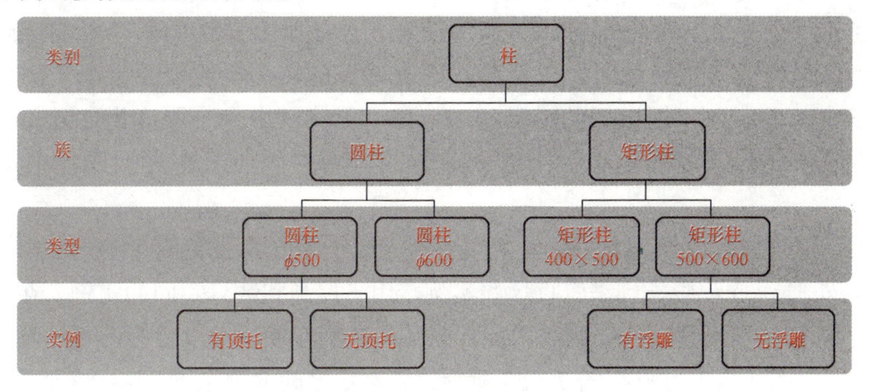

图 3.3.51　族关系图

除内建族外，每一个族包含一个或多个不同的类型，用于定义不同的对象特性。例如，对于墙来说，可以通过创建不同的族类型，定义不同的墙厚和墙构造。每个放置在项目中的实际墙图元，称为该类型的一个实例，如图 3.3.52 所示。

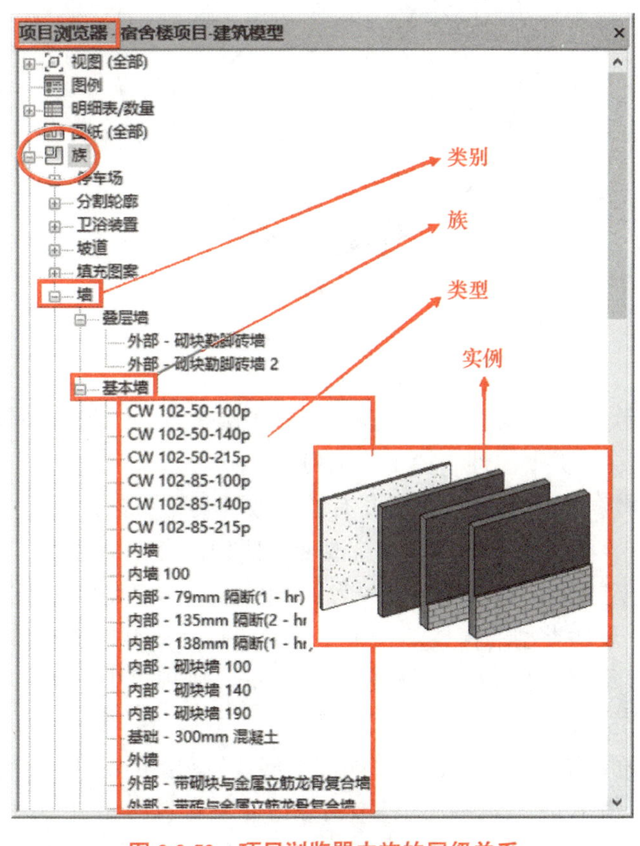

图 3.3.52　项目浏览器中族的层级关系

Revit 通过类型属性参数和实例属性参数控制图元的类型或实例参数特征。同一类型的所有实例均具备相同的类型属性参数设置；而同一类型的不同实例，可以具备完全不同的实例参数设置。

例如，对于同一类型的不同墙实例，它们均具备相同的墙厚度和墙构造定义，但可以具备不同的高度、底部标高、标高等信息。修改类型属性的值会影响该族类型的所有实例，而修改实例属性时，仅影响所有被选择的实例。要修改某个实例具有不同的类型定义，必须为族创建新的族类型。例如，要将其中一个厚度为 240 mm 的墙图元修改为 300 mm 厚的墙，必须为墙创建新的类型，以便于在类型属性中定义墙的厚度。

可这样理解 Revit 的项目：Revit 的项目由无数个不同的族实例（图元）相互堆砌而成，而 Revit 通过族和族类别来管理这些实例，用于控制和区分不同的实例。在项目中，Revit 通过对象类别来管理这些族。因此，当某一类别在项目中设置为不可见时，隶属于该类别的所有图元均不可见。图 3.3.53 所示为各对象之间的关系图。

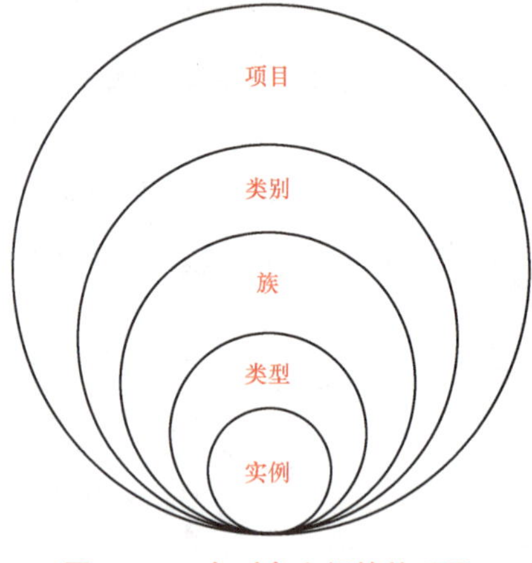

图 3.3.53　各对象之间的关系图

3. 族的参数

在 Revit 中，族参数分为“类型参数”和“实例参数”，当选中某个族时，其类型参数和实例参数会在“类型属性”栏中分别列出。

（1）类型参数。同一类型的族所共有的参数为类型参数，一旦类型参数的值被修改，则项目中所有该类型的族个体都相应改变。例如，有一个窗族，其宽度和高度都是使用类型参数进行定义的，宽度类型参数为 1 200 mm，高度类型参数为 1 200 mm，在项目中使用了两个此尺寸类型的窗族。选中窗图元，打开类型属性窗口（图 3.3.54），把该窗族的宽度类型参数从 1 200 mm 改为 1 500 mm，则项目中这两个窗的宽度就都改为 1 500 mm（图 3.3.55）。

（2）实例参数。仅影响个体、不影响同类型其他实例的参数称为实例参数。仍以窗族为例，选中某一窗图元，在实例属性窗口修改实例参数，如图 3.3.56 所示。当窗台高度从原来的 900 mm 改为 1 200 mm 时，其他窗的窗台高度保持不变。

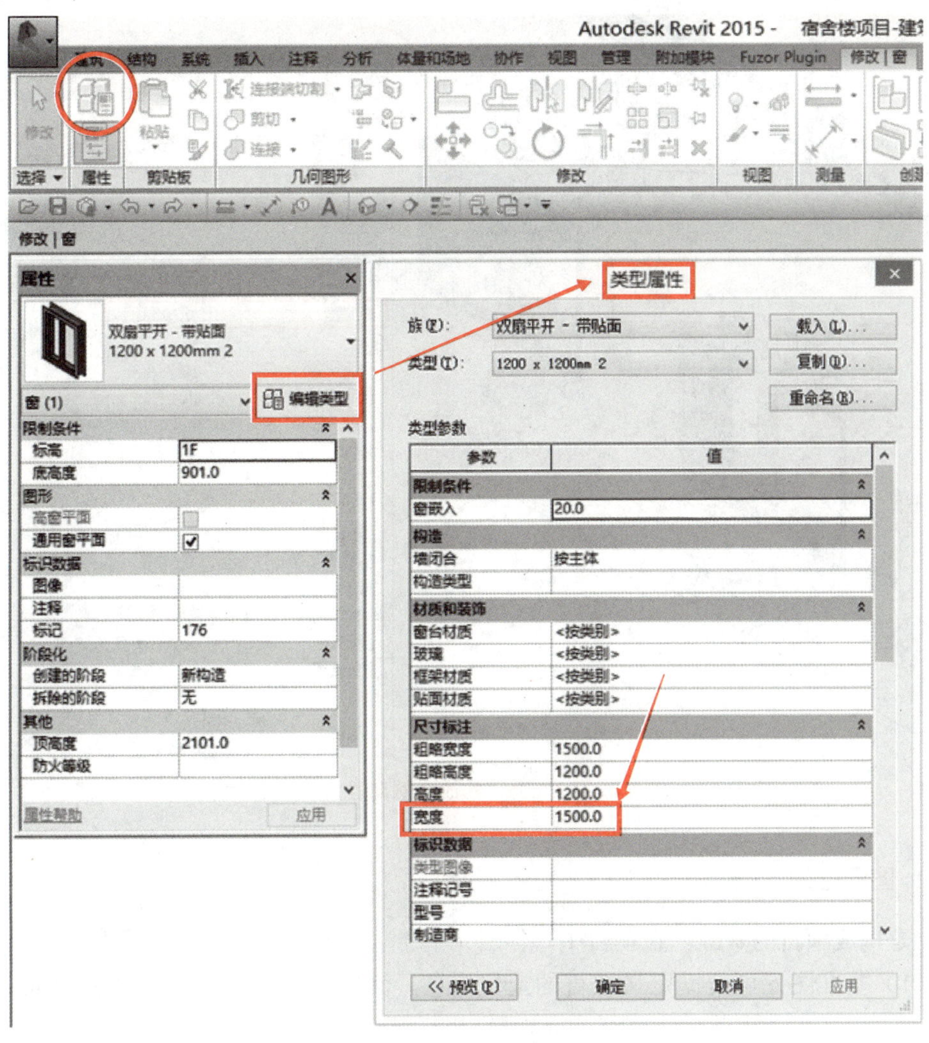

图 3.3.54　修改类型属性

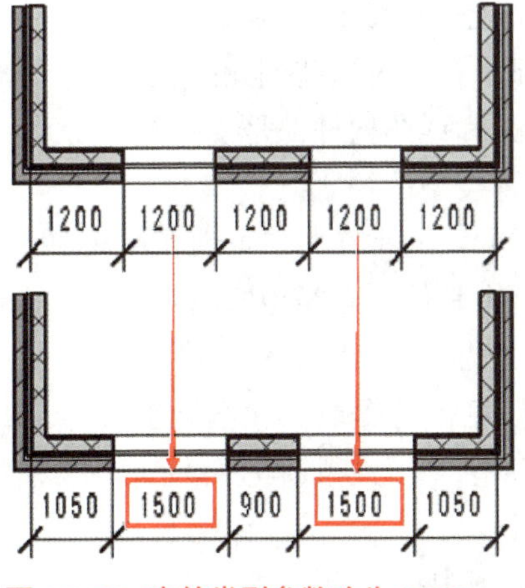

图 3.3.55　窗的类型参数改为 1 500 mm

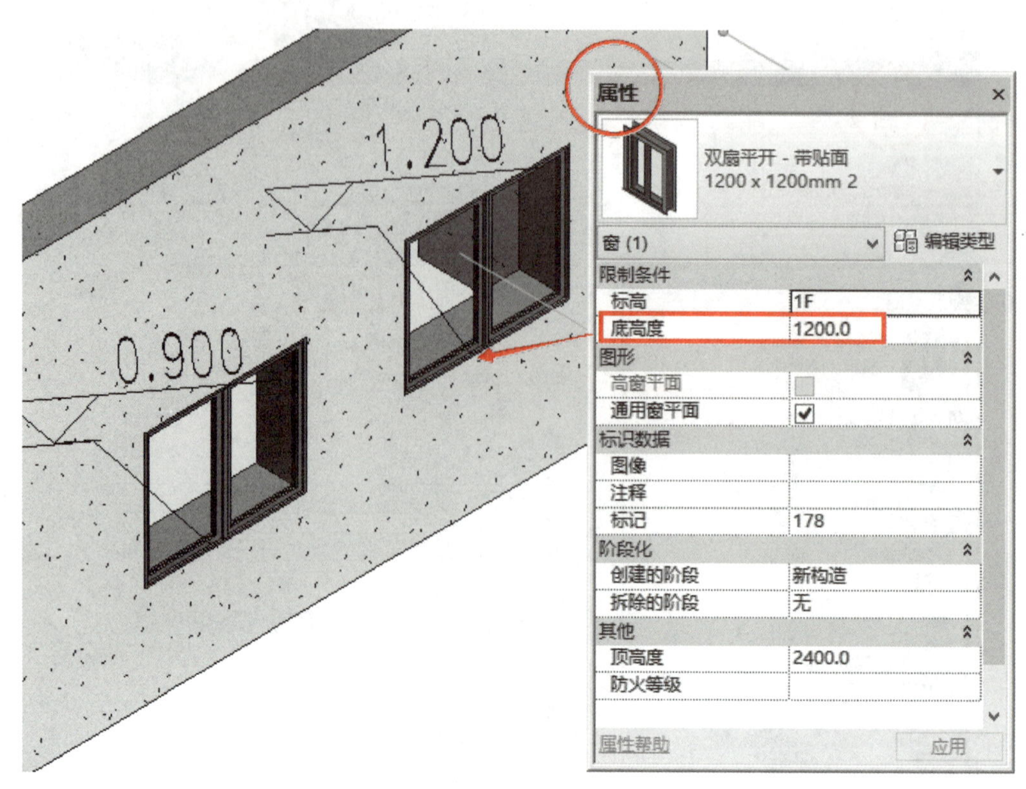

图 3.3.56　修改实例属性

4. 图元行为

族是构成项目的基础。在项目中，各图元主要起以下三种作用：

（1）基准图元可帮助定义项目的定位信息。例如，轴网、标高和参照平面都是基准图元。

（2）模型图元表示建筑的实际三维几何图形。它们显示在模型的相关视图中。例如，墙、窗、门和屋顶都是模型图元。

（3）视图专有图元只显示在放置这些图元的视图中。它们可帮助对模型进行描述或归档。例如，尺寸标注、标记和详图构件都是视图专有图元。

模型图元又分为以下两种类型：

（1）主体（或主体图元），通常在构造场地在位构建。例如，墙和楼板是主体。

（2）构件，是建筑模型中其他所有类型的图元。例如，窗、门和橱柜是模型构件。

对于视图专有图元，则分为以下两种类型：

（1）标注，是对模型信息进行提取并在图纸上以标记文字的方式显示其名称、特性。例如，尺寸标注、标记和注释记号都是注释图元。当模型发生变更时，这些注释图元将随模型的变化而自动更新。

（2）详图，是在特定视图中提供有关建筑模型详细信息的二维项，例如详图线、填充区域和详图构件。这类图元类似于 AutoCAD 中绘制的图块，不随模型的变化而自动变化。

如图 3.3.57 所示，列举了 Revit 中各种不同性质和作用的图元的使用方式，供读者参考。

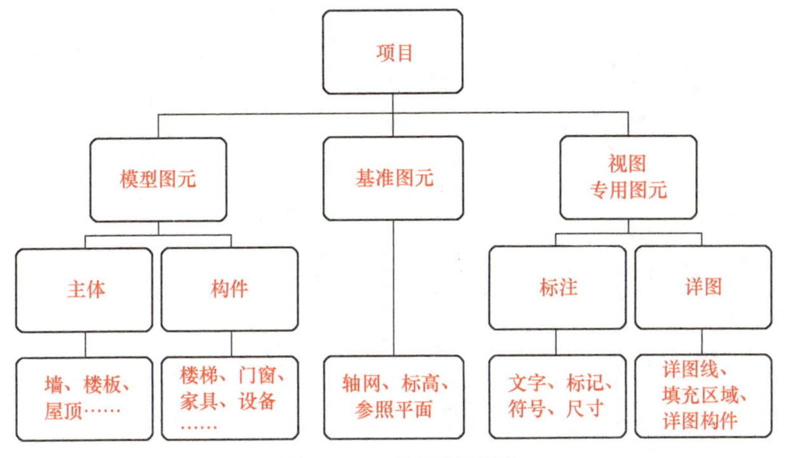

图 3.3.57　图元关系图

3.3.12　Revit 文件格式

1. 四种基本文件格式

（1）RTE 格式。项目样板文件格式，包含项目单位、标注样式、文字样式、线型、线宽、线样式、导入 / 导出设置等内容。为规范设计和避免重复设置，对 Revit 自带的项目样板文件，根据用户自身需要、内部标准设置，保存成项目样板文件，便于用户新建项目文件时选用。

（2）RVT 格式。项目文件格式，包含项目所有的建筑模型、注释、视图、图纸等项目内容。通常基于项目样板文件（.rte）创建项目文件，编辑完成后保存为 RVT 文件，作为设计使用的项目文件。

（3）RFT 格式。可载入族的样板文件格式。创建不同类别的族要选择不同的样板文件。

（4）RFA 格式。可载入族的文件格式。用户可以根据项目需要创建自己的常用族文件，以便随时在项目中调用。

2. 支持的其他文件格式

在项目设计、管理时，用户经常会使用多种设计、管理工具来实现自己的意图。为实现多软件环境的协同工作，Revit 提供了“导入”“链接”“导出”工具，可以支持 CAD、FBX、IFC、gbXML 等多种文件格式。用户可以根据需要进行有选择的导入和导出，如图 3.3.58 所示。

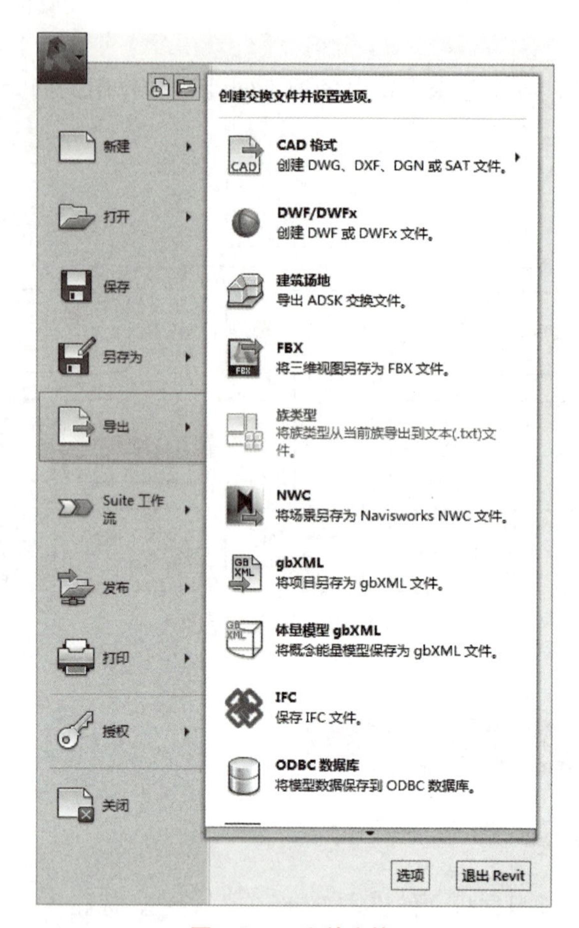
创建交换文件并设置选项。
新建
打开
保存
另存为
导出
Suite 工作流
发布
打印
授权
关闭
CAD 格式
创建 DWG、DXF、DGN 或 SAT 文件。
DWF/DWFx
创建 DWF 或 DWFx 文件。
建筑场地
导出 ADSK 交换文件。
FBX
将三维视图另存为 FBX 文件。
族类型
将族类型从当前族导出到文本(.txt)文件。
NWC
将场景另存为 Navisworks NWC 文件。
gbXML
将项目另存为 gbXML 文件。
体量模型 gbXML
将概念能量模型保存为 gbXML 文件。
IFC
保存 IFC 文件。
ODBC 数据库
将模型数据保存到 ODBC 数据库。
选项
退出 Revit

图 3.3.58　文件交换

CHAPTER

04

第四章

建筑专业 BIM 模型创建

4.1 新建项目

启动 Revit 2015，选择“建筑样板”新建项目（图 4.1.1），进入项目绘图界面。

视频 4.1 新建项目

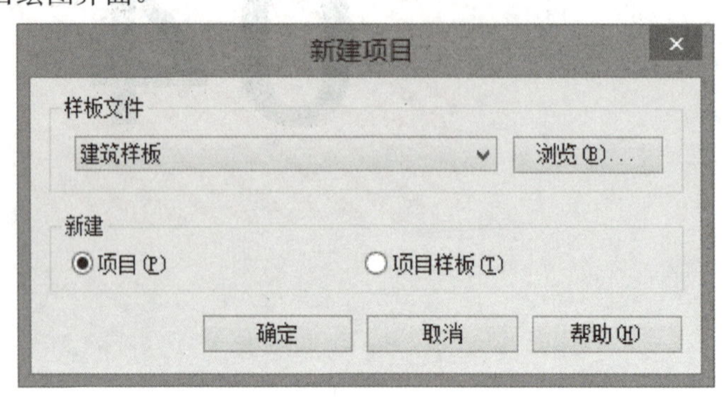

图 4.1.1　选择建筑样板

4.2 标高

标高用来定义楼层层高及生成平面视图，是建筑项目设计的第一步，下面以宿舍楼项目为例，说明开始创建项目标高的一般步骤。

视频 4.2 标高

4.2.1　创建标高

在 Revit Architecture 中，“标高”命令必须在立面和剖面视图中才能使用，因此，在正式开始项目设计前，必须先打开一个立面视图。

（1）在项目浏览器中展开“立面（建筑立面）”项，双击视图名称“南”，进入南立面视图。在南立面视图中，显示项目样板中设置的默认标高 F1 和 F2，且 F1 标高为 ±0.000 m，F2 标高为 4.000 m，如图 4.2.1 所示。

（2）调整 F2 标高，将鼠标指针移至标高 F2 标高值位置，双击标高值，将标高值修改为 3.300 0 m，如图 4.2.2 所示。

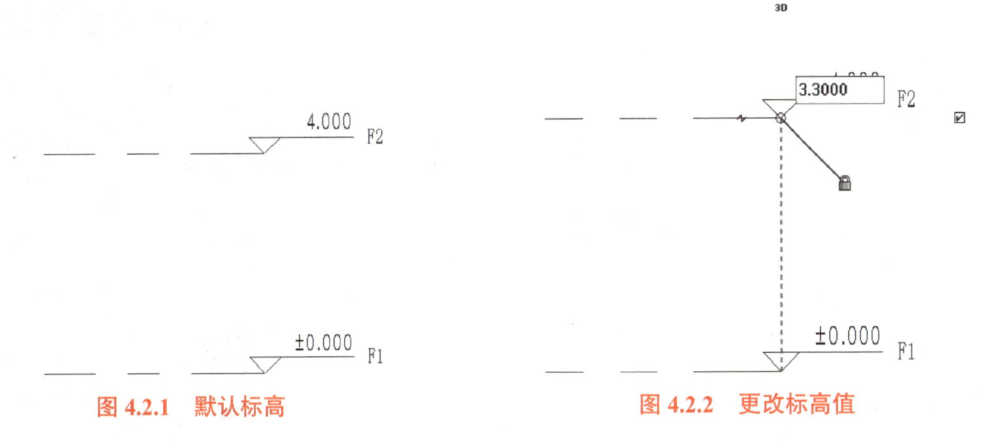

图 4.2.1　默认标高　　　　图 4.2.2　更改标高值

（3）单击“建筑”选项卡，在“基准”面板中单击“标高”按钮，切换至“修改 | 放置标高”上下文选项卡。选择“绘制”面板中标高的生成方式为“直线”▱，确认选项栏中已勾选“创建平面视图”选项，设置偏移量为 0，如图 4.2.3 所示。单击选项栏中的“平面视图类型”按钮，打开“平面视图类型”对话框，如图 4.2.4 所示，选择“楼层平面”。将在绘制标高的同时自动为标高创建与标高同名的楼层平面视图。

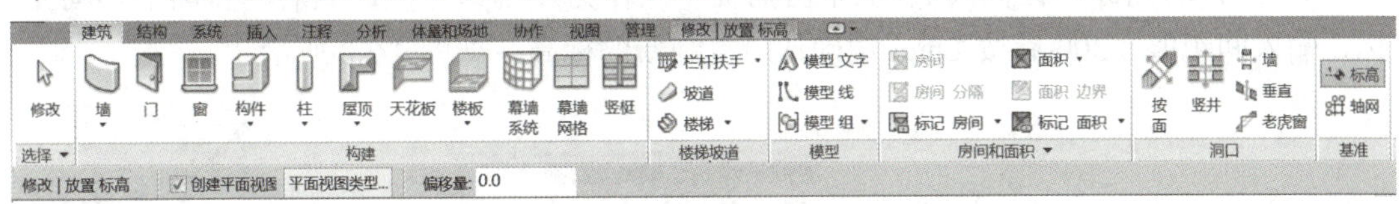

图 4.2.3　选择标高工具

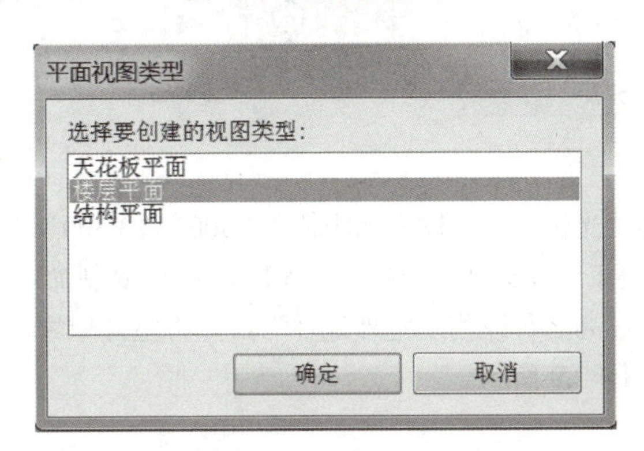

图 4.2.4　“平面视图类型”对话框

（4）移动鼠标至标高 F2 上方位置，在指针和标高 F2 间显示临时尺寸标注。将鼠标指针移至与标高 F2 端点对齐位置时，Revit 会自动捕捉端点并显示端点对齐蓝色虚线，如图 4.2.5 所示。单击确定标高起点，沿水平方向向右移动鼠标，当指针移动至右侧端点时，将显示端点对齐位置，单击完成标高绘制，Revit 将自动命名该标高名称为 F3。

（5）单击选择标高 F3，Revit 在标高 F2 和 F3 之间显示临时尺寸标注。修改临时尺寸标注值为“3 300”。如图 4.2.6 所示，当单击“标高”后，“属性”面板中将显示与标高相关的选项。

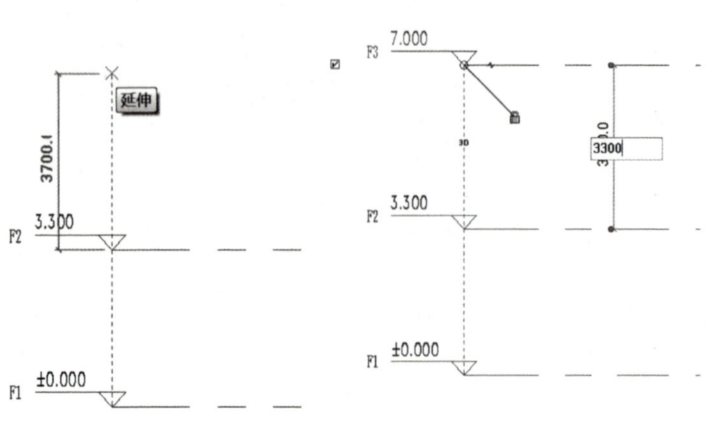

图 4.2.5　创建标高

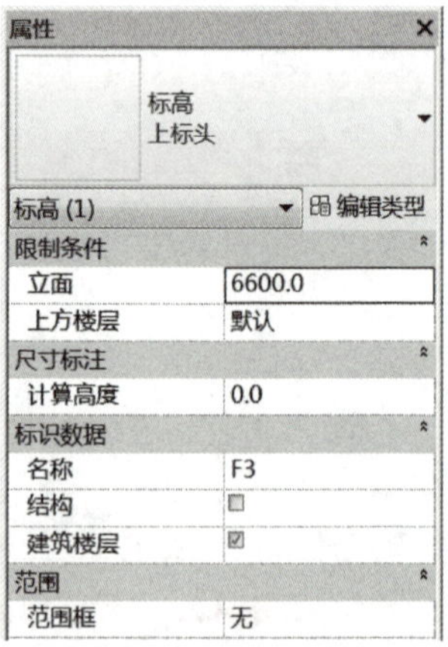

属性	
标高 上标头	
标高 (1)	编辑类型
限制条件	
立面	6600.0
上方楼层	默认
尺寸标注	
计算高度	0.0
标识数据	
名称	F3
结构	☐
建筑楼层	☑
范围	
范围框	无

图 4.2.6　属性窗口

（6）标高除了用“绘制”命令以外，还可以利用“复制”命令。选择标高 F3，单击“修改 | 标高”选项卡下“修改”面板中的“复制”命令，选项栏勾选“约束”和“多个”复选框，如图 4.2.7 所示。

（7）移动光标，在标高 F3 上单击捕捉一点作为复制参考点，然后垂直向上移动光标，输入间距值 3 300 后按 Enter 键确认后复制新的标高，如图 4.2.8 所示。

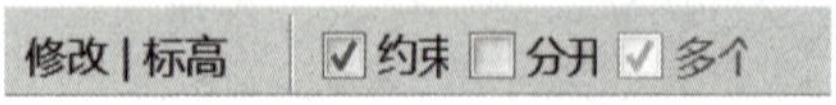

修改 | 标高　☑ 约束　☐ 分开　☑ 多个

图 4.2.7　“修改 | 标高”选项卡

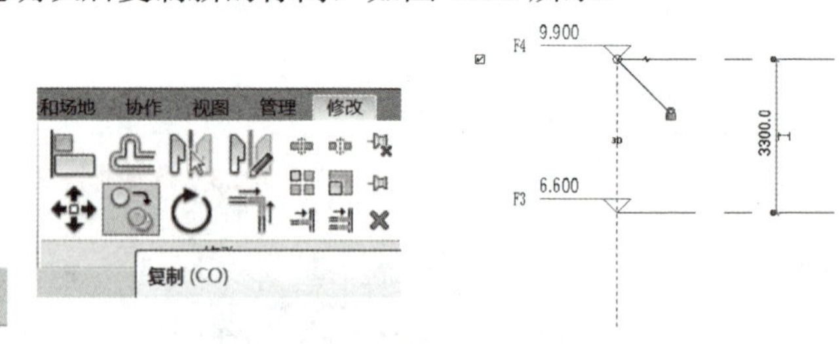

图 4.2.8　复制标高

（8）继续向上移动光标，分别输入间距值“3 300”“3 300”“800”后按 Enter 键，复制另外 3 条新的标高 F5、F6、F7。选择标高 F1，运用复制命令，向下移动光标，输入间距值“300”，将标高名称改为“室外地坪”，并将室外地坪标高属性栏中标高类型改为“下标头”，如图 4.2.9 所示。

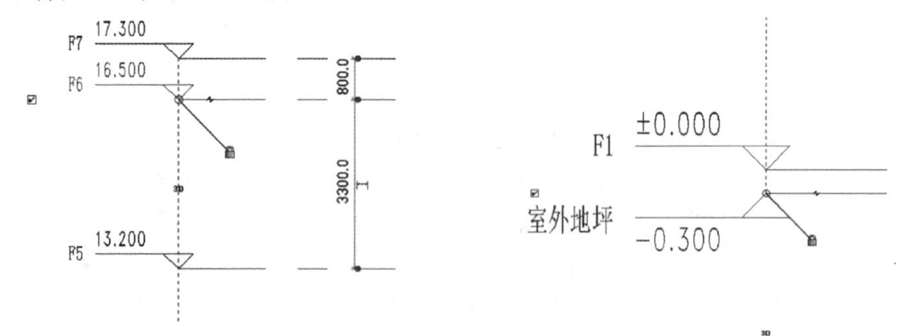

图 4.2.9　绘制下标头标高

（9）建筑的标高创建完成，保存文件。

注意：在 Revit Architecture 中复制的标高是参照标高，因此，新复制的标高标头都是黑色显示，在项目浏览器中的“楼层平面”项下没有创建新的平面视图。

4.2.2 编辑标高

标高由标头符号和标高线型两部分组成。在 Revit 中，既可以通过“类型属性”统一设置标高图形中的参数，也可以通过修改“实例属性”的方式修改标高属性。

（1）通过“类型属性”统一设置标高。打开项目文件“宿舍楼 .rvt”，选择标高 F1 后，单击“属性”面板中的“编辑类型”命令，打开“类型属性”对话框，如图 4.2.10 所示。在“类型属性”中可以修改标高类型、线宽、显示颜色、端点符号显示与否。

（2）通过修改“实例属性”方式修改标高属性。直接双击标高名称可以对其进行修改，如图 4.2.11 所示。

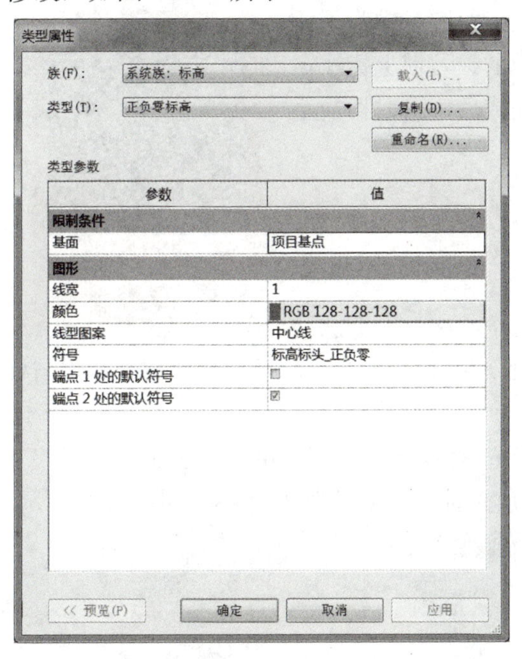

图 4.2.10 “类型属性”对话框

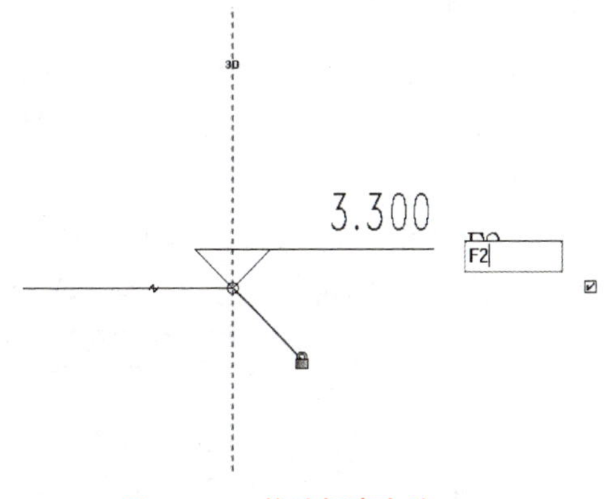

图 4.2.11 修改标高名称

单击选中标高 F2，单击其两侧的“隐藏标号”选项，即可隐藏该标高的名称和参数，再次单击，即可显示，如图 4.2.12 所示。

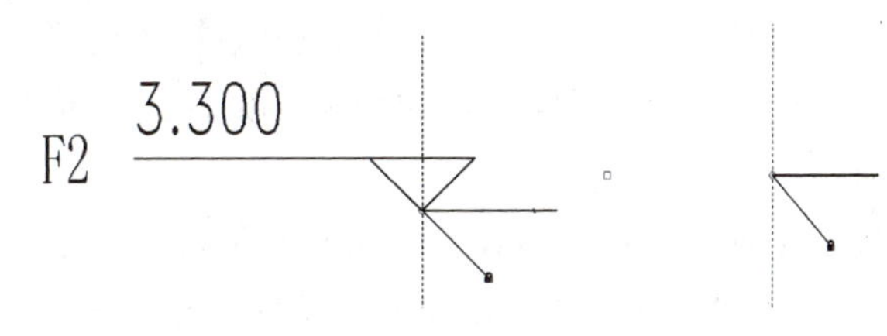

图 4.2.12 隐藏单个标高名称和参数

选中标高 F2，单击标头右侧的“添加弯头”符号，Revit 将为所选标高添加弯头。添加弯头后，拖动标高弯头的操作夹点，修改标头的位置，如图 4.2.13 所示。

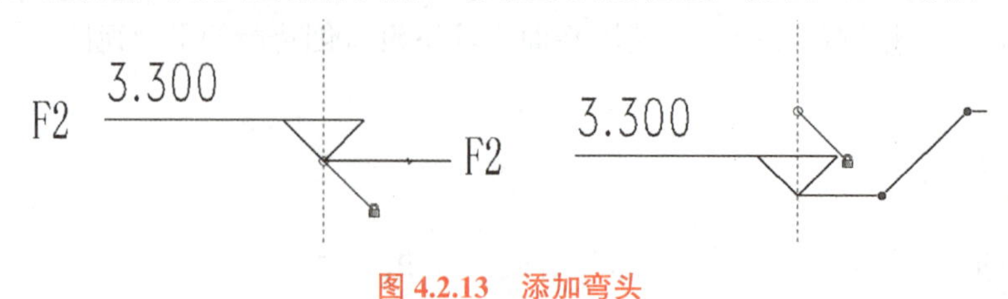

图 4.2.13　添加弯头

4.3 轴网

轴网是由建筑轴线组成的网，是人为地在建筑图纸中为了标示构件的详细尺寸，按照一般的习惯标准虚设的，习惯上标注在对称界面或截面构件的中心线上。标高创建完成后，可以切换至任意平面视图来创建和编辑轴网。

视频 4.3 轴网

4.3.1　创建轴网

轴网由定位轴线（建筑结构中的墙或柱的中心线）、标志尺寸（用以标注建筑物定位轴线之间的距离大小）和轴号组成，轴网的创建方式基本与标高一致。

（1）打开“宿舍楼 .rvt”项目文件，切换至 F1 楼层平面视图。单击“常用”选项卡“基准”面板中的“轴网”工具，切换至“修改 | 放置轴网”上下文选项卡，如图 4.3.1 所示。

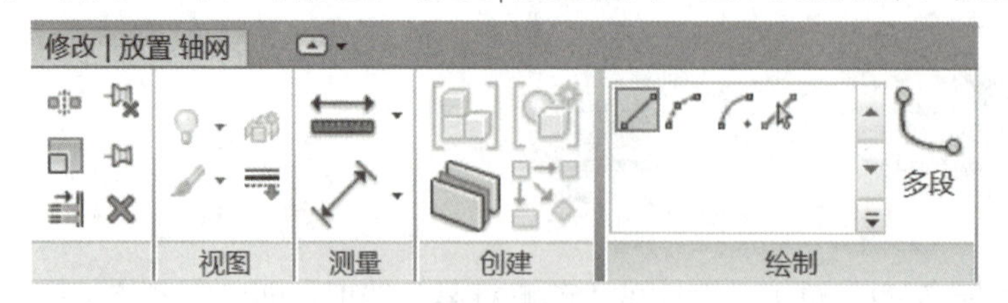

图 4.3.1　选择“轴网”工具

（2）选择绘制面板中轴网绘制方式为“直线”，确认选项栏中的偏移量为 0.0。单击作为轴线起点，向上移动，再次单击完成第一条轴线的创建，并自动为该轴线编号为①，如图 4.3.2 所示。

（3）移动鼠标至①轴线起点任意位置，将自动捕捉该轴线的起点，并显示与①轴线之间的临时尺寸标注，修改尺寸为 3 200 mm，将确定第二条轴线的起点处，采用同样的方法绘制出第二条轴线，如图 4.3.3 所示。

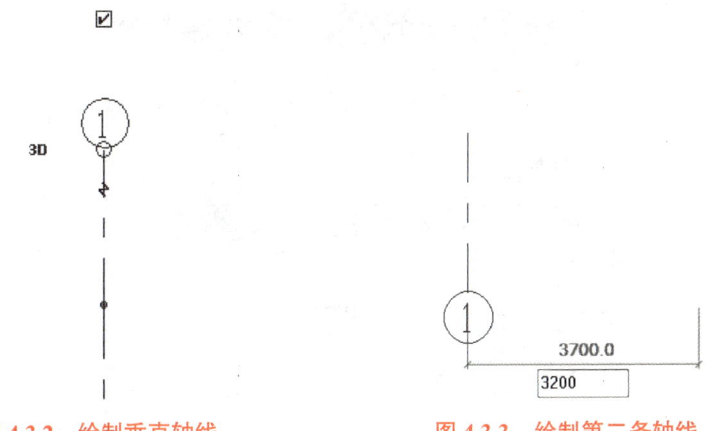

图 4.3.2　绘制垂直轴线　　　图 4.3.3　绘制第二条轴线

（4）使用相同的方法绘制其他轴线，结果如图 4.3.4 所示。保存文件，完成轴网绘制。

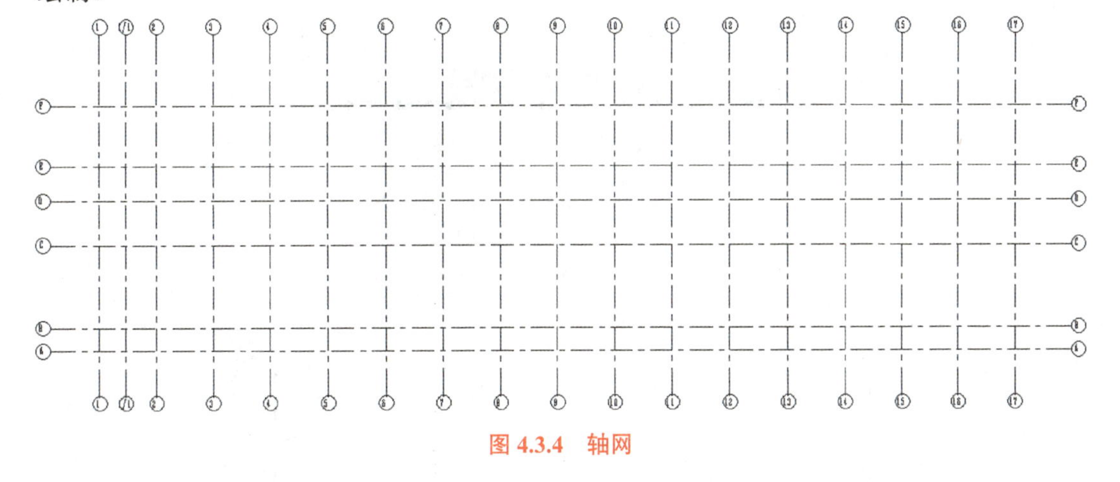

图 4.3.4　轴网

4.3.2　编辑轴网

轴网同样由标头和轴线两部分组成，在 Revit 中，轴网与标高一样，既可以通过“类型属性”统一设置参数，也可以通过修改“实例属性”的方式修改轴网属性。

（1）通过“类型属性”统一设置轴网属性。打开项目文件“宿舍楼 .rvt”，切换至 F1 楼层平面视图，选择某一轴线，单击“属性”面板中的“编辑类型”命令，打开“类型属性”对话框，如图 4.3.5 所示。在类型属性中可以修改轴网类型、符号、中段连续与否、线宽、显示颜色、端点符号显示与否。

（2）通过修改“实例属性”的方式修改轴网属性。直接双击轴网标头可以修改轴线编号，如图 4.3.6 所示。

单击选中①轴线，单击其两侧的“隐藏标号”选项，即可隐藏该轴线的标头，再次单击，即可显示，如图 4.3.7 所示。

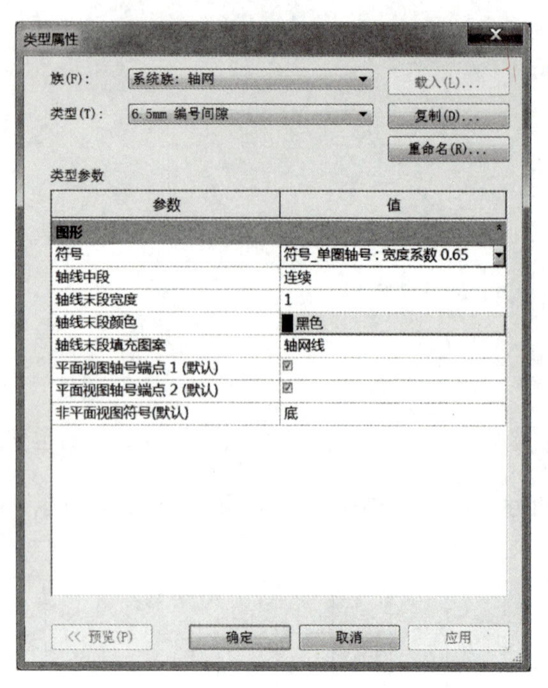

图 4.3.5 “类型属性”对话框

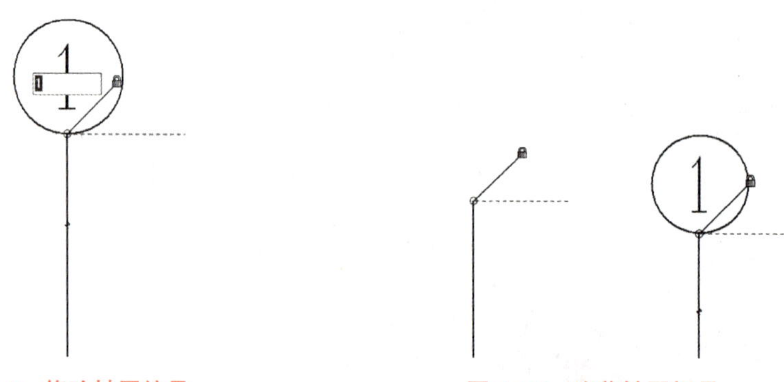

图 4.3.6 修改轴网编号　　　　图 4.3.7 隐藏轴网标号

单击选中①轴线，单击标头下方的“添加弯头”符号，Revit 将为所选轴线添加弯头。添加弯头后，拖动轴线弯头的操作夹点，修改标头的位置，如图 4.3.8 所示。

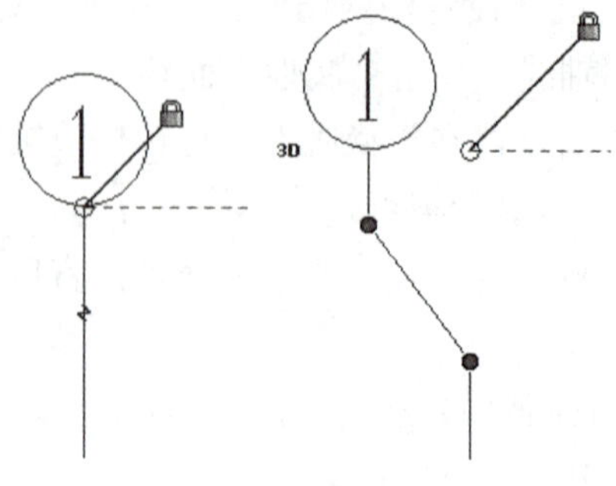

图 4.3.8 添加弯头

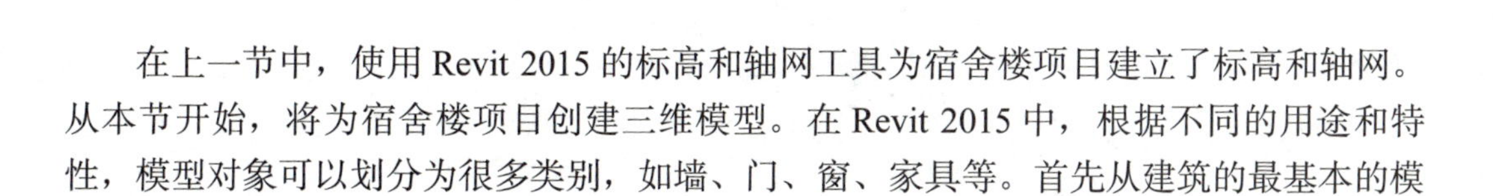

4.4 墙体

在上一节中，使用 Revit 2015 的标高和轴网工具为宿舍楼项目建立了标高和轴网。从本节开始，将为宿舍楼项目创建三维模型。在 Revit 2015 中，根据不同的用途和特性，模型对象可以划分为很多类别，如墙、门、窗、家具等。首先从建筑的最基本的模型构件——墙开始。

在 Revit 2015 中，墙属于系统族，即可以根据指定的墙结构参数定义生成三维墙体模型。墙是 Revit 2015 中最灵活也是最复杂的建筑构件，本节将要完成宿舍楼部分的主体墙，以此来掌握墙的创建和编辑方法。

4.4.1 新建墙体类型

Revit 2015 的墙模型不仅显示墙形状，还将记录墙的详细做法和参数。在宿舍楼平面中，墙分为外墙和内墙两种类型。宿舍楼外墙做法如图 4.4.1 所示，本章中，凡墙体类型参数，只定义核心层厚度，详细装修做法见装饰章节。

视频 4.4.1 新建墙体类型

启动 Revit 2015，打开上一节所绘制的“宿舍楼标高和轴网”项目文件，切换至 F1 楼层平面视图。如图 4.4.2 所示，单击“建筑”选项卡“构建”面板中的“墙”工具下拉列表，在列表中单击“墙：建筑”命令，自动切换至“修改 | 放置墙”上下文选项卡。

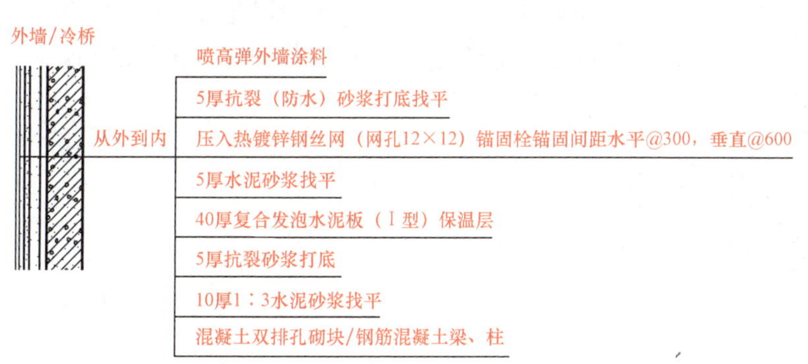

图 4.4.1 宿舍楼外墙做法

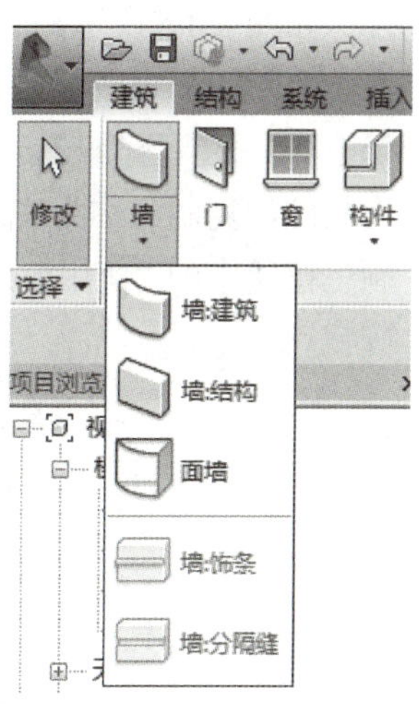

图 4.4.2 建筑墙工具

第一章
第二章
第三章
第四章
第五章
第六章
第七章

单击“属性”面板中的“编辑类型”按钮，打开墙的“类型属性”对话框。如图 4.4.3 所示，在类型列表中，选择当前类型为“常规 -200 mm”，单击“复制”按钮，在“名称”对话框中输入“宿舍楼工程—F1—外墙”作为新类型名称，单击“确定”按钮返回“类型属性”对话框，为基本族创建名称为“宿舍楼工程—F1—外墙”的族类型。

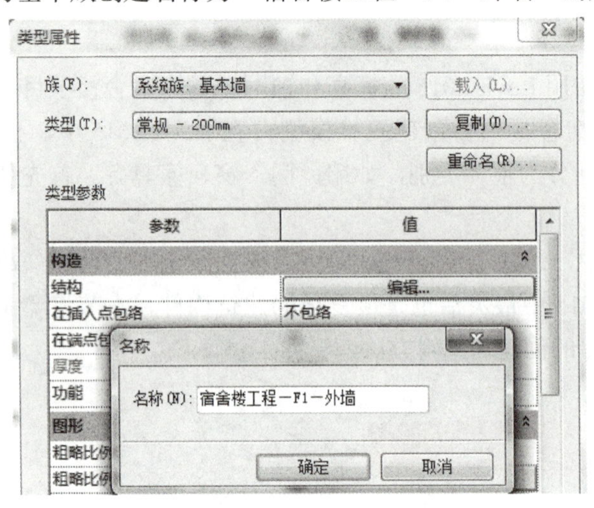

图 4.4.3 “类型属性”对话框

如图 4.4.4 所示，单击“结构”参数后的“编辑”按钮，打开“编辑部件”对话框。

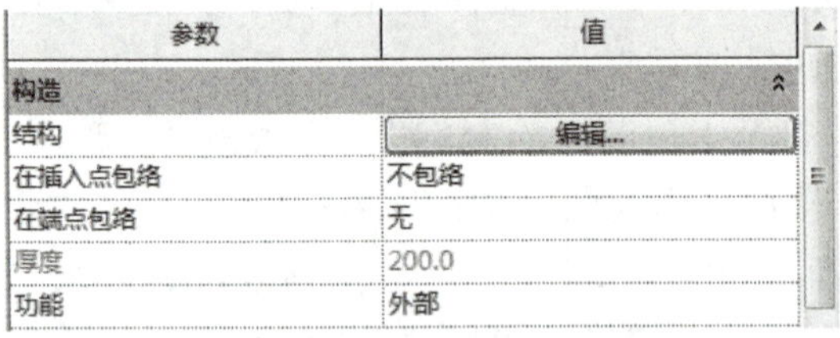

参数	值
构造	
结构	编辑...
在插入点包络	不包络
在端点包络	无
厚度	200.0
功能	外部

图 4.4.4 单击“结构”参数后的“编辑”按钮

如图 4.4.5 所示，在层列表中，结构［1］为厚度 200 的结构层。单击“材质”单元格中的“浏览”按钮，弹出图 4.4.6 所示的“材质浏览器”对话框，在左侧搜索框中输入“混凝土”，选择下方搜索到的“混凝土砌块”材质，右击选择“复制”命令，以“混凝土砌块”为基础，复制名称为“宿舍楼工程—混凝土砌块”，勾选右侧“图形”选项卡中的“着色”颜色按钮中的“使用渲染外观”复选框，单击“确定”按钮回到编辑部件，再单击“确定”按钮。

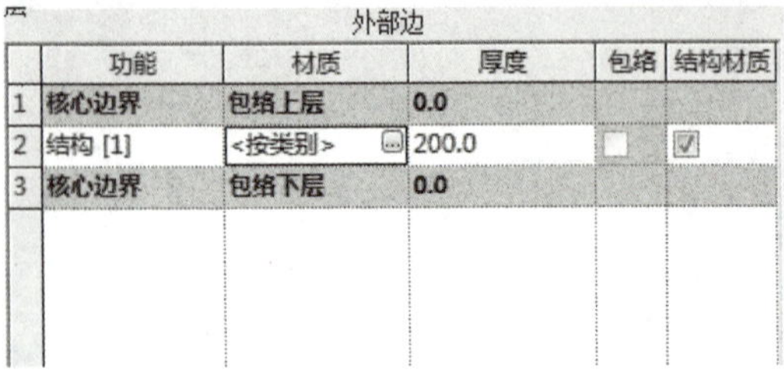

外部边

	功能	材质	厚度	包络	结构材质
1	核心边界	包络上层	0.0		
2	结构 [1]	<按类别>	200.0	☐	☑
3	核心边界	包络下层	0.0		

图 4.4.5 编辑部件

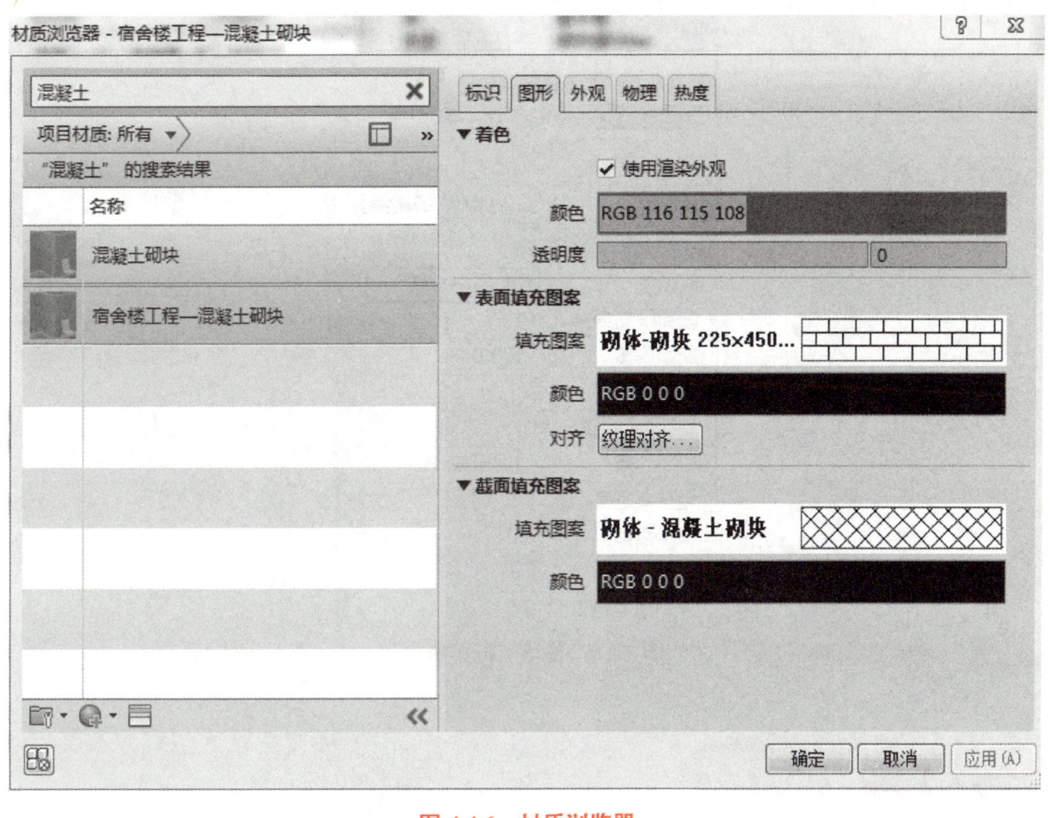

图 4.4.6　材质浏览器

确认当前工作视图为 F1 楼层平面视图；确认 Revit 2015 仍处于“修改 | 放置墙”状态。如图 4.4.7 所示，设置“绘制”面板中的绘制方式为“直线”。

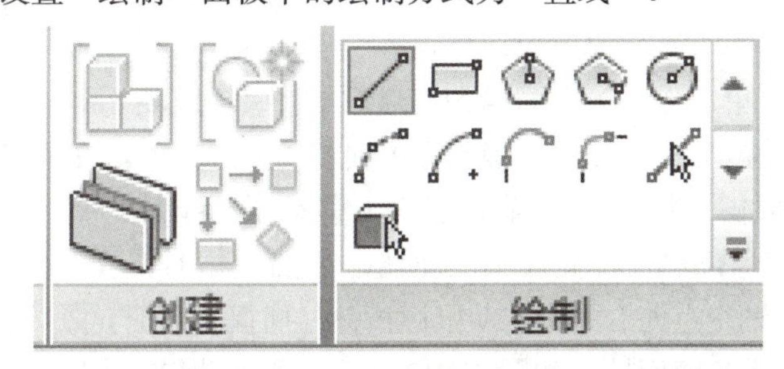

图 4.4.7　直线工具

如图 4.4.8 所示，设置选项栏中的墙“高度”为 F2，即该墙高度由当前标高 F1 直到标高 F2。设置墙“定位线”为“核心层中心线”；勾选“链”复选框，将连续绘制墙；设置偏移量为 0。

图 4.4.8　修改墙工具

如图 4.4.9 所示，修改“属性”面板中的“底部偏移”值为 -300。因为室内外高差为 300，所以向下延伸 300 mm。

第一章
第二章
第三章
第四章
第五章
第六章
第七章

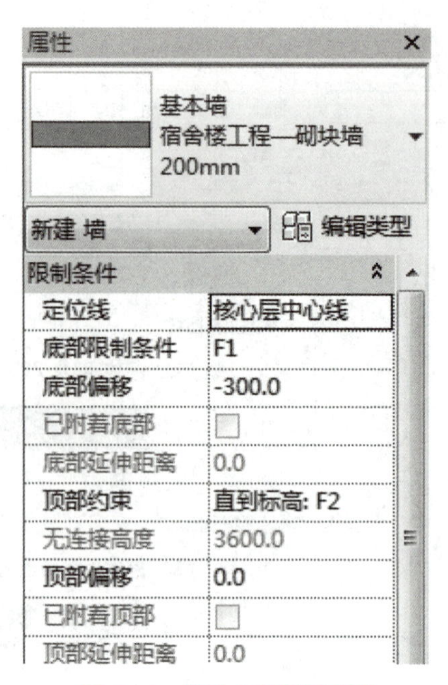

图 4.4.9 修改“底部偏移”

4.4.2 创建墙体

1. 绘制宿舍楼 F1 外墙

视频 4.4.2 创建墙体

在绘图区域内，鼠标指针变为绘制状态。适当放大视图，将光标指向 ① 轴与 Ⓐ 轴相交的位置，单击作为起点，直到 ① 轴与 Ⓕ 轴交点位置，单击作为第一面墙的终点，如图 4.4.10 所示。沿 Ⓕ 轴向右继续移动鼠标指针，捕捉 ⑥ 轴与 Ⓕ 轴交点，单击，完成第二面墙体；继续沿 ⑥ 轴垂直向下移动鼠标指针，捕捉 Ⓔ 轴与 ⑥ 轴交点，单击，完成第三面墙，如图 4.4.11 所示；继续沿 ⑥ 轴与 Ⓔ 轴交点向右方向移动鼠标指针，捕捉 Ⓔ 轴与 ⑫ 轴交点，单击，完成第四面墙，如图 4.4.12 所示；继续沿 Ⓔ 轴与 ⑫ 轴交点垂直向上移动鼠标指针，捕捉 Ⓕ 轴与 ⑫ 轴交点，单击，完成第五面墙；继续沿Ⓕ轴与 ⑫ 轴交点向右方向移动鼠标指针，捕捉 Ⓕ 轴与 ⑯ 轴交点，单击，完成第六面墙；继续沿 Ⓕ 轴与 ⑯ 轴交点垂直向下移动鼠标指针，捕捉轴 Ⓔ 与 ⑯ 轴交点，单击，完成第七面墙；继续沿 Ⓔ 轴与 ⑯ 轴交点向右移动鼠标指针，捕捉 Ⓔ 轴与 ⑰ 轴交点，单击，完成第八面墙，如图 4.4.13 所示；继续沿 Ⓔ 轴与 ⑰ 轴交点向右移动鼠标指针，捕捉 Ⓐ 轴与 ⑰ 轴交点，单击，完成第九面墙；继续沿 Ⓑ 轴与 ① 轴交点向右移动鼠标指针，捕捉 Ⓑ 轴与①轴交点，单击，完成第十面墙。

完成后按键盘 Esc 键两次，退出墙绘制模式，如图 4.4.14 所示。

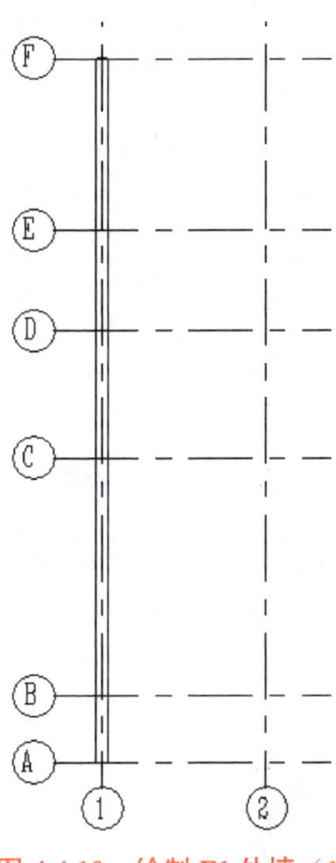

图 4.4.10　绘制 F1 外墙（1）

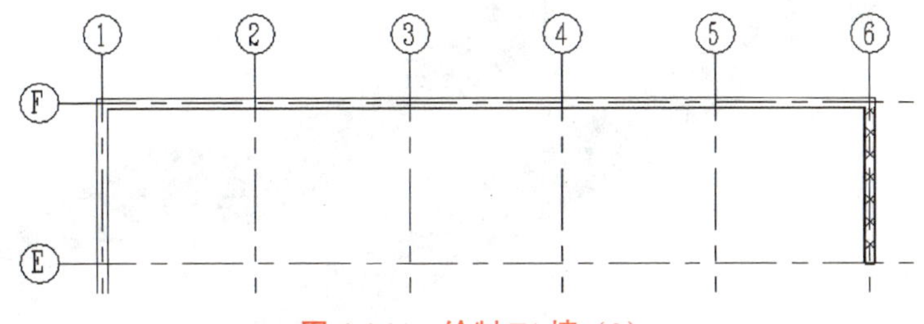

图 4.4.11　绘制 F1 墙（2）

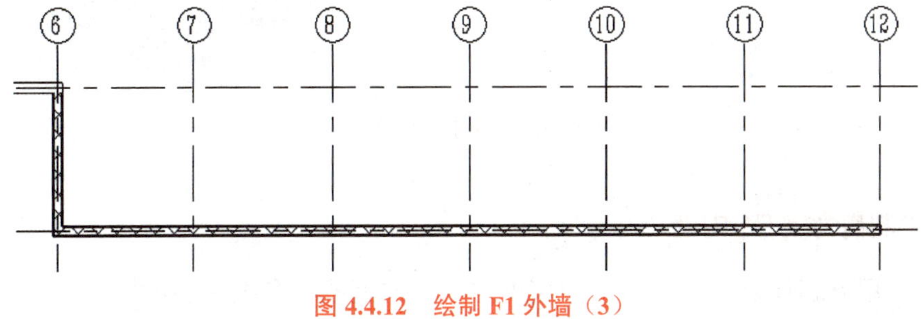

图 4.4.12　绘制 F1 外墙（3）

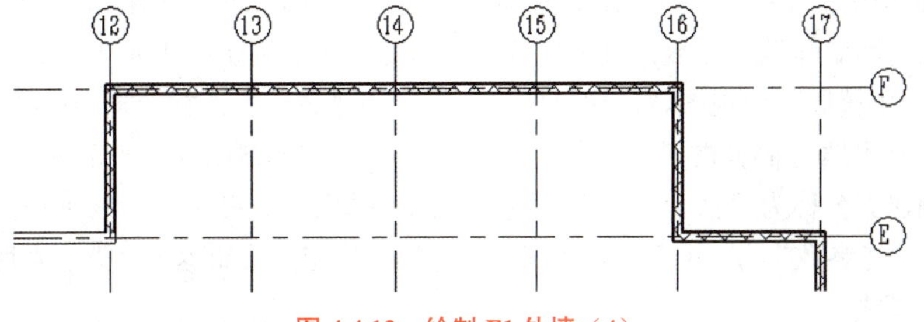

图 4.4.13　绘制 F1 外墙（4）

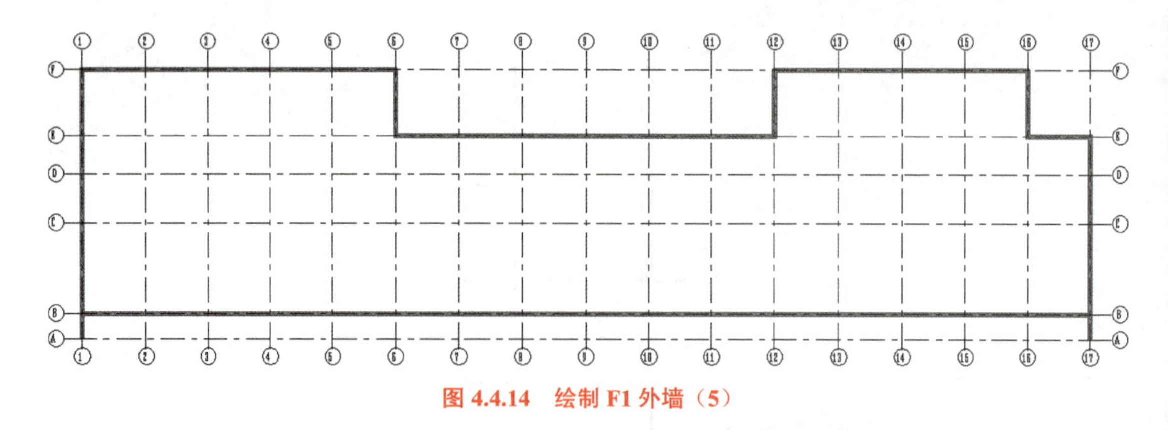

图 4.4.14　绘制 F1 外墙（5）

单击“快速访问工具栏”中的“默认三维视图”按钮，切换至默认三维视图。在视图底部视图控制栏中切换视图显示模式为“带边框着色”。完成后的墙体如图 4.4.15 所示，保存该文件。

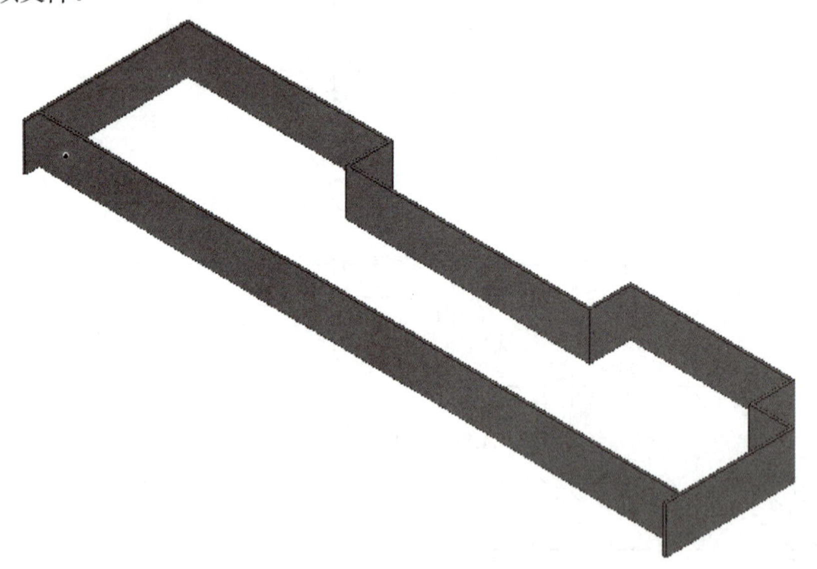

图 4.4.15　一层完成墙体

2. 绘制宿舍楼 F1 内墙

完成一层外墙绘制之后，可以使用类似的方式完成宿舍楼一层内墙绘制。由于宿舍楼内墙的墙体构造与外墙不同，因此必须先建立内墙类型，定义内墙墙体构造。此处只编辑宿舍楼内墙墙体类型参数，只定义核心层厚度，详细装修做法见装饰章节。

切换至 F1 楼层平面视图，使用“墙”工具，在“属性”面板的类型选择器中，选择墙类型为“基本墙：宿舍楼工程—F1—外墙”。打开“类型属性”对话框，以该类型为基础，复制建立名称为“宿舍楼—F1—内墙”的新基本墙类型。

修改“功能参数”为“内部”。完成后，单击“确定”按钮退出“类型属性”对话框，返回墙绘制模式。

确认墙绘制方式为“直线”。设置选项栏中的墙“高度”为标高 F2，设置墙“定位线”为“核心层中心线”，确认勾选“链”复选框，设置偏移量为 0。

如图 4.4.16 所示，捕捉Ⓔ轴线与①轴线交点并单击，作为墙起点，沿Ⓔ轴线水平向右移动鼠标指针至Ⓔ轴线与①轴线外墙交点，单击；再沿Ⓔ轴线与⑫轴线相交处，水平向右移动鼠标指针至Ⓔ轴线与⑯轴线外墙交点，单击，完成Ⓔ轴线水平内墙。沿1/1、③、⑤、⑬、⑮轴线在Ⓔ轴线和Ⓕ轴线之间绘制内墙。

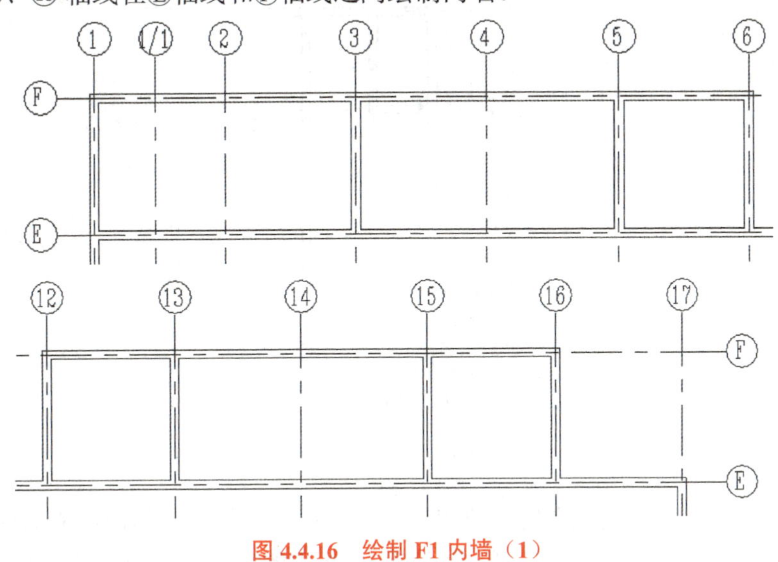

图 4.4.16　绘制 F1 内墙（1）

捕捉Ⓓ轴线与①轴线交点并单击，作为墙起点，沿Ⓓ轴线水平向右移动鼠标指针至Ⓓ轴线与⑰轴线外墙交点，单击，完成Ⓓ轴线水平内墙。

适当放大视图至Ⓒ～Ⓓ轴线间①～1/1轴线开间位置，该位置是宿舍楼内卫生间位置。使用墙工具，参照上述操作中相同的参数设置选项栏参数，按照图 4.4.17 绘制内墙。

用同样的方法绘制图 4.4.18 所示的内墙。

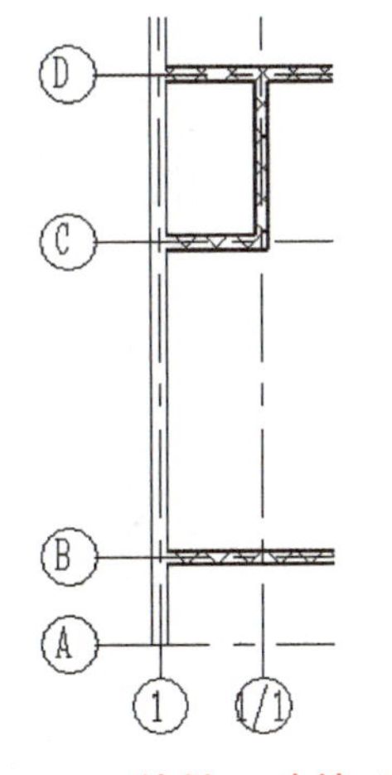

图 4.4.17　绘制 F1 内墙（2）

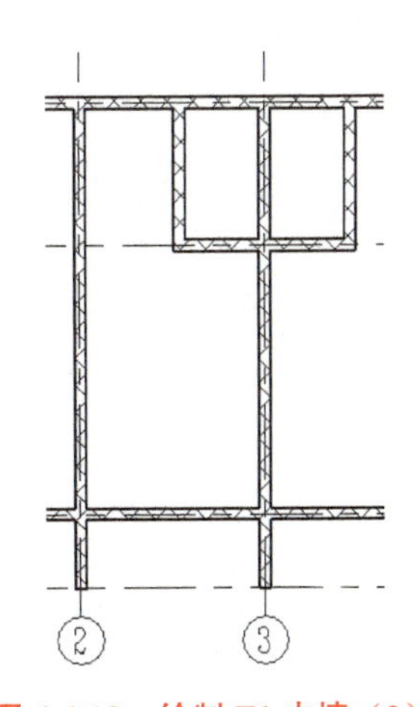

图 4.4.18　绘制 F1 内墙（3）

因为此外墙体在建筑图纸中均相同，接下来用复制命令绘制墙体。按住 Ctrl 键，单击选择图 4.4.19 所示的内墙体，切换至“选择多个”上下文选项卡。单击“修改”面板中的“复制”命令，勾选选项栏中的“约束”和“多个”复选框，捕捉③轴线上任意一点并单击，作为复制基点，向右移动鼠标指针，依次单击⑤、⑦、⑨、⑪、⑬、⑮ 轴线，复制所选择图元。完成后，按 Esc 键退出复制编辑模式。

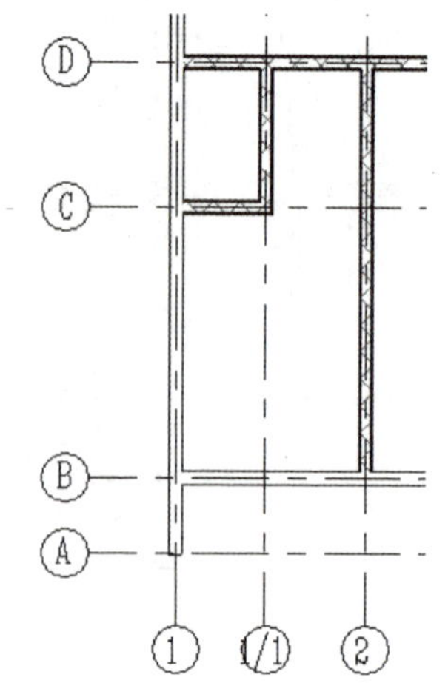

图 4.4.19　绘制 F1 内墙（4）

因为此处墙体在建筑图纸中均方向相反，接下来用镜像命令绘制墙体。按住 Ctrl 键，单击选择图4.4.19所示的内墙墙体，单击“修改”面板中的“镜像”命令，勾选选项栏中的“复制”复选框，在⑨轴线的任意一点上单击，作为镜像基点，复制所选择图元。完成后，按 Esc 键退出复制编辑模式。

如图 4.4.20 所示，确认墙绘制方式为“直线”。设置选项栏中的墙“高度”为标高 F2，设置墙“定位线”为“墙中心线”，确认勾选“链”复选框，设置“偏移量”为 100，绘制⑴⁄⑴轴线上的墙体，如图 4.4.21 所示。

图 4.4.20　修改墙工具

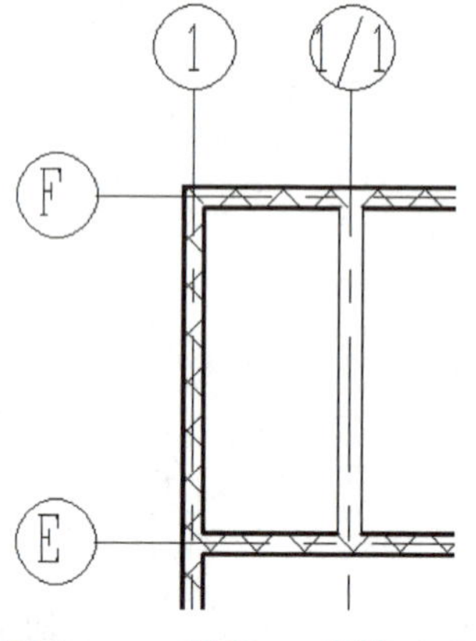

图 4.4.21　绘制 F1 内墙（5）

至此，已完成宿舍楼一层墙体绘制。Revit 有“建筑柱”和“结构柱”两种构件。在“建筑”功能选项卡下的“柱：建筑”命令，创建的就是建筑柱。该命令在早期建筑结构协同设计，对建筑进行柱定位时使用。从建模角度，建筑柱的建模方法与结构柱的相同。本节建模先考虑绘制建筑柱占位，后续章节会详细讲解结构柱的属性定义和绘制，接下来绘制宿舍楼一层建筑柱。如图 4.4.22 所示，单击“建筑”选项卡“构建”面板中的“柱”命令，在列表中单击“柱：建筑”命令，自动切换至“修改 | 放置柱”上下文选项卡。

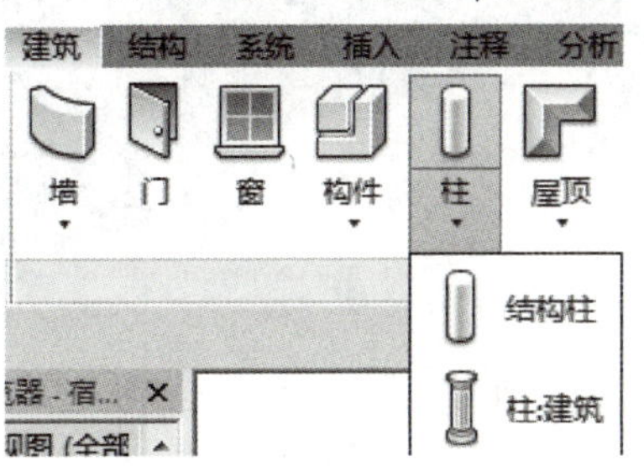

图 4.4.22　建筑柱

设置选项栏中的柱“高度”为 F2，在“属性”面板的类型选择器中选择柱类型为“矩形建筑柱：500×500”，设置底部偏移为 -300 mm，移动鼠标指针至 ①、③、⑤、⑦、⑨、⑪、⑬、⑮、⑰ 轴线和Ⓑ轴线相交处，单击放置建筑柱，按 Esc 键退出放置状态。不必在意柱的具体位置，在下一步操作中，将精确定位柱。

单击“修改”选项卡“编辑”面板中的“对齐”命令，进入对齐编辑状态。勾选选项栏中的“多重对齐”复选框，设置首选对齐位置为“参照墙面”。如图 4.4.23 所示，单击Ⓑ轴线上靠内的墙为内墙面位置，Revit 2015 会自动拾取该墙面，并给出蓝色对齐参考线，该位置将作为对齐目标位置。依次单击已放置柱的上侧边缘，Revit 2015 将移动柱，使所选柱面与墙面对齐。

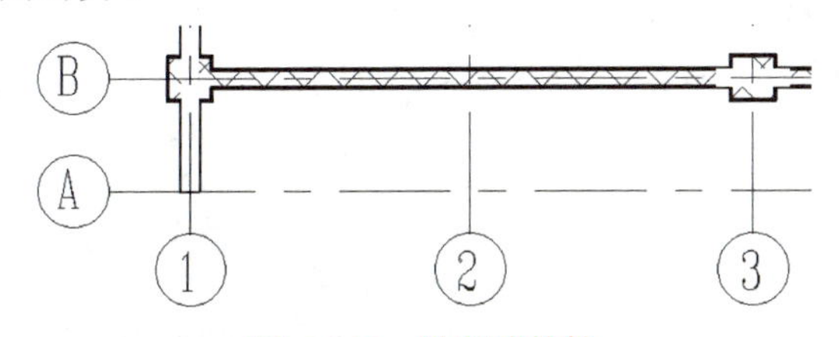

图 4.4.23　绘制建筑柱

重复上步命令，将 ①、⑰ 轴线上的建筑柱与 ①、⑰ 轴线墙体外侧对齐。

将Ⓑ轴线上所有建筑柱选中，单击“修改”面板中的“复制”命令，勾选选项卡中的“约束”和“多个”复选框；捕捉Ⓑ轴线上任意一点并单击，作为复制基点，向上移动鼠标指针，依次单击Ⓒ、Ⓔ、Ⓕ轴线，复制所选择图元。完成后，按 Esc 键退出复制编辑模式。

在 ⑥ 轴线和Ⓔ、Ⓕ轴线相交处以及 ⑫ 轴线和Ⓔ、Ⓕ轴线相交处添加建筑柱。重复“对齐”命令，将Ⓒ、Ⓔ、Ⓕ轴线上的建筑柱按照图纸上的位置对齐。

完成后按 Esc 键退出对齐编辑模式。完成后的图形如图 4.4.24 所示，保存该文件。

至此，已完成宿舍楼一层墙体和建筑柱绘制。接下来可以通过复制宿舍楼一层外墙方法来复制二～五层外墙，并使用与创建一层内墙类似的方式创建二～五层内墙。

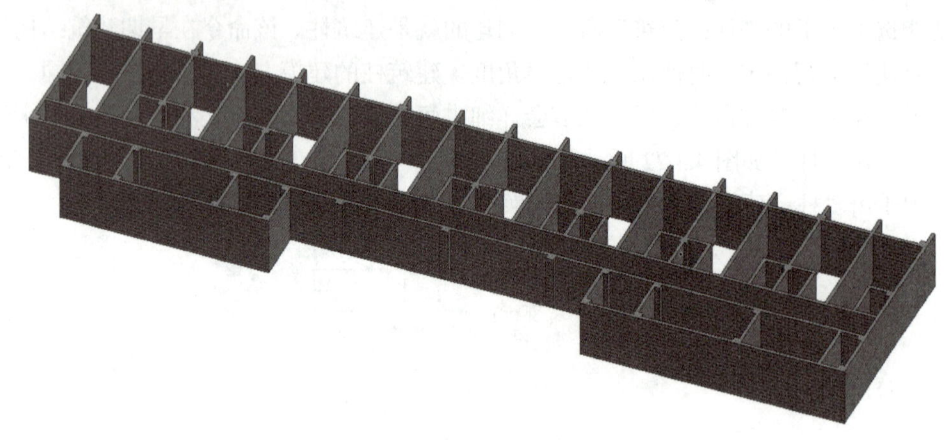

图 4.4.24　一层柱完成图

3. 绘制宿舍楼 F2 ~ F5 层外墙

宿舍楼部分二～五层外墙尺寸与一层外墙完全相同，但墙外侧材质有所区别。因此，可以直接复制一层墙，通过修改墙类型的方式完成二～五层外墙。

切换至 F1 楼层平面视图，适当缩放视图显示 F1 中全部图元。移动鼠标指针至任意外墙位置，指针处墙将高亮显示。单击鼠标右键，在弹出的菜单中单击“选择全部实例”中的“在视图中可见”命令。Revit 2015 将选择当前视图中与该墙体同类型的所有墙图元。自动切换至“修改 | 墙”上下文选项卡。

单击“剪贴板”面板中的“复制到剪切板”命令，将所选择图元复制至剪切板，如图 4.4.25 所示。

单击“剪贴板”面板中的“从剪切板中粘贴”命令，弹出粘贴下拉列表，在列表中单击“与选定标高对齐”命令，如图 4.4.26 所示。

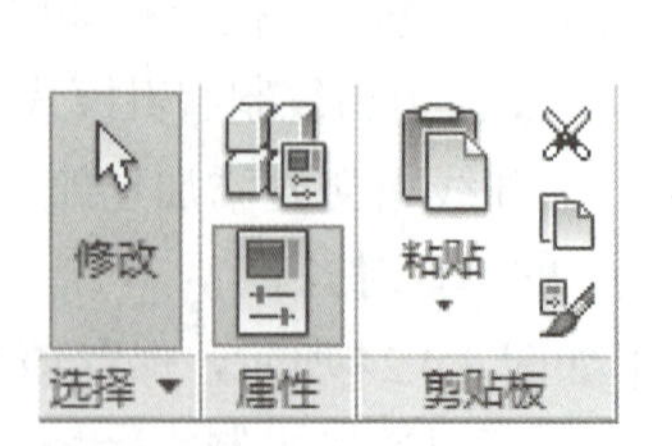

图 4.4.25　剪切板

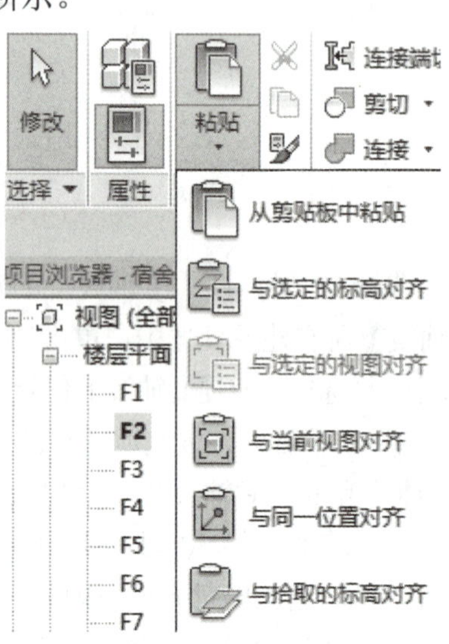

图 4.4.26　粘贴工具

弹出"选择标高"对话框，如图 4.4.27 所示，在标高列表中单击选择"F2"，单击"确定"按钮将所选的 F1 外墙复制到 F2 标高。

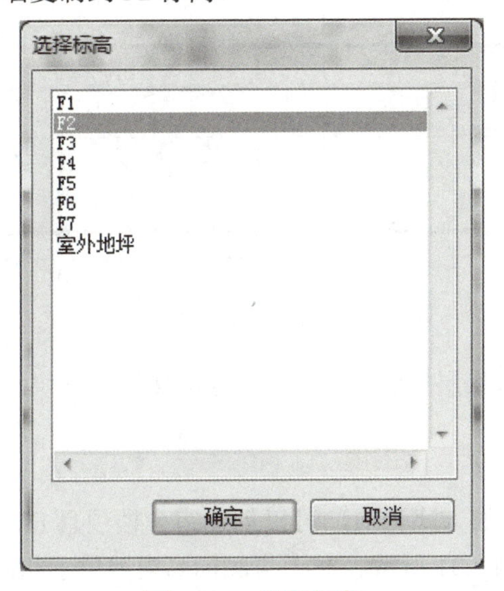

图 4.4.27　选择标高

由于 F1 标高中外墙"底部限制条件"设置为"室外地坪"，低于 F1 标高 300 mm，当复制墙至 F2 标高时，墙底部仍然低于 F2 标高 300 mm，造成与 F1 墙重叠。因此，Revit 2015 给出如图 4.4.28 所示的警告。单击"关闭"按钮关闭该对话框，不用理会该警告信息。

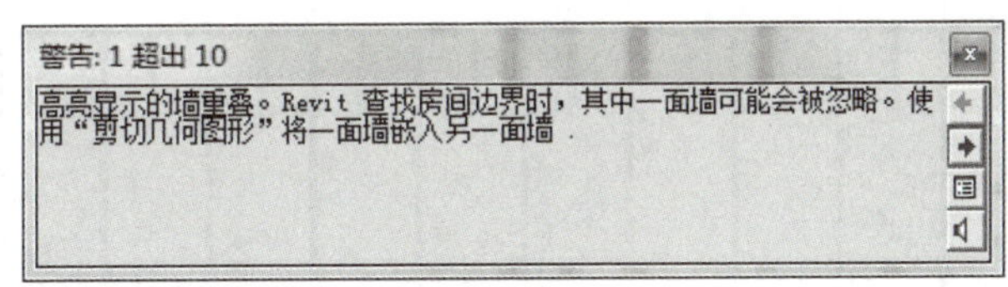

图 4.4.28　警告

在"属性"面板中选择名称为"宿舍楼工程—砌块墙 200 mm"，点击编辑类型，在类型属性对话框中，点击复制命令，名称改为"宿舍楼工程—F2-F5—外墙"。设置完成后单击"确定"按钮退出"类型属性"对话框。

切换至 F2 楼层平面视图，确保 F2 的外墙都是被选中状态，如图 4.4.29 所示，在"属性"面板中修改实例参数的"底部偏移"值为 0，修改"顶部约束"为"直到标高：F3"，设置完成后单击"应用"按钮应用该设置。

接下来，按照建筑图纸图形对 F2 层的墙体进行如图 4.4.30 所示修改。

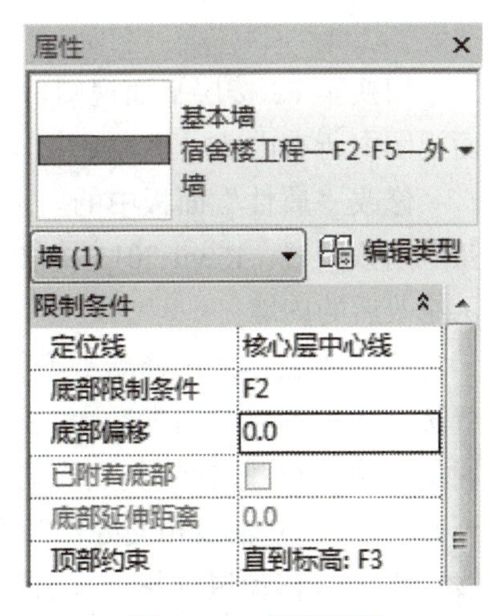

图 4.4.29　编辑属性

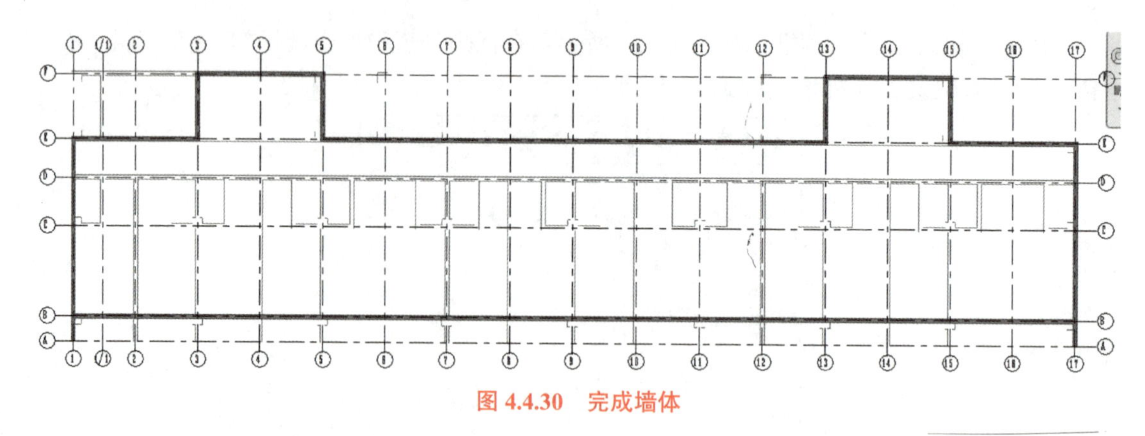

图 4.4.30　完成墙体

由此，绘制完成其余楼层外墙墙体，并保存该文件。

4. 绘制宿舍楼 F2 ~ F5 层内墙

与创建 F1 标高内墙的方式类似，可以创建宿舍楼项目 F2 ～ F5 的内墙。二层平面图内的位置和尺寸如图 4.4.31 所示。对于与底标高内墙位置相同的内墙，Ⓐ～Ⓔ轴线和①～⑰轴线之间的内墙，可以采用直接修改底层内墙“属性”面板中“顶部约束”的方式得到本层内墙。

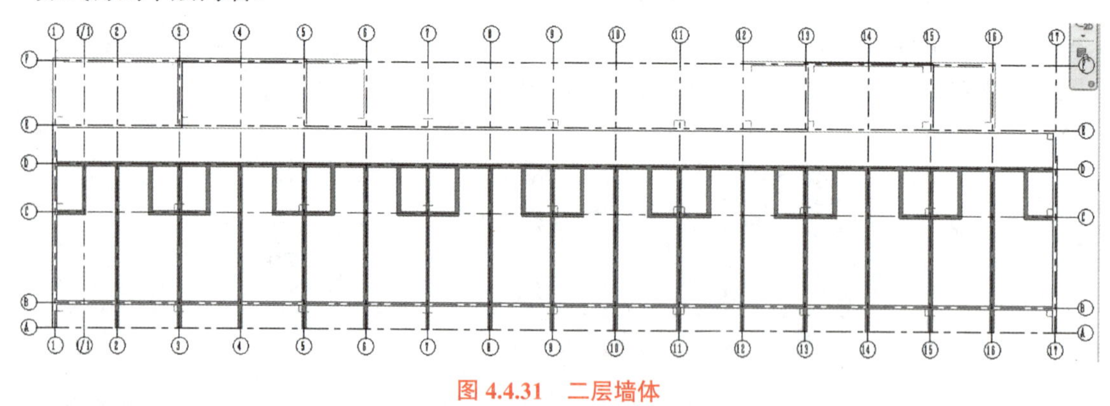

图 4.4.31　二层墙体

切换至 F2 楼层平面视图，视图中将显示已绘制完成的外墙，以灰色浅显 F1 楼层平面视图中所有内墙。

修改“属性”面板中的“顶部约束”为“直到标高：F3”。完成后单击“应用”按钮应用该设置，Revit 2015 将修改所选择内墙高度。Revit 2015 将以正常墙截面的方式显示修改后的内墙。

使用墙工具，选择墙类型为“基本墙：宿舍楼工程—砌块墙 200 mm—内墙”，设置选项栏中的墙“高度”为 F3，墙“定位线”为“核心层中心线”。如图 4.4.32 所示，捕捉Ⓔ轴线与③轴线交点作为内墙起点，沿Ⓔ轴线水平向右移动鼠标指针，直到捕捉至Ⓔ轴线与⑤轴线相交处作为终点；捕捉Ⓔ轴线与⑬轴线交点作为内墙起点，沿Ⓔ轴线水平向右移动鼠标指针，直到捕捉至Ⓔ轴线与⑮轴线相交处作为终点，绘制水平方向内墙。

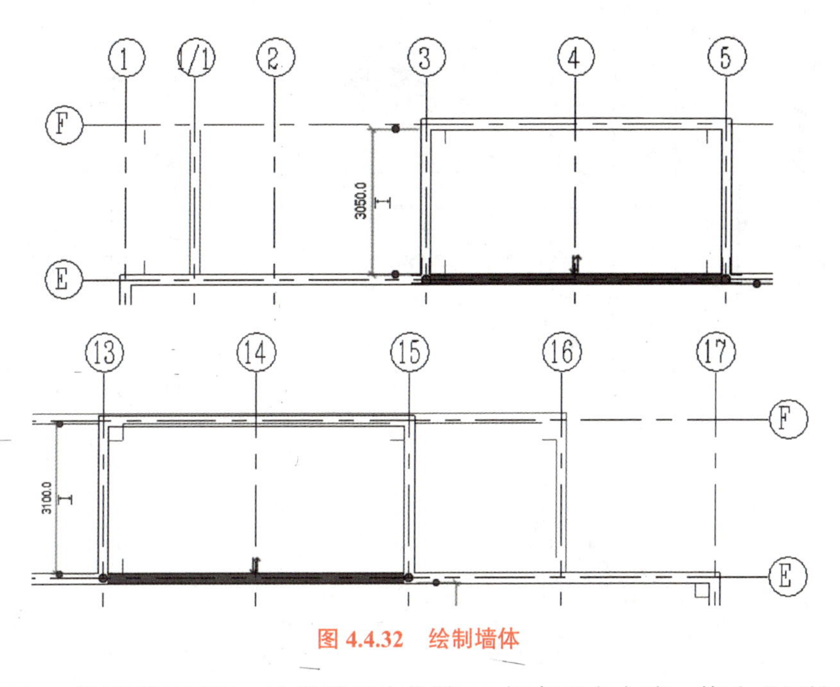

图 4.4.32　绘制墙体

切换至 F3 楼层平面视图。选择楼层宿舍楼 F2 标高所有内墙，修改“属性”面板中的“顶部约束”为“直到标高：F4”，设置完成后单击“确定”按钮退出“实例属性”对话框。修改所有 F2 标高内墙高度至 F4。

切换至 F4 楼层平面视图。选择楼层宿舍楼 F3 标高所有内墙，修改“属性”面板中的“顶部约束”为“直到标高：F5”，设置完成后单击“确定”按钮退出“实例属性”对话框。修改所有 F4 标高内墙高度至 F5。

切换至 F1 楼层平面视图，适当缩放视图，显示 F1 中全部图元。移动鼠标指针至任意建筑柱位置，指针处的柱将高亮显示。单击鼠标右键，在弹出的菜单中单击“选择全部实例”中的“在视图中可见”命令。Revit 2015 将选择当前视图中与该柱同类型的所有柱图元。自动切换至“修改 | 柱”上下文选项卡。

单击“剪贴板”面板中的“复制到剪贴板”命令，将所选择图元复制至剪贴板。

单击“剪贴板”面板中的“从剪切板中粘贴”命令，弹出粘贴下拉列表，在列表中单击“与选定标高对齐”命令。

弹出“选择标高”对话框，在标高列表中单击“F2”，单击“确定”按钮将所选的 F1 建筑柱复制到 F2 标高。

切换至 F2 楼层平面视图，确保 F2 的建筑柱都是被选中状态，在“属性”面板中修改实例参数的“底部偏移”值为 0，修改“顶部约束”为“直到标高：F3”，设置完成后单击“应用”按钮应用该设置。

接下来，按照建筑图纸图形对 F2 层的建筑柱进行如图 4.4.33 所示修改。

用类似的方式绘制完成 F3、F4、F5 楼层建筑柱，并保存该文件。

至此，已经完成宿舍楼的全部“基本墙”模型。切换至三维视图，完成宿舍楼项目所有墙体和柱。保存该文件。

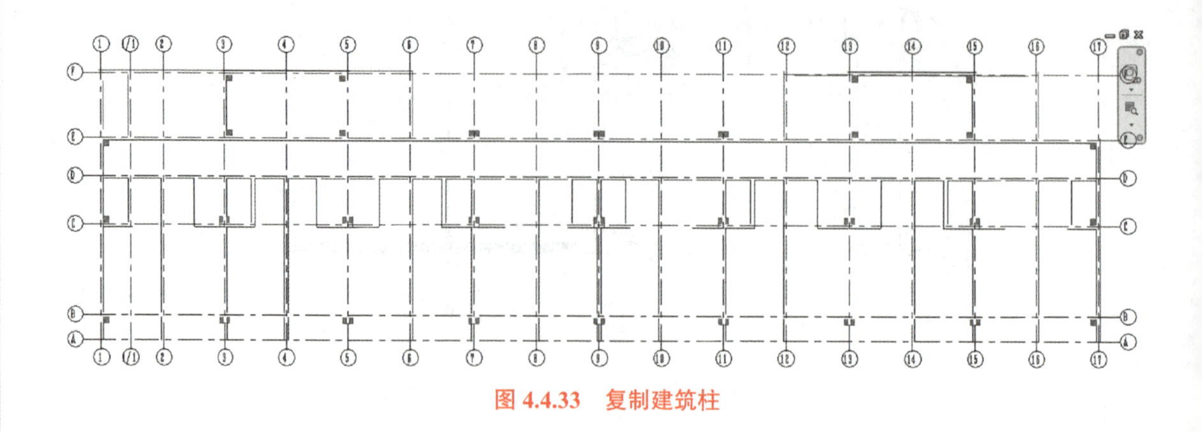

图 4.4.33　复制建筑柱

4.5 门窗

门、窗是建筑设计中最常用的构件。Revit 2015 提供了门、窗工具，用于在项目中添加门、窗图元。门、窗必须放置于墙、屋顶等主体图元上，这种依赖于主体图元而存在的构件称为“基于主体的构件”。

本节将使用门、窗构件为宿舍楼项目模型添加门、窗。在开始本节的练习之前，请确保已经完成上一节中宿舍楼项目的所有墙模型。

4.5.1 载入门、窗族

打开上一节所绘制的项目文件，切换至 F1 楼层平面视图。首先需要载入门、窗族文件。

视频 4.5.1
载入门、窗族

单击“常用”选项卡“模型”面板中的“门”命令，Revit 2015 进入“修改 | 放置门”上下文选项卡。注意，“属性”面板的类型选择器中，仅有默认“平开门”族。要放置门连窗图元，必须载入合适的门连窗族。

如图 4.5.1 所示，确认“在放置时进行标记”按钮处于激活状态。单击“模式”面板中的“载入族”命令，弹出“载入族”对话框。

在“载入族”对话框中，载入“双扇推拉门 7—带亮窗”文件。如图 4.5.2 所示，类型选择器中将自动设置当前门类型为 TLM1，修改“尺寸标注”参数分组中的宽度值为 1 800，高度值为 2 700，其他参数保持不变。注意“底高度”值为 0。

图 4.5.1　标记

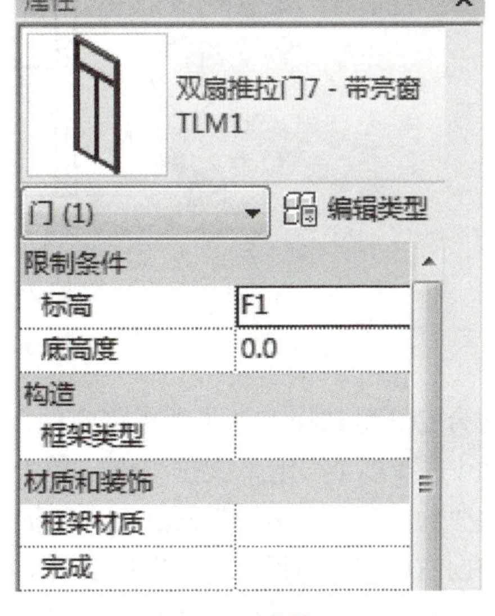

图 4.5.2　属性

继续使用门工具，在“载入族”对话框中，载入“门洞 .rfa”族文件，打开“类型属性”对话框，重命名类型名称为“MD”，修改类型参数中的高度为 2 100，宽度为 1 200，其他参数不变。设置完成后，单击“确定”按钮，退出“类型属性”对话框。

继续使用门工具，在“载入族”对话框中，载入“FHMLC1.rfa”族文件，打开 “类型属性”对话框。修改“宽度”参数为 2 600，高度参数为 2 700。单击“确定”按钮退出“类型属性”对话框。

4.5.2　放置门

1. 添加一层门

切换至 F1 楼层平面视图。使用门工具，选择门类型为“TLM1”。适当缩放视图至 ① ～ ② 轴线和Ⓑ轴线交接处外墙位置，将在 ① ～ ② 轴线之间添加 TLM1 的门图元。

视频 4.5.2
放置门

在视图中移动鼠标指针，当指针处于视图中的空白位置时，鼠标指针显示为禁止时，表示不允许在该位置放置门图元。移动鼠标指针至Ⓑ轴线与 ② ～ ③ 轴线间外墙，将沿墙方向显示门预览，并在门两侧与 ② ～ ③ 轴线间显示临时尺寸标注，指示门边与轴线的距离。如图 4.5.3 所示，鼠标指针移动至靠墙外侧墙面时，显示门预览方向为外侧，为外墙显示标记，当临时尺寸标注线距 ② ～ ③ 轴线均为 700 mm 时，单击放置门图元，Revit 2015 会自动放置该门的标记“TLM1”。放置门时，会自动在所选墙上剪切洞口。放置完成后按 Esc 键两次退出门工具。

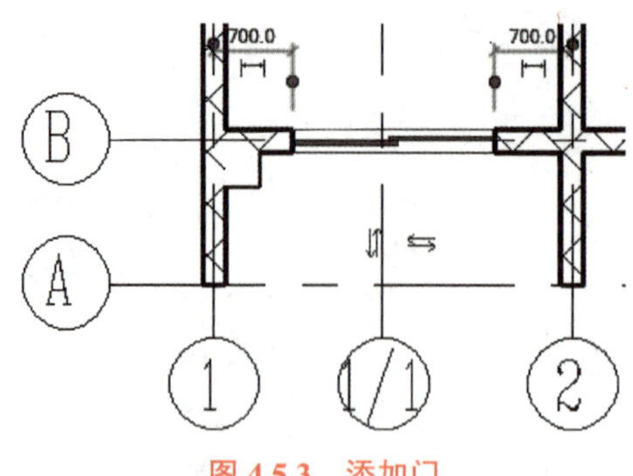

图 4.5.3　添加门

配合 Ctrl 键选择上一步骤中创建的 TLM1 门图元及门标记，Revit 2015 自动切换至“修改 | 选择多个”上下文选项卡。单击“修改”面板中的“复制”命令，确认勾选选项栏中“约束”和“多个”复选框。捕捉 ① 轴线上任意一点并单击作为复制基点，沿水平方向向右移动鼠标指针，依次单击②、③、④、⑤、⑥、⑦、⑧、⑨、⑩、⑪、⑫、⑬、⑭、⑮、⑯轴线，捕捉交点，向其他开间复制生成门和门标记图元。

使用门工具，选择门类型为“双扇门：M0720”，打开门“类型属性”对话框，复制出名称为“M2”的新类型。如图 4.5.4 所示，修改“尺寸标注”参数分组中的宽度值为 700，高度值为 2 100，其他参数保持不变。设置完成后，单击“确定”按钮退出“类型属性”对话框。

确认激活“修改 | 放置门”上下文选项卡“标记”面板中的“在放置时进行标记”按钮。如图 4.5.5 所示，在Ⓒ～Ⓓ轴线和⑴⁄⑴轴线之间，当鼠标指针靠近墙中心线左侧时，预览显示门将向左开启；当显示放置门预览时，单击放置门 M2。完成后按 Esc 键两次，退出放置门状态。

参数	值
尺寸标注	
厚度	51.0
高度	2100.0
贴面投影外部	25.0
贴面投影内部	25.0
贴面宽度	76.0
宽度	700
粗略宽度	
粗略高度	

图 4.5.4　编辑类型

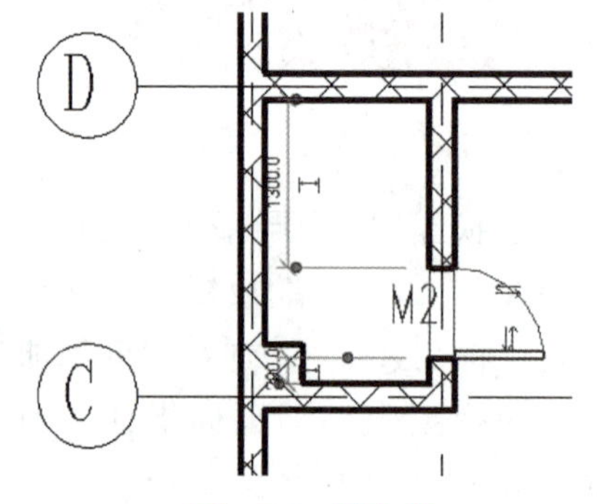

图 4.5.5　添加门

使用门工具，选择门类型为“单扇门：M0720”，打开门“类型属性”对话框，复制出名称为“M1”的新类型。修改“宽度”参数值为 900，“高度”参数值为 2 100，单击“确定”按钮退出“类型属性”对话框。

确认激活“修改 | 放置门”上下文选项卡“标记”面板中的“在放置时进行标记”按钮。如图 4.5.6 所示，在Ⓓ轴线和⑴⁄⑴～② 轴线之间，当显示放置门预览时，单击鼠标左键放置门 M1。完成后按 Esc 键两次，退出放置门状态。

配合 Ctrl 键选择上一步骤中创建的 M1、M2 门图元及门标记，Revit 2015 自动切换至“修改 | 选择多个”上下文选项卡。单击“修改”面板中的“镜像”命令，确认勾选选项栏中“约束”复选框。捕捉 ② 轴线上任意一点并单击作为镜像基点，向 ② ～ ③ 轴线镜像门和门标记图元。将 ① ～ ③ 和Ⓒ～Ⓓ轴线之间的 M1 和 M2 门图元和门标记都选中，Revit 2015 自动切换至“修改 | 选择多个”上下文选项卡。单击“修改”面板中的“复制”命令，确认勾选选项栏中的“约束”和“多个”复选框。捕捉 ① 轴线上任意一点并单击作为复制基点，沿水平方向向右移动鼠标指针，依次单击 ③、⑤、⑦、⑨、⑪、⑬、⑮ 轴线，捕捉交点，向其他开间复制生成门和门标记图元，如图 4.5.7 所示。

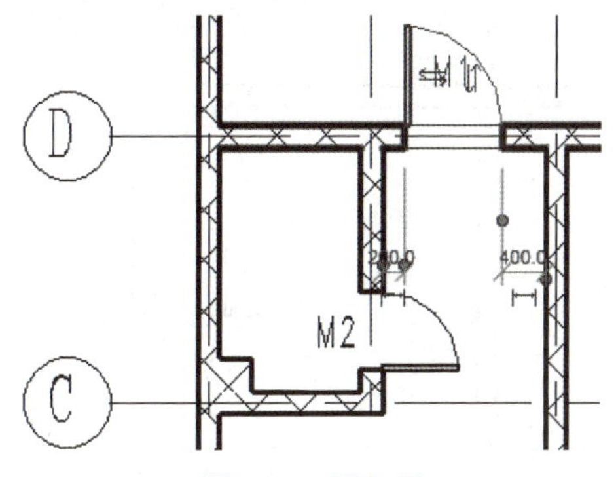

图 4.5.6　添加门

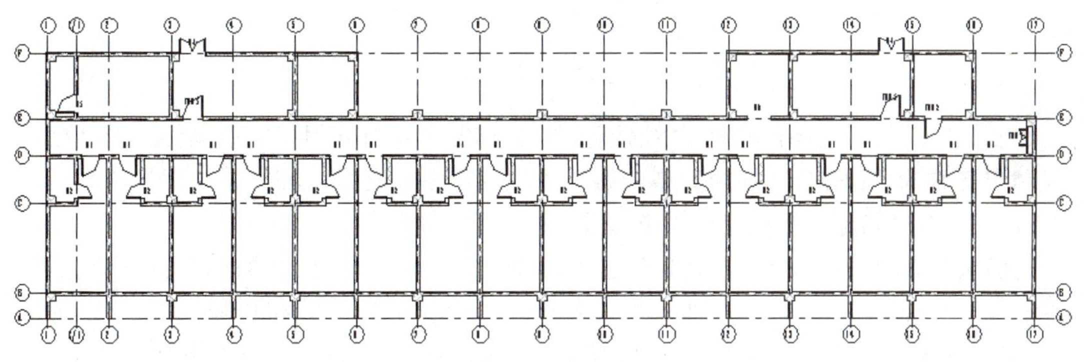
图 4.5.7　完成后的门

使用门工具，选择门类型为“单扇门：M0720”，打开门“类型属性”对话框，复制出名称为“M3”的新类型。修改“宽度”参数值为 900，“高度”参数值为 2 100，单击“确定”按钮退出“类型属性”对话框。

确认激活“修改 | 放置门”上下文选项卡“标记”面板中的“在放置时进行标记”按钮。如图 4.5.8 所示，在①/₁轴线和Ⓔ～Ⓕ轴线之间，当显示放置门预览时，单击放置门 M3。完成后按 Esc 键两次，退出放置门状态。

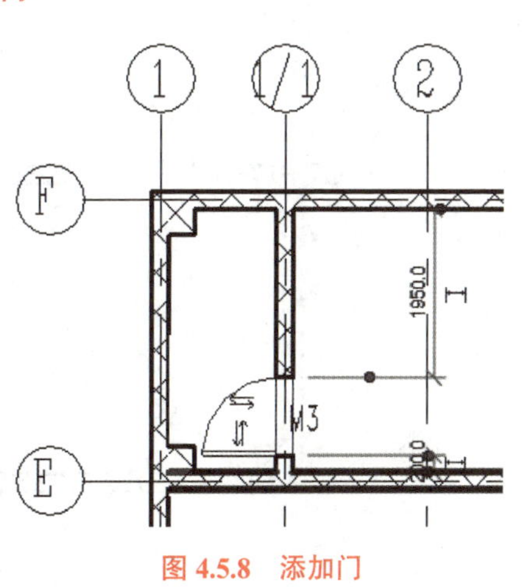

图 4.5.8　添加门

第一章 第二章 第三章 第四章 第五章 第六章 第七章

使用门工具，选择门类型为“单扇门：M0720”。打开门“类型属性”对话框，复制出名称为“FHM2”的新类型。修改“宽度”参数值为 900，“高度”参数值为 2 100，单击“确定”按钮退出“类型属性”对话框。

确认激活“修改 | 放置门”上下文选项卡“标记”面板中的“在放置时进行标记”按钮。如图 4.5.9 所示，在 ⑮ ～ ⑯ 轴线和Ⓔ轴线之间，当显示放置门预览时，单击放置门 FHM2。完成后按 Esc 键两次，退出放置门状态。

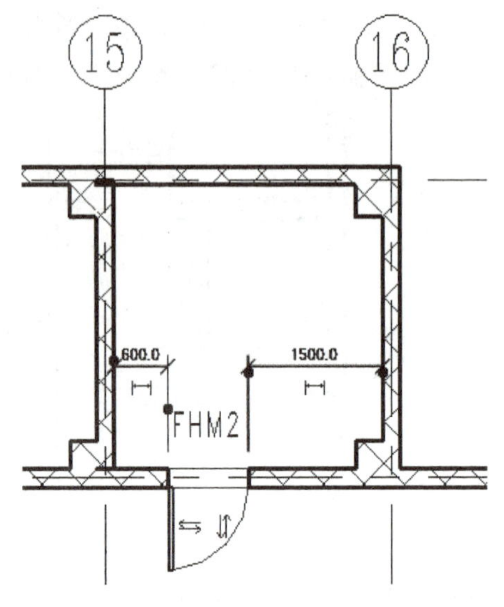

图 4.5.9　添加门

使用门工具，选择门类型为“双扇门：M1521”。打开门“类型属性”对话框，复制出名称为“FHM3”的新类型。修改“宽度”参数值为 1 050，“高度”参数值为 2 100，单击“确定”按钮退出“类型属性”对话框。

确认激活“修改 | 放置门”上下文选项卡“标记”面板中的“在放置时进行标记”按钮。如图 4.5.10 所示，在 ③ ～ ④ 轴线和Ⓔ轴线，以及 ⑭ ～ ⑮ 轴线和Ⓔ轴线之间，当显示放置门预览时，单击鼠标左键放置门 FHM3。完成后按 Esc 键两次，退出放置门状态。

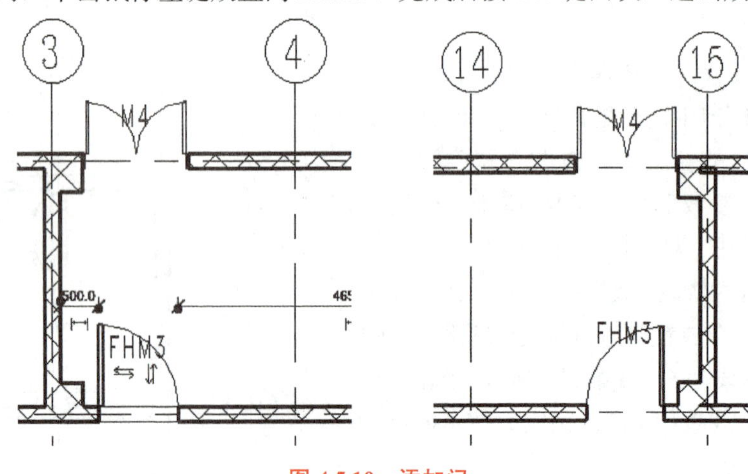

图 4.5.10　添加门

使用门工具，选择门类型为“双扇门：M1521”。打开门“类型属性”对话框，复制出名称为“M4”的新类型。修改“宽度”参数值为 1 400，“高度”参数值为 2 700，单击“确定”按钮退出“类型属性”对话框。

确认激活“修改 | 放置门”上下文选项卡“标记”面板中的“在放置时进行标记”按钮。如图 4.5.11 所示，在 ③ ～ ④ 轴线和Ⓕ轴线，以及 ⑭ ～ ⑮ 轴线和Ⓕ轴线之间，当显示放置门预览时，单击放置门 M4。完成后按 Esc 键两次，退出放置门状态。

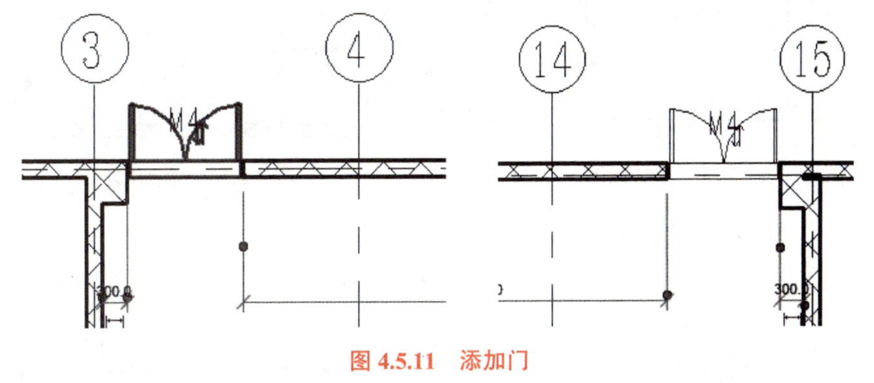

图 4.5.11 添加门

使用门工具，选择门类型为“单扇门：M0721”。打开门“类型属性”对话框，复制出名称为“FHM1”的新类型。修改“宽度”参数值为 900，“高度”参数值为 1 800，单击“确定”按钮退出“类型属性”对话框。

确认激活“修改 | 放置门”上下文选项卡“标记”面板中的“在放置时进行标记”按钮。如图 4.5.12 所示，在 ⑯ ～ ⑰ 轴线和Ⓓ～Ⓔ轴线之间，当显示放置门预览时，单击放置门 FHM1，然后在“属性”对话框中将门的“底高度”值调整为 300，如图 4.5.13 所示。完成后按 Esc 键两次，退出放置门状态。

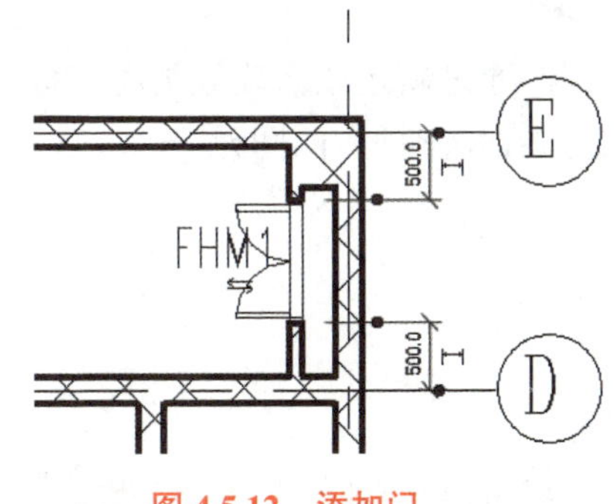

图 4.5.12 添加门

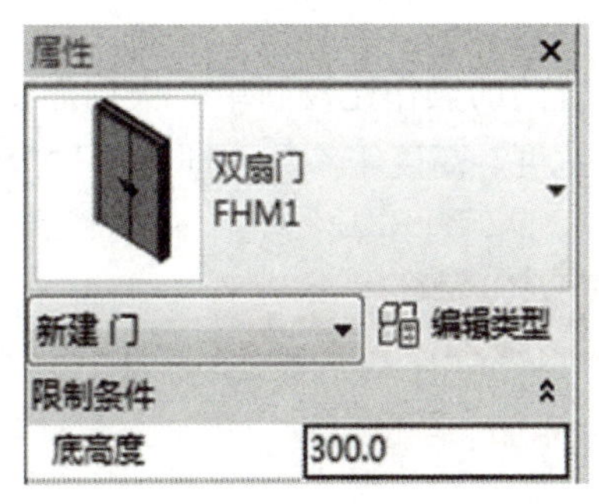

图 4.5.13 编辑属性

使用门工具，选择门类型为“MD”。确认激活“修改 | 放置门”上下文选项卡“标记”面板中的“在放置时进行标记”按钮。如图 4.5.14 所示，适当缩放视图至 ⑤ ～ ⑥ 轴线和Ⓔ轴线相交处，单击Ⓔ轴线内墙，放置洞口 MD，调整临时尺寸标注值，使洞口位置居中于开间墙之间。至此，完成宿舍楼 F1 标高门，保存该文件。

使用门工具，选择门类型为“FHMLC”。确认激活“修改 | 放置门”上下文选项卡“标记”面板中的“在放置时进行标记”按钮。如图 4.5.15 所示，在Ⓔ～Ⓕ轴线和 ③ 轴线相

交的墙线中间添加 FHM3。

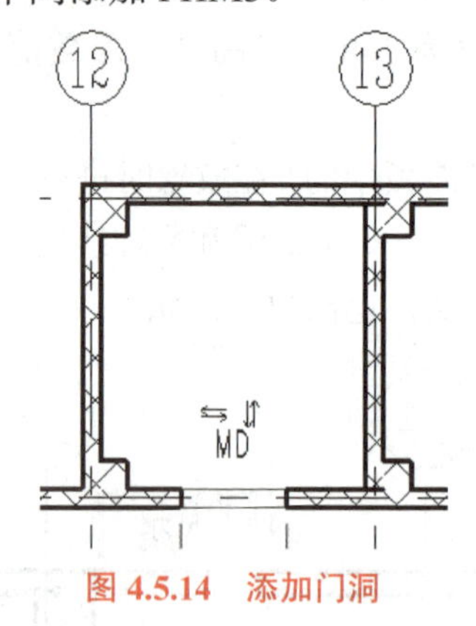

图 4.5.14 添加门洞

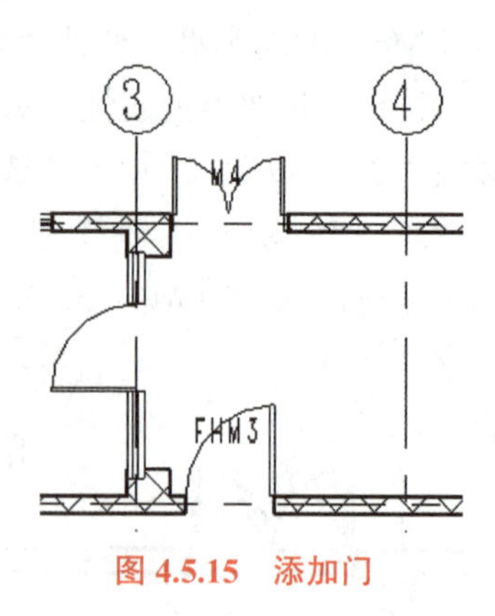

图 4.5.15 添加门

至此，完成一层门的布置，保存该文件。

2. 布置其他层门

布置完 F1 标高门后，可以按类似的方式布置其他层门。对于与一层完全相同的门，可以选择一层门图元，复制到剪贴板并配合使用“粘贴 / 与选定的标高对齐”的方式对齐粘贴至其他标高相同位置。

自动切换至“修改 | 门”上下文选项卡，使用“复制到剪贴板”和“粘贴 / 与选定的标高对齐”工具，对齐粘贴所选择门至标高 F2、F3、F4、F5。

使用相同的方式，对齐粘贴 F1 楼层平面视图中Ⓔ轴线上侧门至标高 F2。

切换至 F2 楼层平面视图，选择上一步中创建的所有门及门标记，使用“复制到剪贴板”与“粘贴 / 与选定的视图对齐”方式将它们对齐粘贴至 F3、F4、F5 楼层平面视图。

放置门的操作比较简单，根据需要载入族文件，通过新建或修改族类型名称，设置正确的宽度、高度等参数，即可通过拾取墙体的方式在墙上插入门图元。

4.5.3 放置窗

1. 添加一层窗

插入窗的方法与上述插入门的方法完全相同。与门稍有不同的是，在插入窗时，需要考虑窗台高度。

视频 4.5.3 放置窗

确认当前视图为F1楼层平面视图。单击“常用”选项卡“构建”面板中的“窗”命令，自动切换至“修改 | 放置窗”上下文选项卡。

在“属性”面板的类型选择器中，选择窗类型为“双开推拉窗：双开推拉窗”；打开“类型属性”对话框，重命名类型名称为“C4”。注意类型参数中的“宽度”为“900”，“高度”为“900”；设置最底部的“窗默认高度”值为 1 800，设置“窗框材质”为“金属—铝”。设置完成后，单击“确定”按钮退出“类型属性”对话框。

确认激活“标记”面板中的“在放置时进行标记”选项，不勾选选项栏中的“引线”复选框，其他参数采用默认值。适当放大视图至Ⓕ轴墙体与①～⑪轴线间位置，确认“属性”面板中的“底高度”值为 1 800。如图 4.5.16 所示，在墙上任意间距单击放置窗 C4，再调整临时尺寸，注意窗内外反转符号位于墙“外侧”。按 Esc 键两次退出放置窗模式。

使用窗工具，在类型列表中，选择窗类型为“双开推拉窗：双开推拉窗”；打开“类型属性”对话框，重命名类型名称为“C3”。注意该类型参数中的“宽度”为“1200”，“高度”为“1700”；设置最底部的“窗默认高度”值为 1 000，设置“窗框材质”为“金属—铝”。设置完成后，单击“确定”按钮退出“类型属性”对话框。

确认激活“标记”面板中的“在放置时进行标记”按钮，不勾选选项栏中的“引线”复选框，其他参数采用默认值。适当放大视图至Ⓕ轴墙体与②～③轴线间位置、Ⓕ轴墙体与⑮～⑯轴线间位置，以及Ⓓ～Ⓔ轴与①轴线间位置，确认“属性”面板中的“底高度”值为 1 000。如图 4.5.17 所示，在墙上任意间距单击放置窗 C3，再调整临时尺寸，注意窗内外反转符号位于墙“外侧”。按 Esc 键两次退出放置窗模式。

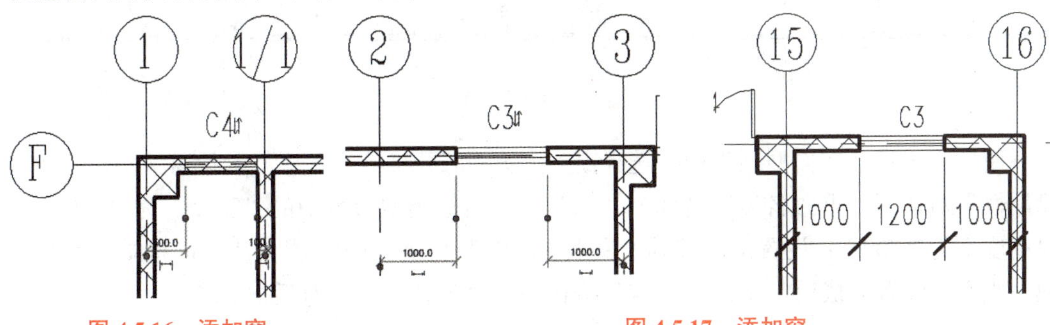

图 4.5.16　添加窗

图 4.5.17　添加窗

使用窗工具，在类型列表中，选择窗类型为“双开推拉窗：双开推拉窗”；打开“类型属性”对话框，重命名类型名称为“C2”。注意该类型参数中的“宽度”为“1500”，“高度”为“1700”；设置最底部的“窗默认高度”值为 1 000，设置“窗框材质”为“金属—铝”。设置完成后，单击“确定”按钮退出“类型属性”对话框。

确认激活“标记”面板中的“在放置时进行标记”按钮，不勾选选项栏中的“引线”复选框，其他参数采用默认值。适当放大视图至Ⓔ～Ⓕ轴墙体与⑥轴线间位置，确认“属性”面板中的“底高度”值为 1 000。如图 4.5.18 所示，在墙上任意间距单击放置窗 C2，再调整临时尺寸，注意窗内外反转符号位于墙“外侧”。按 Esc 键两次退出放置窗模式。

沿宿舍楼Ⓔ、Ⓕ轴外墙，在所有建筑柱间的墙体位置添加窗 C2，如图 4.5.19 所示。注意确保内外反转符号一侧位于墙“外侧”，并使用对齐工具将洞口边缘对齐至墙面或建筑柱边缘位置。

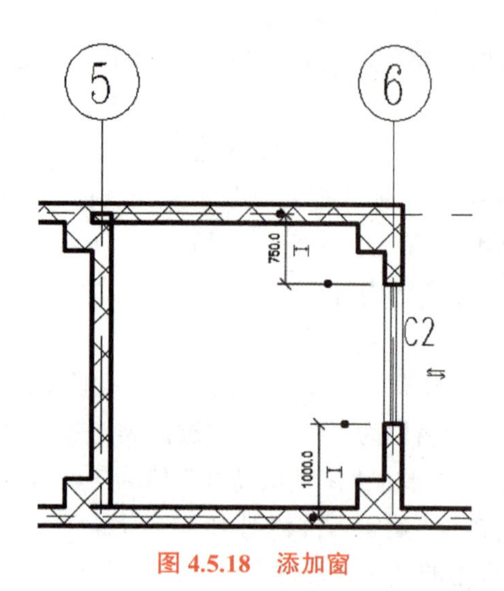

图 4.5.18　添加窗

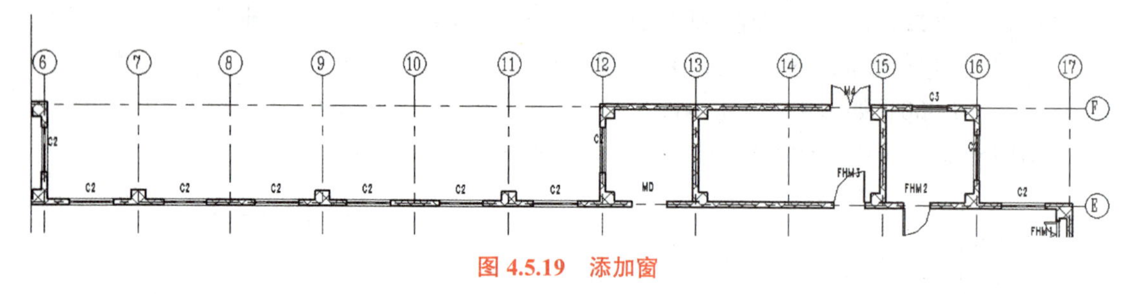

图 4.5.19　添加窗

使用窗工具，在类型列表中，选择窗类型为“双开推拉窗：双开推拉窗”；打开“类型属性”对话框，重命名类型名称为“C1”。注意该类型参数中的“宽度”为“600”，“高度”为“700”；设置最底部的“窗默认高度”值为 1 900，设置“窗框材质”为“金属—铝”。设置完成后，单击“确定”按钮退出“类型属性”对话框。

确认激活“标记”面板中的“在放置时进行标记”按钮，不勾选选项栏中的“引线”复选框，其他参数采用默认值。适当放大视图至Ⓓ轴墙体与 ① ～⑪轴线间位置，确认“属性”面板中的“底高度”值为 1 900。如图 4.5.20 所示，在墙上居中位置单击放置窗 C1，注意窗内外反转符号位于墙“外侧”。按 Esc 键两次退出放置窗模式。

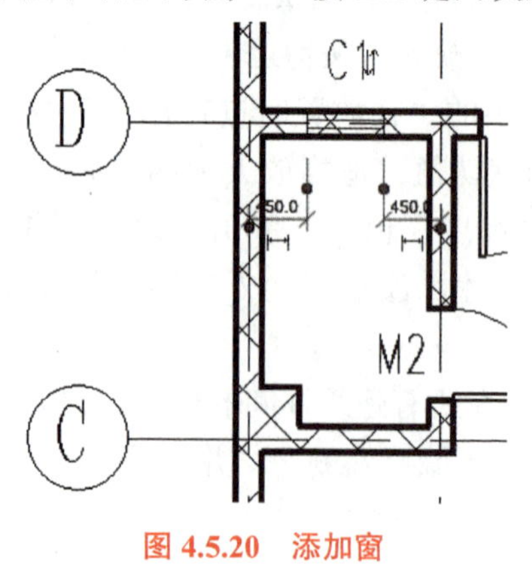

图 4.5.20　添加窗

配合 Ctrl 键选择上一步骤中创建的 C1 窗图元及窗标记，Revit 2015 自动切换至“修改 | 选择多个”上下文选项卡。单击“修改”面板中的“复制”命令，确认勾选选项栏中“约束”和“多个”复选框。捕捉 ① 轴线上任意一点并单击作为复制基点，沿水平方向向右移动鼠标指针，依次单击⑴⁄₂、③、⑴⁄₄、⑤、⑴⁄₆、⑦、⑴⁄₈、⑨、⑴⁄₁₀、⑪、⑴⁄₁₂、⑬、⑴⁄₁₄、⑮、⑴⁄₁₆轴线，捕捉交点，向其他开间复制生成门和门标记图元，如图 4.5.21 所示。

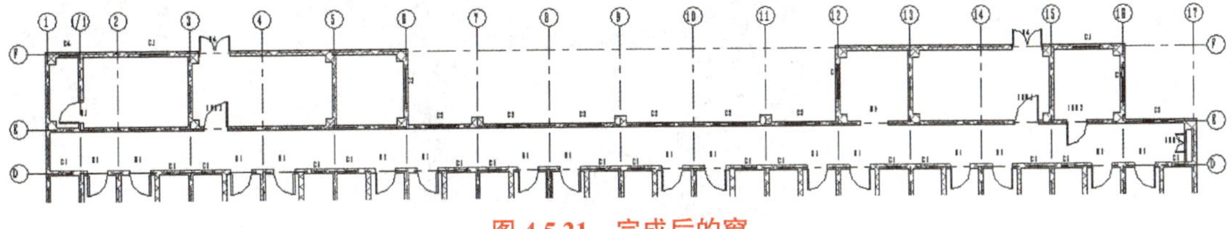

图 4.5.21　完成后的窗

至此，完成一层窗的布置，保存该文件。

2. 布置其他层窗

布置完 F1 标高窗后，可以按类似的方式布置其他层窗。对于与一层完全相同的窗，可以选择一层窗图元，复制到剪贴板并配合使用“粘贴 / 与选定的标高对齐”的方式对齐粘贴至其他标高相同位置。

切换至 F1 楼层平面视图，缩放视图至任意 C1 窗位置。单击选择 C1 窗图元，注意不要选择窗标记“C1”。右击，在弹出的菜单中单击“选择全部实例 / 在视图中可见”命令，选择当前视图中所有 C1 类型的窗图元。

单击“剪贴板”面板中的“复制到剪贴板”命令，将所选窗图元复制到剪贴板。单击“粘贴”命令下拉列表，在粘贴列表中选择“与选定的标高对齐”选项，弹出“选择标高”对话框。如图 4.5.22 所示，按住 Ctrl 键，在列表中选择 F2、F3、F4、F5 标高，单击“确定”按钮，将 F1 标高所有类型为 C1 的窗粘贴至 F2、F3、F4、F5 标高对应位置。

切换至 F2 楼层平面视图。注意复制的窗未生成窗标记。选择任意 C1 窗，注意，“属性”面板中，窗图元所在标高已自动修改为 F2，“底高度”为 1 900，与 F1 标高中的设置相同。

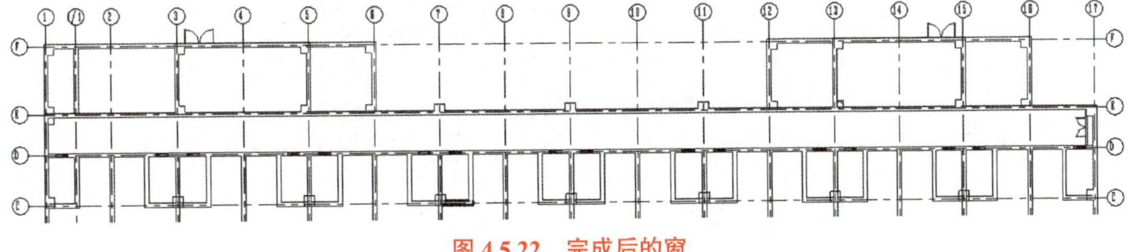

图 4.5.22　完成后的窗

切换至 F1 楼层平面视图，选择Ⓔ轴线外墙上的窗 C2 和窗标记 C2，自动切换至“修改 | 选择多个”上下文选项卡。单击“剪贴板”面板中的“复制到剪贴板”命令，将所选窗和窗标记图元均复制到剪贴板。单击“粘贴”命令下拉列表，注意粘贴列表中的“与选定标高对齐”命令变为灰色不可选状态。在列表选项中单击“与选定的视图对齐”命

令，弹出“选择视图”对话框，如图 4.5.23 所示，配合 Ctrl 键在列表中选择“楼层平面：F2”“楼层平面：F3”“楼层平面：F4”“楼层平面：F5”视图，将所选择图元对齐粘贴至 F2、F3、F4、F5 视图。

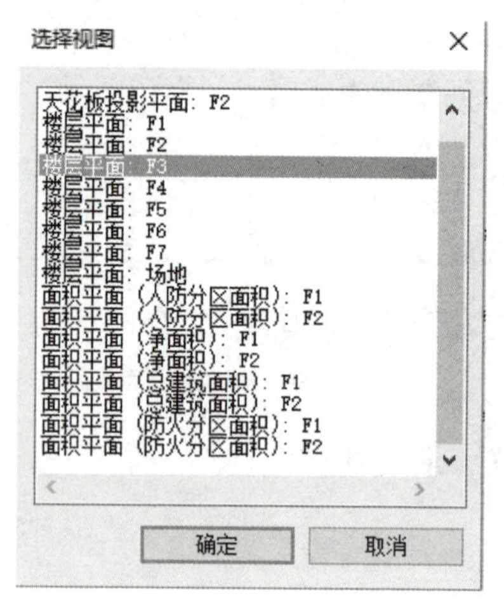

图 4.5.23 “选择视图”对话框

切换至 F2 楼层平面视图。适当缩放 ⑦、⑧ 轴线位置，注意上一步操作中不仅粘贴生成了窗图元 C2，同时，还为该窗生成了窗标记。参照图形所示尺寸和开门方向，在Ⓔ轴线和 ① ～ ② 轴线中间墙上添加“推拉窗：C2”；在Ⓔ～Ⓕ轴线和③轴线相交的中间墙上添加“推拉窗：C2”；在Ⓔ轴线和 ⑤ ～ ⑥ 轴线相交的中间墙上添加“推拉窗：C2”；在Ⓔ～Ⓕ轴线和 ⑮ 轴线中间墙上添加“推拉窗：C2”。

切换至 F1 楼层平面视图，框选Ⓔ轴线往下所有门及门标记，自动切换至“修改 | 选择多个”上下文选项卡，单击“过滤器”面板中的“过滤器”命令，弹出“过滤器”对话框。如图 4.5.24 所示，仅勾选类别中的“门”类别，单击“确定”按钮，仅保留选择集中的门图元类别。

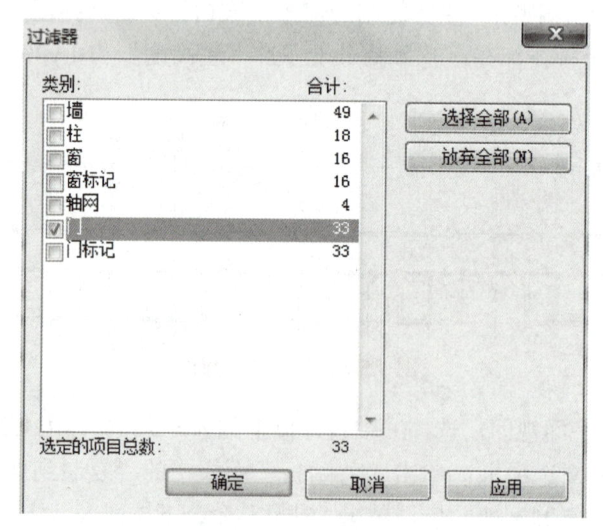

图 4.5.24 “过滤器”对话框

切换至 F3、F4 楼层平面视图，放大视图至宿舍楼Ⓔ～Ⓕ轴线与 ⑤ 轴线相交位置，以及Ⓔ～Ⓕ轴线与 ⑬ 轴线相交位置。

使用窗工具，在类型列表中选择窗类型为“双开推拉窗：双开推拉窗”；打开“类型属性”对话框，重命名类型名称为“C8”。注意该类型参数中的“宽度”为“1500”，“高度”为“1300”；设置最底部的“窗默认高度”值为 0，设置“窗框材质”为“金属—铝”。设置完成后，单击“确定”按钮退出“类型属性”对话框。

确认激活“标记”面板中的“在放置时进行标记”按钮，不勾选选项栏中的“引线”复选框，其他参数采用默认值。确认“属性”面板中的“底高度”值为 0。如图 4.5.25 所示，在墙上居中位置单击放置窗 C8，注意窗内外反转符号位于墙“外侧”。按 Esc 键两次退出放置窗模式。

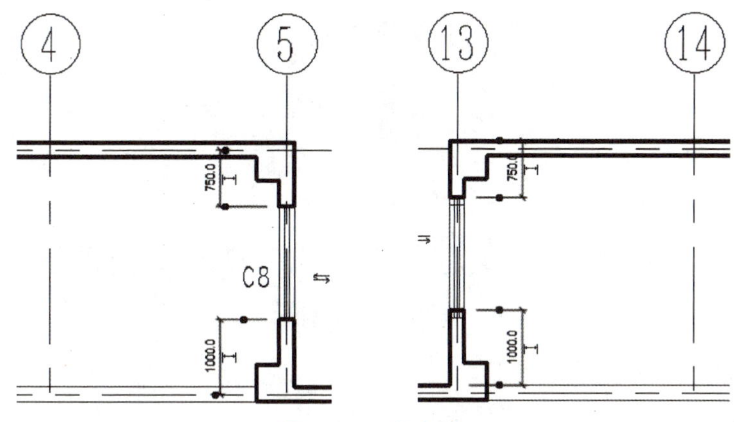

图 4.5.25 添加窗

切换至 F5 楼层平面视图，放大视图至宿舍楼Ⓕ轴线与 ③ ～ ⑤ 轴线相交位置，以及Ⓕ轴线与 ⑬ ～ ⑮ 轴线相交位置。

使用窗工具，在类型列表中，选择窗类型为“双开推拉窗：双开推拉窗”；打开“类型属性”对话框，重命名类型名称为“C9”。注意该类型参数中的“宽度”为“700”，“高度”为“1700”；设置最底部的“窗默认高度”值为 0，设置“窗框材质”为“金属—铝”。设置完成后，单击“确定”按钮退出“类型属性”对话框。

确认激活“标记”面板中的“在放置时进行标记”按钮，不勾选选项栏中的“引线”复选框，其他参数采用默认值。确认“属性”面板中的“底高度”值为 0。如图 4.5.26 所示，在墙上单击放置窗 C9，注意窗内外反转符号位于墙“外侧”。按 Esc 键两次退出放置窗模式。

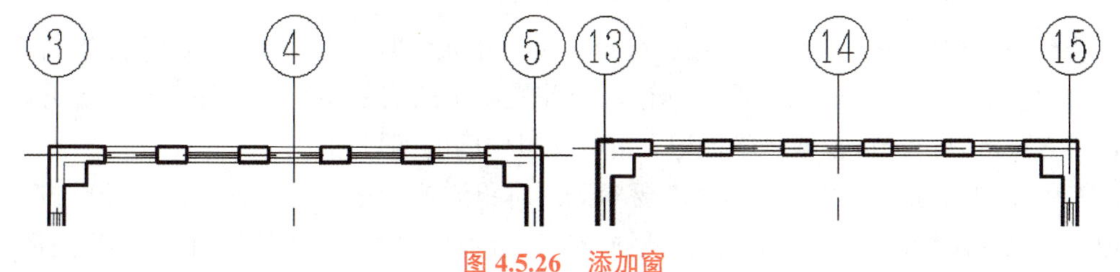

图 4.5.26 添加窗

4.5.4 门窗标记

视频 4.5.4 门窗标记

在添加门窗时，可以自动为门窗生成门窗标记，Revit 2015 还提供了“全部标记”和“按类别标记”工具，可以在任何时候为项目重新添加门窗标记。

接上节练习，切换至 F1 楼层平面视图。

在“注释”选项卡的“标记”面板中单击“全部标记”命令，打开“标记所有未标记的对象”对话框，如图 4.5.27、图 4.5.28 所示，这里列出了所有可以被标记的对象类别及其对应的标记符号族。

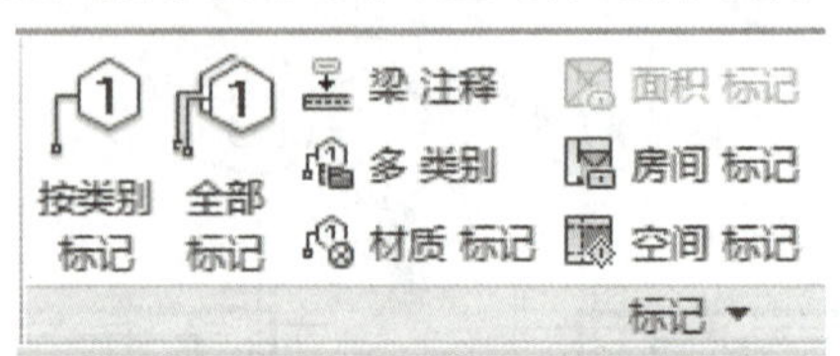

图 4.5.27 标记

标记所有未标记的对象

至少选择一个类别和标记族来标记未标记的对象：

◉ 当前视图中的所有对象(V)
○ 仅当前视图中的所选对象(S)
☐ 包括链接文件中的图元(L)

类别	载入的标记
房间标记	C_房间名称标记
房间标记	C_房间面积标记：房间面积标记
窗标记	C_窗标记
门标记	C_门标记

☐ 引线(D)　引线长度(E)：12.7 mm　标记方向(R)：水平

确定(O)　取消(C)　应用(A)　帮助(H)

图 4.5.28 全部标记

选择对话框中宿舍楼“窗标记”符号，然后单击“应用”按钮，Revit 2015 将自动提取窗对象的类型名称作为窗图元标记，当前视图中所有的窗户被标注上窗户编号，用同样的方法可以选择宿舍楼“门标记”进行项目中门的编号标注。

使用相同的方式，可以为其他需要标记的对象添加标记。对于各视图中相同位置的标记，可以使用“复制到剪切板”和“粘贴 / 与选定的视图对齐”方式对齐粘贴至相关视图，至此，已完成综合楼项目平面施工图所需的注释内容，保存项目。

至此，完成宿舍楼项目门窗布置。切换至三维视图，如图4.5.29所示，保存该文件。

图 4.5.29　完成后的模型

4.6 添加楼板

楼板是建筑设计中常用的建筑构件，用于分隔建筑各层空间。Revit Architecture 提供了四种楼板，分别是建筑楼板、结构楼板、面楼板和楼板边。其中，面楼板是用于将概念体量模型的楼层面转化为楼板模型图元，该方式只能从体量创建楼板模型时使用。结构楼板是为方便在楼板中布置钢筋、进行受力分析等结构专业应用而设计的，提供了钢筋保护层厚度等参数，而结构楼板与建筑楼板的用法没有任何区别。Revit Architecture 还提供了楼板边工具，用于创建基于楼板边缘的放样模型图元。下面将通过实际操作在宿舍楼工程项目中添加各层楼板，学习楼板的使用方法。

4.6.1　添加室内楼板

使用 Revit Architecture 的楼板工具可以创建任意形式的楼板，只需要在楼板平面视图中绘制楼板的轮廓边缘草图，即可生成指定构造的楼板模型。

视频 4.6.1 添加室内楼板

（1）接上一节保存的模型，打开宿舍楼项目文件，切换至 F1 楼层平面视图。单击“常用”选项卡“构建”面板中的“楼板”命令，进入创建楼板边界模式，自动切换至“修改 | 创建楼层边界”上下文选项卡，如图 4.6.1 所示。

图 4.6.1 “修改 | 创建楼层边界”上下文选项卡

（2）在“属性”面板中的类型选择器中选择楼板类型为“常规 -150 mm”，打开“类型属性”对话框，复制出名称为“宿舍楼 -100 mm- 室内楼板”的楼板类型，单击类型参数列表中“结构”参数后的“编辑”按钮，弹出“编辑部件”对话框。设置“结构 [1]”功能层材质为“现场浇筑混凝土”，重命名该材质为“宿舍楼 - 现场浇筑混凝土”，表明楼板的核心层为现场浇筑混凝土材质，如图 4.6.2 所示。设置完成后，单击“确定”按钮两次退出“类型属性”对话框。

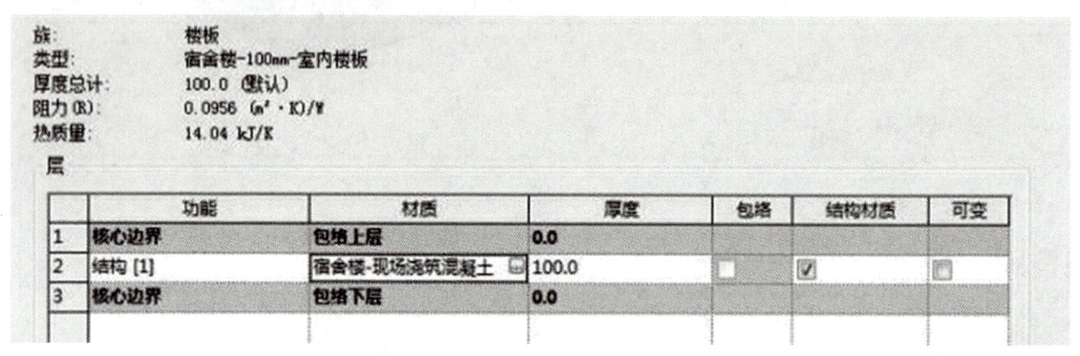

	功能	材质	厚度	包络	结构材质	可变
1	核心边界	包络上层	0.0			
2	结构 [1]	宿舍楼-现场浇筑混凝土	100.0	☐	☑	☐
3	核心边界	包络下层	0.0			

图 4.6.2 “编辑部件”对话框

（3）确认“绘制”面板中的绘制状态为“边界线”，绘制方式为“拾取墙”；设置选项栏中的偏移值为 0，勾选“延伸至墙中（至核心层）”复选框，如图 4.6.3 所示。

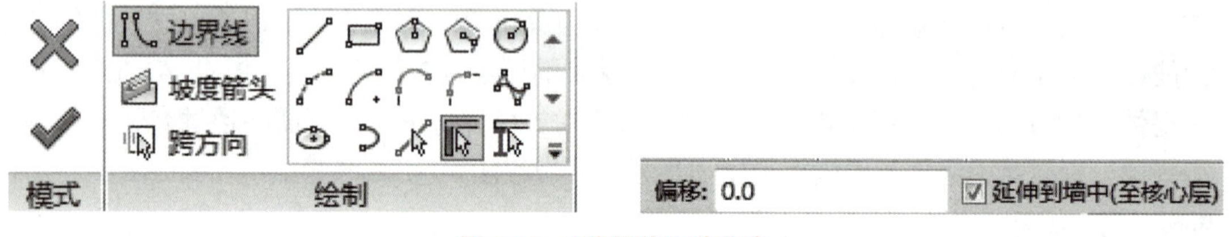

图 4.6.3 “边界线”选项卡

（4）移动鼠标指针至宿舍楼外墙位置，墙将高亮显示。单击沿宿舍楼外墙核心层外表面生成粉红色楼板边界线。由于洗衣房楼板面涉及沉降问题，因此洗衣房楼板需单独绘制。由于阳台外边缘处无墙体，因此需采用直线的方式绘制，选择“绘制”面板中的绘制方式为“直线”，捕捉 ③ 轴处楼板边界线端点，作为起点；向右移动鼠标指针，直至捕捉到 ⑰ 轴楼板边界线端点时，单击完成直线绘制，绘制完成后的楼板边界轮廓如图 4.6.4 所示。需要注意的是，楼板的边界轮廓必须是封闭的，不得出现开放、交叉或重叠的情况。完成后单击“完成编辑模式”按钮完成楼板的创建，生成楼板。

（5）继续绘制在 ⑤ ～ ⑥ 轴和 ⑫ ～ ⑬ 轴之间的洗衣房楼板，确认“属性”面板中

“标高”为 F1，修改“自标高的高度偏移”为“-15”，即楼板面低于 F1 标高 15 mm。如图 4.6.5 所示。

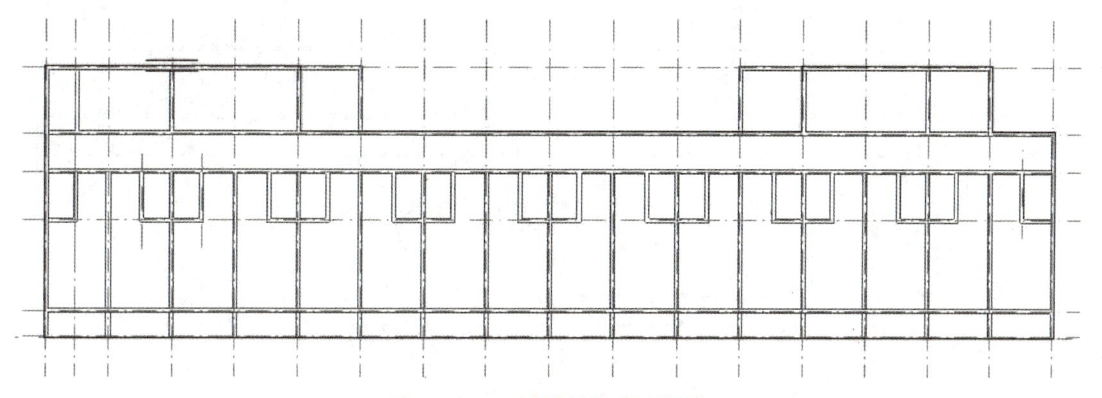

图 4.6.4　F1 层楼板轮廓边界线

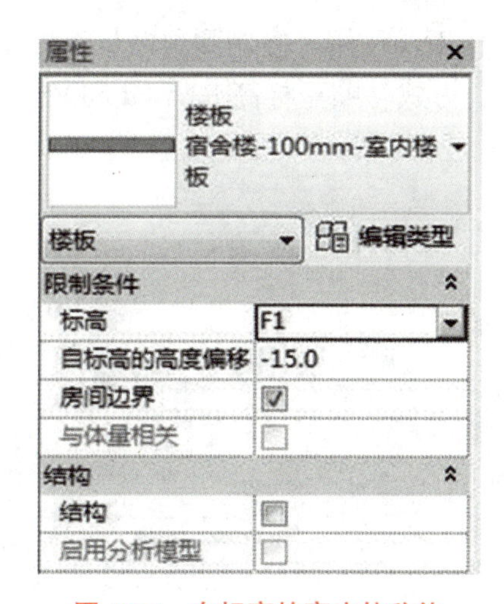

图 4.6.5　自标高的高度偏移值

（6）使用“拾取墙”方式，确认选项栏中偏移值为 0，勾选“延伸到墙中（至核心层）”复选框。单击洗衣房墙，创建楼板边界轮廓，如图 4.6.6 所示，完成后单击“完成编辑模式”按钮完成楼板的创建。

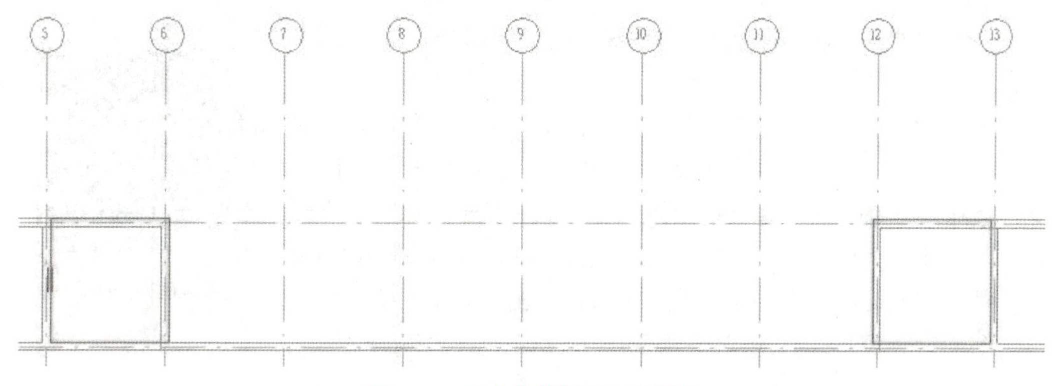

图 4.6.6　洗衣房楼板轮廓边界线

（7）用相同的方法绘制 F2 楼层的楼板，楼板轮廓边界如图 4.6.7 所示，完成后单击“完成编辑模式”按钮完成楼板的创建。

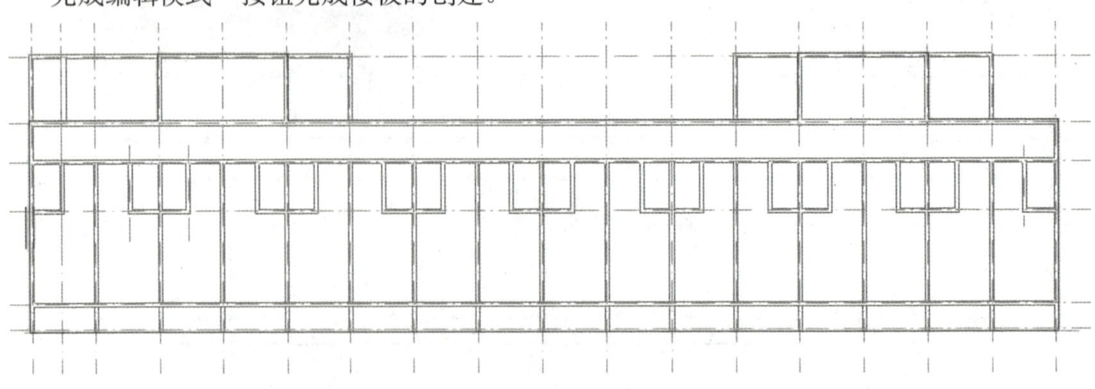

图 4.6.7　F2 层楼板轮廓边界线

（8）选择 F2 楼层所有楼板，使用“复制到剪贴板”命令将楼板复制到剪贴板，配合使用“与选定的标高对齐”方式粘贴至标高 F3、F4 和 F5，如图 4.6.8 所示，完成室内楼板创建，最后保存该文件。

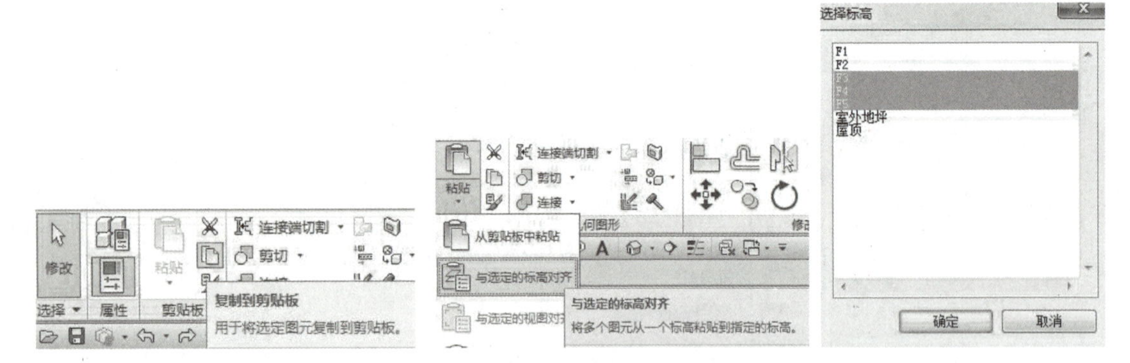

图 4.6.8　“选择标高”对话框

4.6.2　添加室外台阶、雨篷

宿舍楼外一些构件如台阶、雨篷等可用绘制楼板的方式来创建。

视频 4.6.2 添加室外台阶

（1）切换至 F1 楼层平面视图，适当放大 ② ～ ④ 轴值班室部位，绘制室外台阶。以“宿舍楼 -100 mm- 室内楼板”楼板类型为基础，复制出名称为“宿舍楼 -300 mm- 室外台阶”新楼板类型。打开“编辑部件”对话框，如图 4.6.9 所示，修改结构 [1] 层厚度为 300 mm，其他参数不变。完成后单击“确定”按钮，返回“类型属性”对话框，再单击“确定”按钮，退出“编辑部件”对话框。

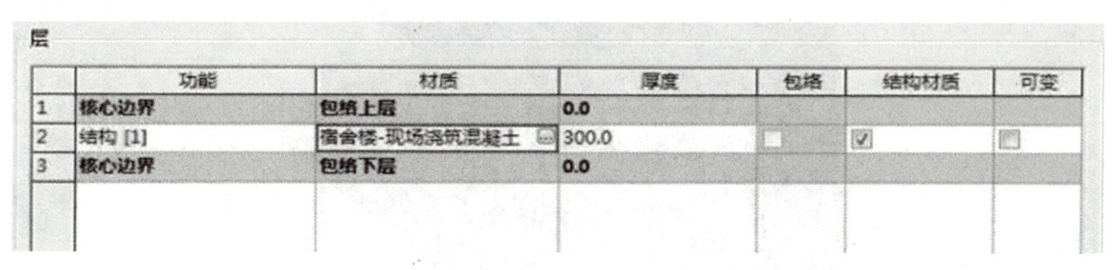

层

	功能	材质	厚度	包络	结构材质	可变
1	核心边界	包络上层	0.0			
2	结构 [1]	宿舍楼-现场浇筑混凝土	300.0	☐	☑	☐
3	核心边界	包络下层	0.0			

图 4.6.9 “编辑部件”对话框

（2）在距离Ⓕ轴线 2 100、② ～ ④ 轴之间的位置绘制参照平面，使用“直线”绘制楼板边界方式绘制室外台阶的边界轮廓，如图 4.6.10 所示，完成后单击“完成编辑模式”按钮完成台阶绘制。

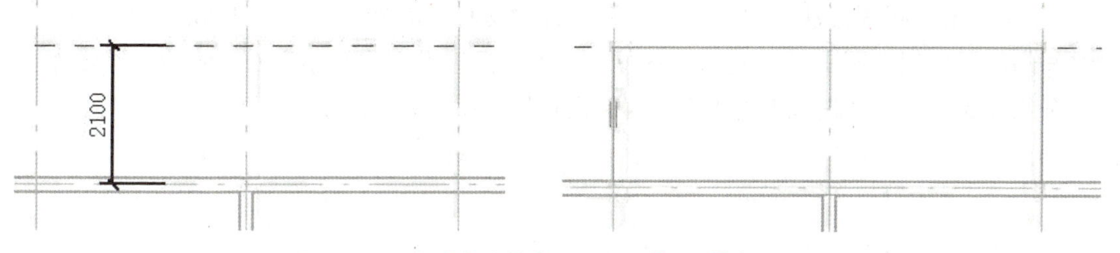

图 4.6.10 室外台阶轮廓边界线（② ～ ④ 轴之间）

（3）下面对台阶的轮廓进行编辑。载入“室外台阶轮廓 .rfa”族文件。使用“建筑”选项卡中楼板下的楼板边工具，打开属性面板中的“类型属性”对话框，复制出名称为“宿舍楼－室外台阶”的楼板边类型，设置类型参数中“轮廓”为载入的“室外台阶轮廓：室外台阶轮廓”，修改材质为“宿舍楼－现场浇筑混凝土”，如图 4.6.11 所示，设置完成后，单击“确定”按钮。放大室外台阶的位置，单击楼板的上侧边缘即可，三维视图如图 4.6.12 所示。

类型属性

族(F)：系统族：楼板边缘　　载入(L)...

类型(T)：宿舍楼-室外台阶　　复制(D)...

重命名(R)...

类型参数

参数	值
构造	
轮廓	室外台阶轮廓：室外台阶轮廓
材质和装饰	
材质	宿舍楼-现场浇筑混凝土
标识数据	
类型图像	
注释记号	
型号	

图 4.6.11 楼板边类型属性对话框

图 4.6.12　室外台阶三维视图

（4）用相同的方法绘制 ⑭ ～ ⑮ 轴位置的楼板，在距离Ⓕ轴线 1 700、⑭ ～ ⑮ 轴之间的位置绘制参照平面，使用“直线”绘制楼板边界方式绘制室外台阶的边界轮廓，如图 4.6.13 所示，完成后单击“完成编辑模式”按钮完成台阶绘制。

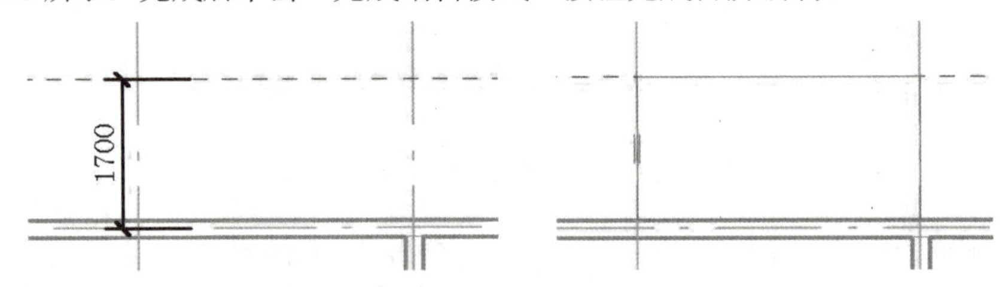

图 4.6.13　室外台阶轮廓边界线（⑭ ～ ⑮ 轴之间）

（5）下面继续创建雨篷，切换至 F2 楼层平面视图，用相同的方法绘制 ② ～ ④ 轴和 ⑭ ～ ⑮ 轴位置厚度为 80 mm 的室外楼板，具体方法不再赘述。载入“雨篷楼板边梁 .rfa”族文件，仍然采用楼板边的命令绘制雨篷的边梁。

4.7 创建屋顶

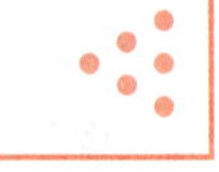

Revit Architecture 提供了三种屋顶，分别是迹线屋顶、拉伸屋顶和面屋顶，其中迹线屋顶的创建方式与楼板的非常相似，下面介绍用迹线屋顶为宿舍楼项目添加屋顶。

视频 4.7.1 创建平屋顶

4.7.1 创建平屋顶

宿舍楼一层值班室、开水间、洗衣房以及设备间均为平屋顶，下面介绍如何创建平屋顶。

（1）接上一节保存的练习，打开宿舍楼项目文件。切换至

F2 楼层平面视图，适当放大Ⓔ～Ⓕ轴，绘制值班室、开水间处的屋顶。使用“迹线屋顶”命令，选择边界线的绘制方式为“拾取墙”，不勾选选项栏中的“定义坡度”复选框，设置悬挑值为 0，勾选“延伸到墙中（至核心层）”复选框，如图 4.7.1 所示。

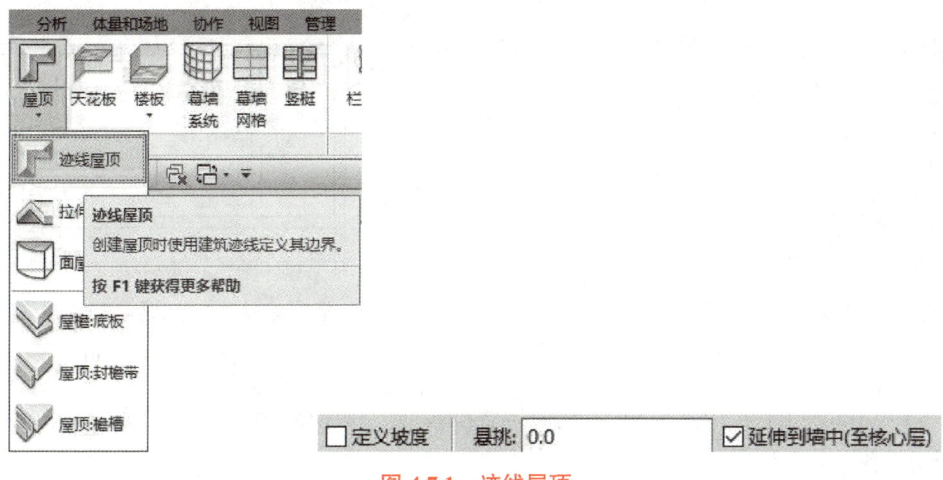

图 4.7.1　迹线屋顶

（2）在“属性”面板中的类型选择器中选择屋顶类型为“混凝土 120 mm”，打开“类型属性”对话框，复制出名称为“宿舍楼 -120 mm- 屋顶”的屋顶类型，单击类型参数列表中“结构”参数后的“编辑”按钮，弹出“编辑部件”对话框，修改材质为“宿舍楼 - 现场浇筑混凝土”，如图 4.7.2 所示。设置完成后，单击“确定”按钮两次退出“类型属性”对话框。

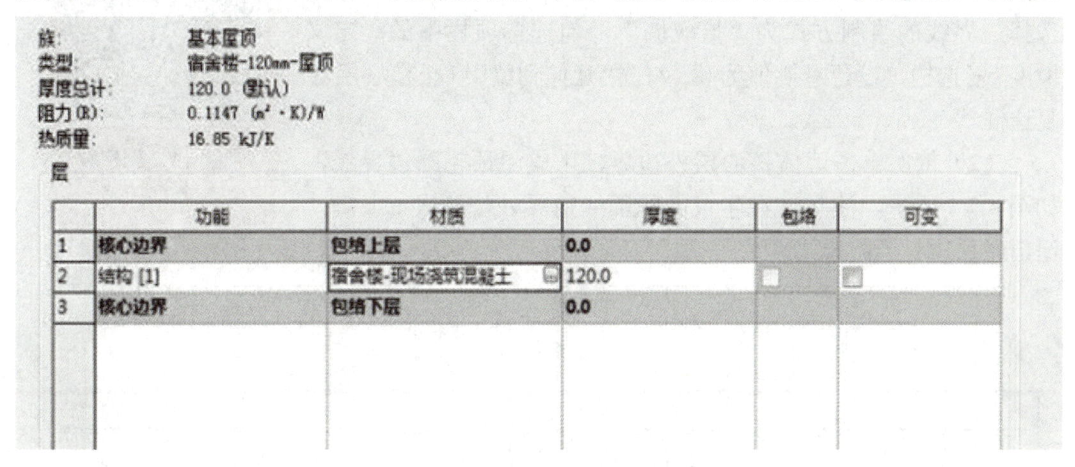

图 4.7.2　“编辑部件”对话框

（3）如图 4.7.3 所示，设置属性面板中屋顶的“底部标高”为 F2 标高，设置“自标高的底部偏移”为 -120，以确保屋顶结构层顶面结构标高与 F2 标高平齐；单击“应用”按钮应用该设置。

（4）依次单击值班室部分外墙核心层外边界位置，Revit Architecture 将沿着墙核心层内边界生成屋顶轮廓边界线，如图 4.7.4 所示，完成后单击“完成编辑模式”按钮完成屋顶的创建。

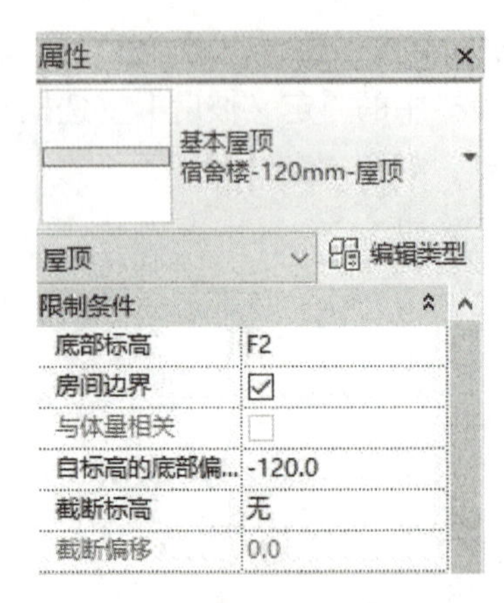

图 4.7.3　属性→限制条件→自标高的高度偏移值

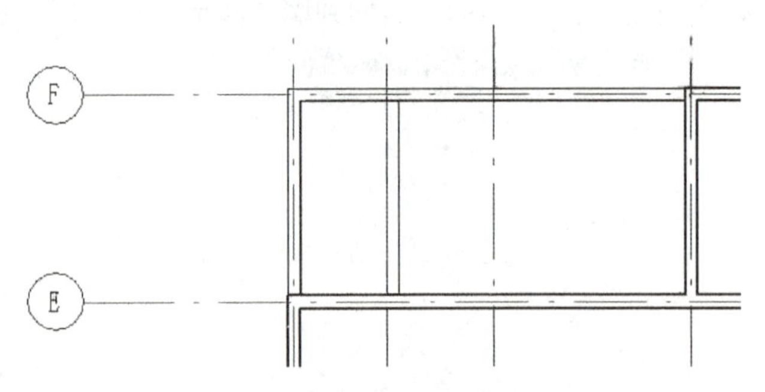

图 4.7.4　值班室屋顶轮廓边界线

（5）用同样的方法绘制 F1 层其他位置的屋顶。切换到屋顶楼层平面，继续创建楼梯间的屋顶，保存该文件。

4.7.2　创建坡屋顶

视频 4.7.2 创建坡屋顶

宿舍楼主体部分屋顶为坡屋顶，下面介绍如何创建坡屋顶。

（1）切换至屋顶楼层平面视图。使用“迹线屋顶”命令，选择边界线的绘制方式为“拾取墙”，勾选选项栏中的“定义坡度”复选框，设置悬挑值为 0，勾选“延伸到墙中（至核心层）”复选框。

（2）依次单击墙体核心层外边界，生成屋顶轮廓边界线，如图 4.7.5 所示。注意，在生成的轮廓线边界处按两次 Esc 键，退出屋顶边界绘制模式。

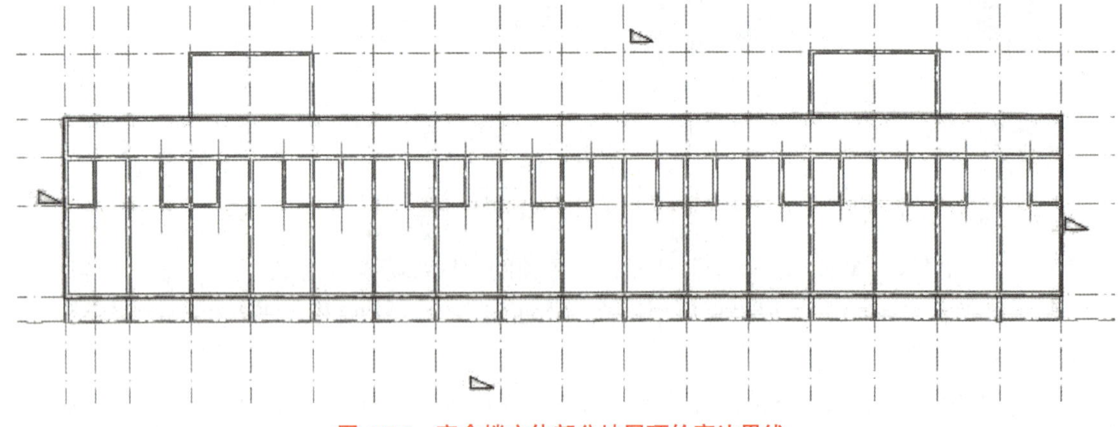

图 4.7.5　宿舍楼主体部分坡屋顶轮廓边界线

（3）在“属性”面板的类型选择器中选择屋顶类型为“混凝土 120 mm”，打开“类型属性”对话框，复制出名称为“宿舍楼 -150 mm- 屋顶”的屋顶类型，单击类型参数列表中“结构”参数后的“编辑”按钮，弹出“编辑部件”对话框。单击“插入”按钮插入新层，调整插入层的位置。修改第一层功能为“面层 [2]5”，设置材质为“屋顶材料 - 瓦”，厚度为 30，勾选“可变”复选框；设置“结构 [1]”功能层材质为“宿舍楼 - 现场浇筑混凝土”，厚度为 120，如图 4.7.6 所示。设置完成后，单击“确定”按钮两次退出“类型属性”对话框。

层

	功能	材质	厚度	包络	可变
1	面层 2 [5]	屋顶材料 - 瓦	30.0	☐	☑
2	核心边界	包络上层	0.0		
3	结构 [1]	宿舍楼-现场浇筑混凝土	120.0	☐	☐
4	核心边界	包络下层	0.0		

插入(I)　删除(D)　向上(U)　向下(O)

图 4.7.6 “编辑部件”对话框

（4）设置“底部标高”为“屋顶”。“自标高的底部偏移”值为 0。确认尺寸标注参数分组中的“坡度”为“1 : 2.5”，如图 4.7.7 所示。单击“完成编辑模式”按钮，完成屋顶的创建，保存该文件。

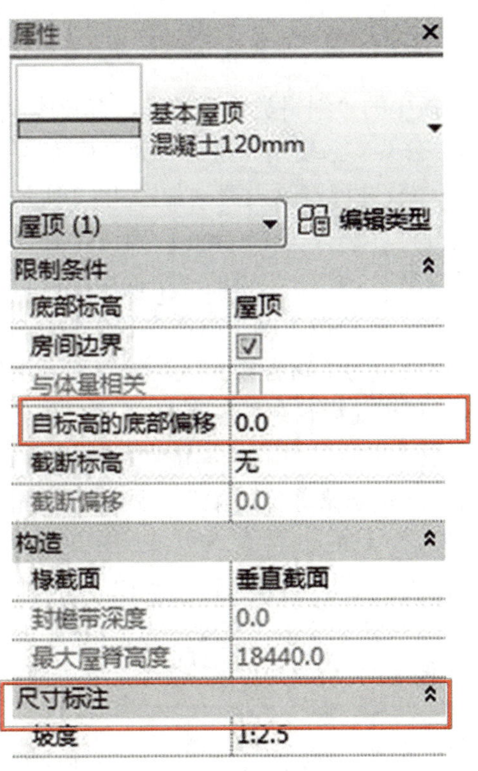

图 4.7.7 属性→限制条件→尺寸标注

4.8 楼梯坡道

在 Revit 中，楼梯的绘制方式分为两种：一种是按草图的方式创建楼梯；另一种是按构件的方式创建楼梯。本节主要通过草图的方式创建楼梯。

视频 4.8.1 创建室内楼梯

4.8.1 创建室内楼梯

（1）切换至 F1 楼层平面视图，单击“楼梯坡道”面板中的“楼梯”→“楼梯（按草图）”命令，进入“修改 | 创建楼梯草图”上下文选项卡，如图 4.8.1 所示。

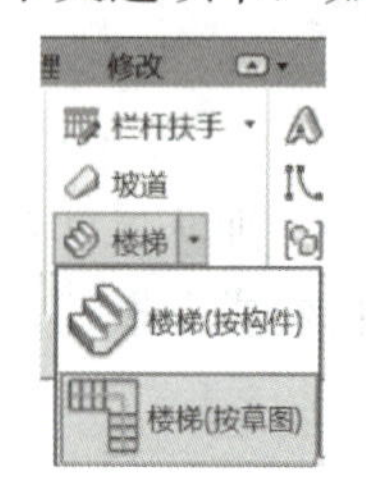

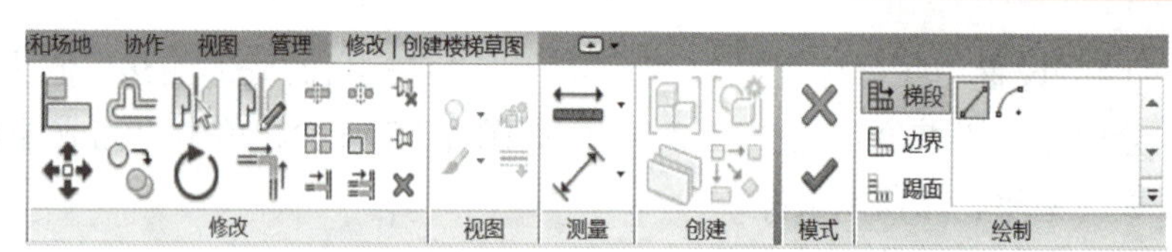

图 4.8.1 “修改 | 创建楼梯草图”上下文选项卡

（2）单击“属性”面板中的“编辑类型”按钮，打开楼梯“类型属性”对话框，选择楼梯类型为“整体板式 – 公共”，复制并重命名为“宿舍楼 – 室内楼梯”。

（3）对列表中的各个参数进行修改设置，如图 4.8.2 所示，将“最小踏板深度”修改为 280 mm，“最大踢面高度”修改为 150 mm；确认勾选“整体浇筑楼梯”复选框，修改功能为“外部”；勾选图形参数分组中的“平面中的波折符号”复选框，设置文字大小为 3 mm，字体为“仿宋”；修改“踏板材质”和“踢面材质”为“宿舍楼 – 水泥砂浆面层”，修改“整体式材质”为“宿舍楼 – 现场浇筑混凝土”。设置“踏板厚度”为 15，“楼梯前缘长度”为 5，“楼梯前缘轮廓”为默认；勾选“开始于踢面”和“结束于踢面”复选框，设置“踢面类型”为“直梯”，“踢面厚度”为 15，“踢面至踏板连接”方式为“踏板延伸至踢面下”；设置“在顶部修剪梯边梁”方式为“匹配标高”，设置楼梯踏步梁高度为 120，修改平台斜梁高为 150。

（4）修改“属性”面板中楼梯“底部标高”为 F1，“顶部标高”为 F2；“底部偏移”和“顶部偏移”均为 0；设置尺寸标注中“宽度”为 1 425，如图 4.8.3 所示。

（5）单击“工具”面板中的“栏杆扶手”命令，在扶手类型列表中选择“900 mm 圆管”，如图 4.8.4 所示。

（6）单击“参照平面”命令，在轴线 ③、⑤、Ⓔ、Ⓕ区域中建立两条垂直、两条水平的参照平面。设置垂直参照平面与轴线 ③ 之间的距离分别为 2 000、4 800，依次命名为 T1、T2，平行参照平面与轴线Ⓔ之间的距离分别为 812.5、2 437.5，依次命名为 T3、T4，如图 4.8.5 所示。

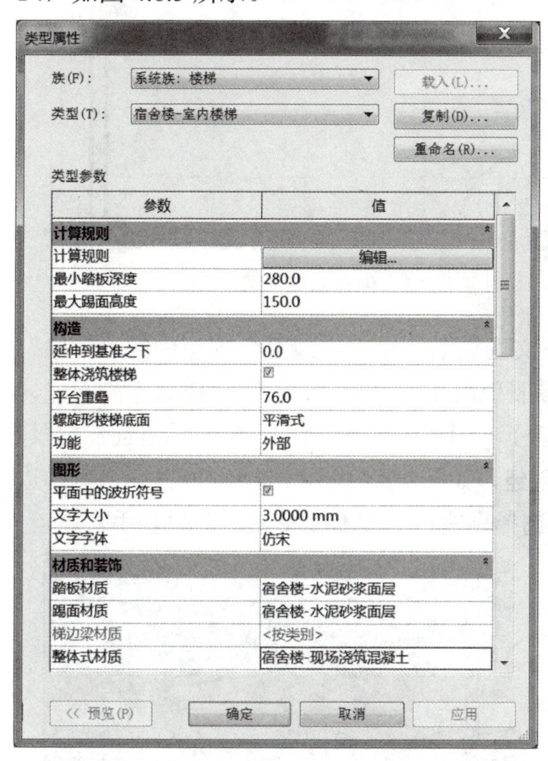

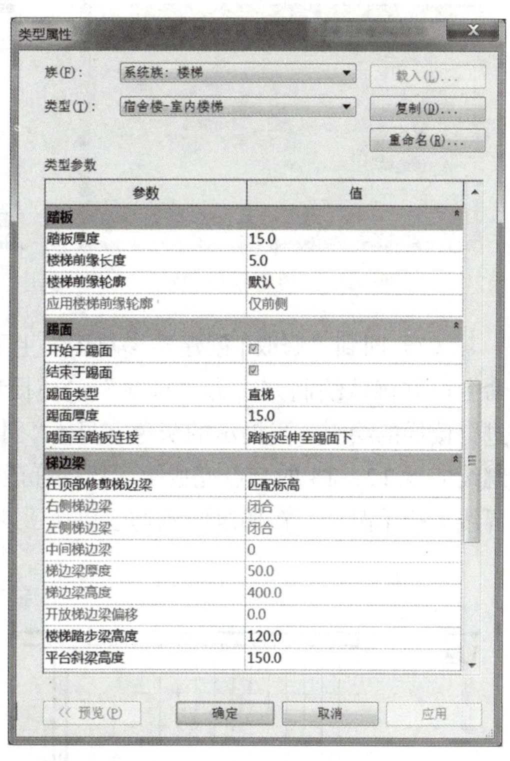

图 4.8.2　楼梯“类型属性”对话框

图 4.8.3　楼梯“属性”面板

第一章
第二章
第三章
第四章
第五章
第六章
第七章

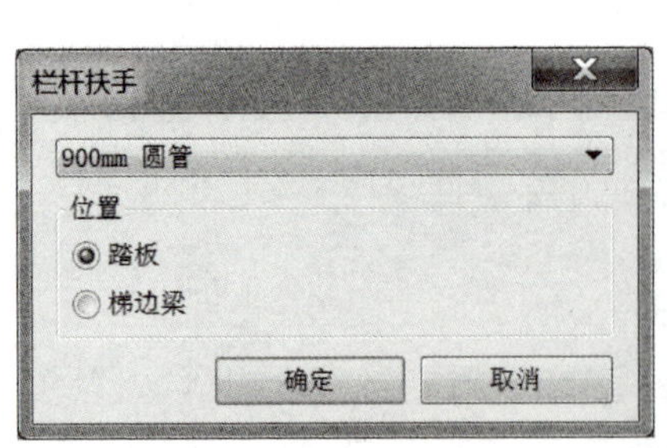

图 4.8.4　设置栏杆属性

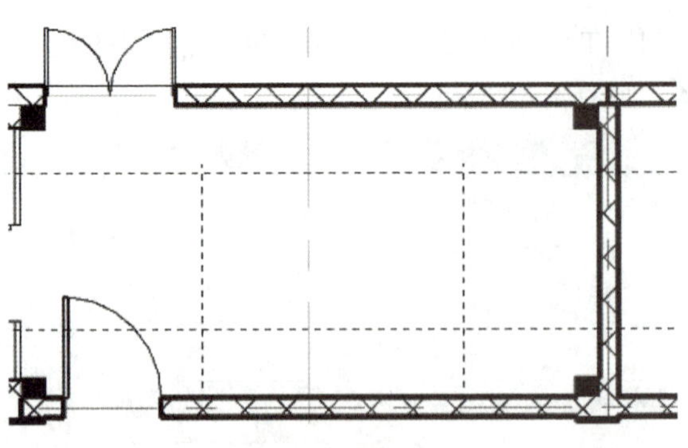
图 4.8.5　创建参照平面

（7）回到“修改 | 创建楼梯草图”上下文选项卡，单击“绘制”面板中的“梯段”命令，并确认绘制方式为“直线”。捕捉参照平面 T1、T3 的交点作为楼梯绘制起点，进行楼梯的绘制，当提示的灰色字显示“创建了 11 个踢面，剩余 11 个”时单击创建梯段，继续捕捉 T2、T4 的交点完成第二段的梯段创建，如图 4.8.6 所示。Revit 默认会以楼梯边界线为扶手路径，在梯段两侧均生成扶手，选择靠墙扶手按 Delete 键删除该扶手。

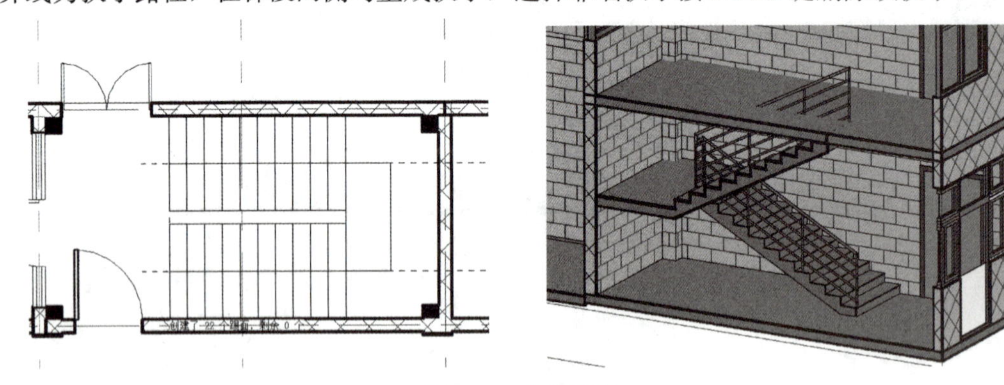
图 4.8.6　创建梯段

4.8.2　创建洞口

视频 4.8.2 创建洞口

Revit 中提供了专用的“洞口”命令，包括按面、墙、垂直、竖井和老虎窗五种洞口。可以在墙体、楼板、天花板、屋顶等不同的洞口主体上开设不同形式的洞口。本项目主要使用“洞口”命令创建楼梯间洞口。

（1）切换至 F1 楼层平面视图，单击“视图”选项卡“创建”面板中的“剖面”命令，切换至“剖面”上下文选项卡，在“属性”面板的类型选择器中选择“建筑剖面 - 国内符号”作为当前剖面类型，不勾选“参照其他视图”复选框，设置偏移量为 0，如图 4.8.7 所示。

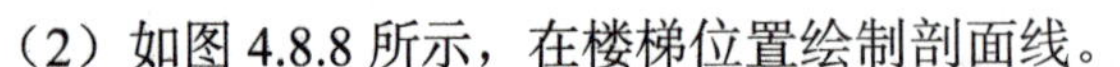
（2）如图 4.8.8 所示，在楼梯位置绘制剖面线。

（3）在项目浏览器中，展开“剖面”视图类别，该剖面自动命名为剖面 1，双击切换至该视图，显示模型在该剖面位置的剖切投影，如图 4.8.9 所示。

（4）如图 4.8.10 所示，单击“常用”选项卡“洞口”面板中的“垂直”洞口命令为构件添加洞口。

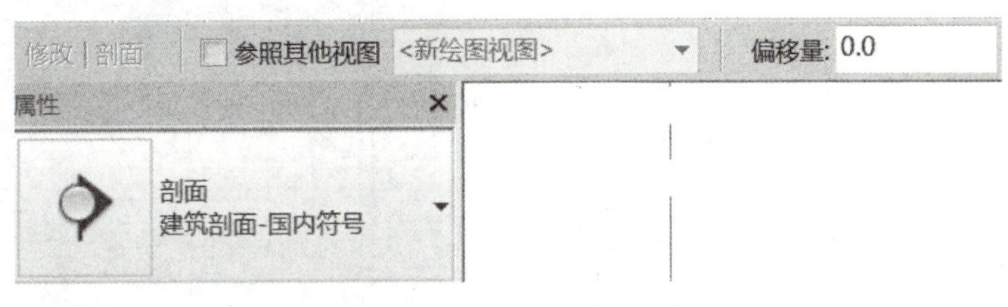

图 4.8.7　剖面“属性”面板

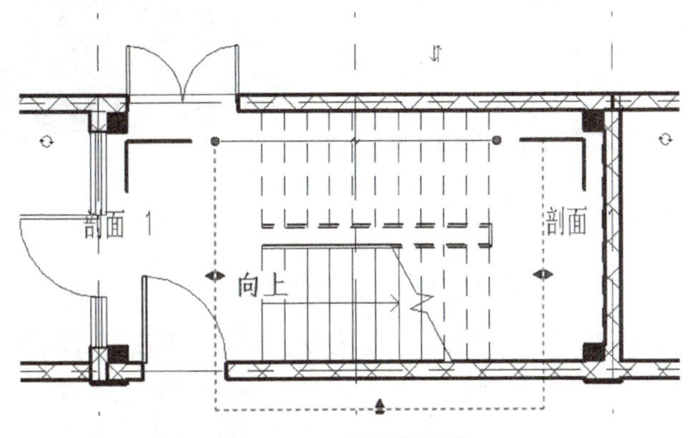

图 4.8.8　绘制剖面线

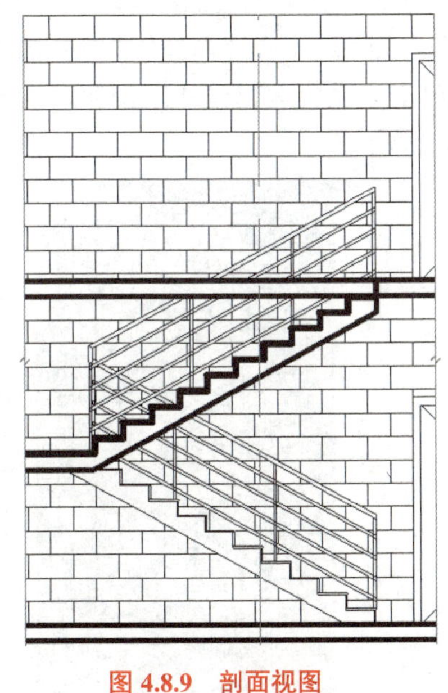

图 4.8.9　剖面视图

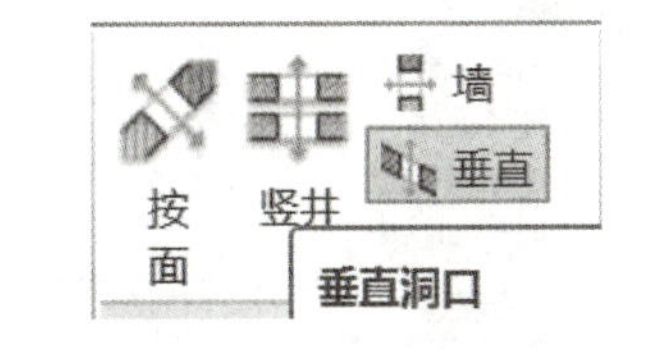

图 4.8.10　“洞口”选项栏

（5）在视图列表中选择“楼层平面 F2”，打开 F2 楼层平面视图，并进入“创建洞口边界”编辑模式。使用“绘制”面板中的“拾取线”绘制模式，确认选项栏中“偏移”

为 0，沿楼板梯界拾取，绘制洞口边界，并使用修剪工具修剪边界线，结果如图 4.8.11 所示。单击“完成编辑模式”按钮，切换至默认三维视图中，结合剖面框查看效果，如图 4.8.12 所示。

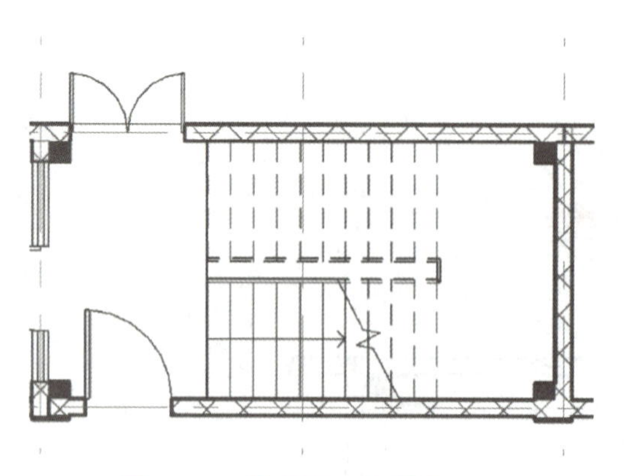

图 4.8.11　绘制洞口边界线

图 4.8.12　生成洞口

使用“垂直”洞口命令为构件开洞时，一次只能为单一构件创建洞口；使用“竖井”命令可以为垂直高度范围内的所有楼板、天花板、屋顶等构件开设洞口。

（6）切换至 F2 楼层平面视图，单击“洞口”面板中的“竖井”按钮，打开“修改 | 创建竖井洞口草图”上下文选项卡，使用“绘制”面板中的“拾取线”绘制模式，确认选项栏中“偏移”为 0，沿楼板梯界拾取，绘制竖井边界，并使用“修剪”命令修剪边界线。在“属性”面板中，设置“底部限制条件”为 F2，“底部偏移”为 -150，“顶部约束”为“直到标高：F5”，如图 4.8.13 所示。单击“完成编辑模式”按钮，切换至默认三维视图中，结合剖面框查看效果，如图 4.8.14 所示。

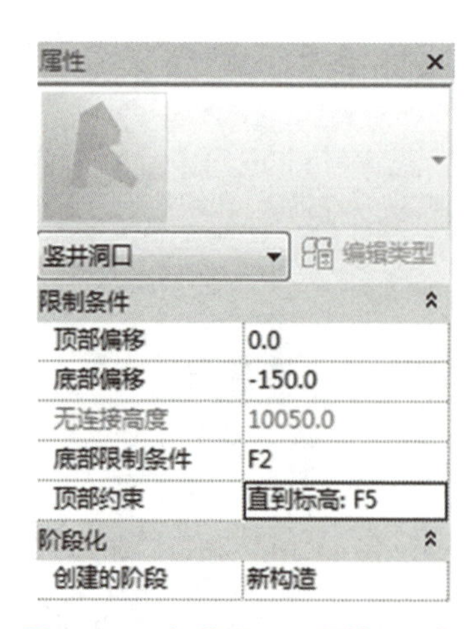

图 4.8.13　竖井洞口“属性”面板

图 4.8.14　生成竖井

4.8.3 创建坡道

Revit 中可以利用“坡道”工具为建筑添加坡道，创建方法与楼梯相似，可以定义直梯段、L 形梯段、U 形和螺旋坡道。

视频 4.8.3 创建坡道

（1）切换至室外地坪平面视图，局部放大正门台阶区域，单击“楼梯坡道”中的“坡道”命令，进入“修改 | 创建坡道草图”上下文选项卡中，打开坡道的“类型属性”对话框，复制并重命令为“宿舍楼 - 室外坡道”，设置列表中的参数，如图 4.8.15 所示。

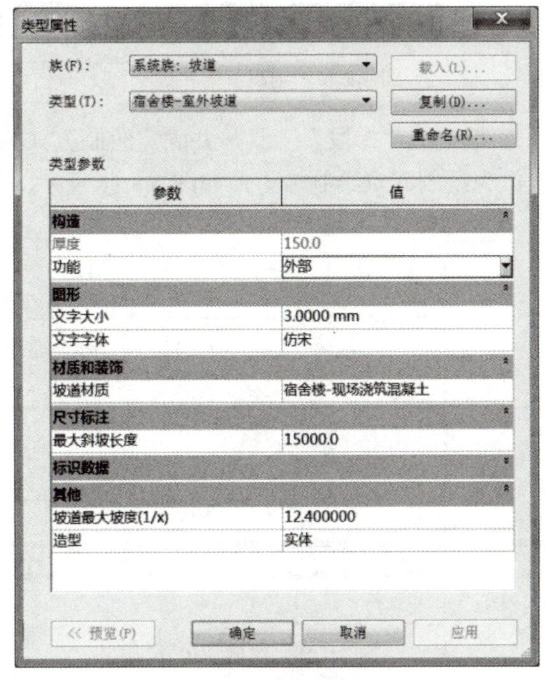

图 4.8.15 坡道“类型属性”对话框

（2）在“属性”面板中设置“顶部偏移”为 0，“宽度”为 1 200，如图 4.8.16 所示。

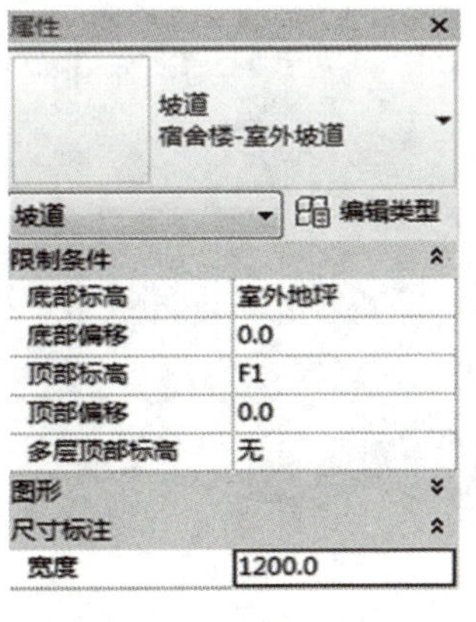

图 4.8.16 坡道“属性”面板

（3）单击“参照平面”命令，在距离Ⓕ轴线 1 000 mm 处建立水平参照平面 P-1，在距离台阶右侧边缘位置 3 720 mm 处建立参照平面 P-2，如图 4.8.17 所示。

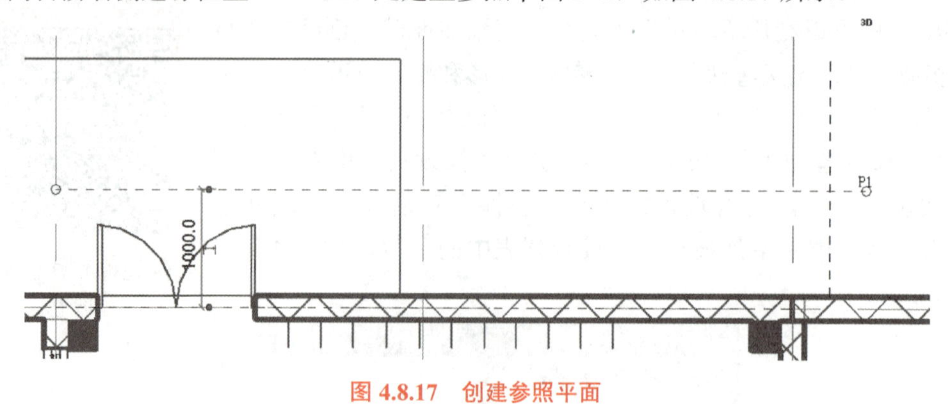

图 4.8.17　创建参照平面

（4）单击“绘制”面板中的“梯段”工具，并确定绘制方式为“直线”，捕捉参照平面 P-1 和 P-2 的交点作为绘制起点绘制坡道，如图 4.8.18 所示。

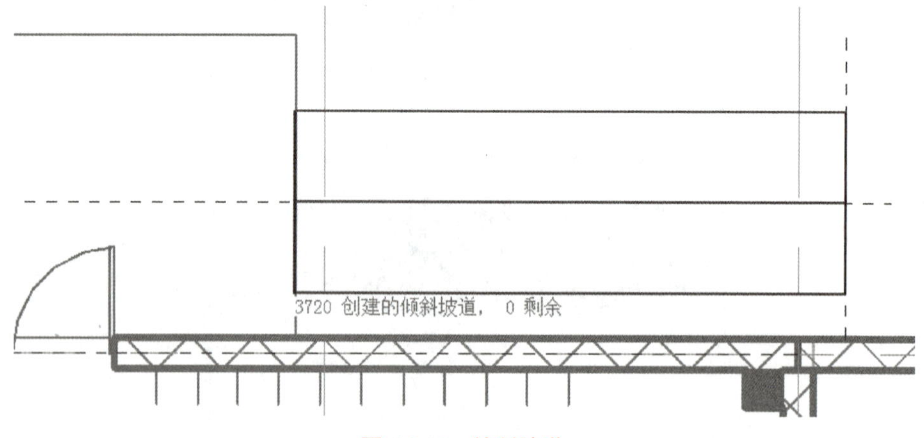

图 4.8.18　绘制坡道

（5）单击“模式”面板中的“完成编辑模式”，完成坡道的建立，关闭所有对话框后，切换至默认三维视图，查看坡道效果，如图 4.8.19 所示。

图 4.8.19　生成坡道

4.9 栏杆扶手

4.9.1 创建扶手

视频 4.9.1 创建扶手

使用“扶手”命令，可以为项目创建任意形式的扶手。扶手可以在绘制楼梯、坡道等主体构件时建立，也可以使用“扶手”命令单独绘制。

在创建扶手前，需要定义扶手的类型和结构。下面将在“宿舍楼 .rvt”项目中，为阳台板添加栏杆扶手。

（1）切换至 F3 楼层平面，单击“楼梯坡道”面板中的“栏杆扶手”→“绘制路径”命令，切换至“修改 | 创建扶手路径”上下文选项卡，如图 4.9.1 所示。

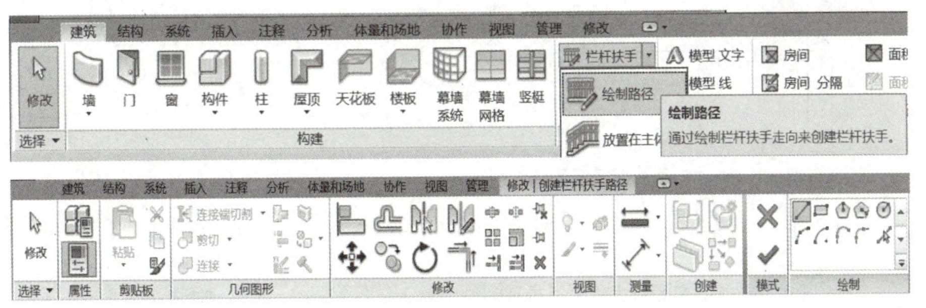

图 4.9.1 “修改 | 创建扶手路径”选项卡

（2）单击“属性”面板中的“编辑类型”命令，打开栏杆扶手的“类型属性”对话框，选择类型为“钢楼梯 900 mm 圆管”。单击“复制”按钮，新建名称为“宿舍楼 -900 mm-阳台栏杆”。

（3）单击“扶手栏杆（非连续）”参数后的“编辑”按钮，弹出对话框。在列表最下方复制“扶手 5”，重命名为“扶手 6”，将“高度”从上至下依次设置为 900、750、600、450、300、150，“偏移”统一设为 0。设置“扶手 1”轮廓为“圆形扶手 40 mm”，单击“材质”编辑按钮，查找材质“抛光不锈钢”并复制为“宿舍楼 - 抛光不锈钢”，并将所有扶手材质均修改为“宿舍楼 - 抛光不锈钢”，如图 4.9.2 所示。

（4）单击“栏杆位置”参数的“编辑”按钮，弹出“编辑栏杆位置”对话框。设置所有“栏杆族”选项为“无”，如图 4.9.3 所示。

（5）修改“类型属性”对话框中“栏杆偏移”值为 0，如图 4.9.4 所示，单击“确定”按钮。

（6）设置“属性”面板中的“底部标高”为 F3，“底部偏移”值设置为 -20，如图 4.9.5 所示。

第一章
第二章
第三章
第四章
第五章
第六章
第七章

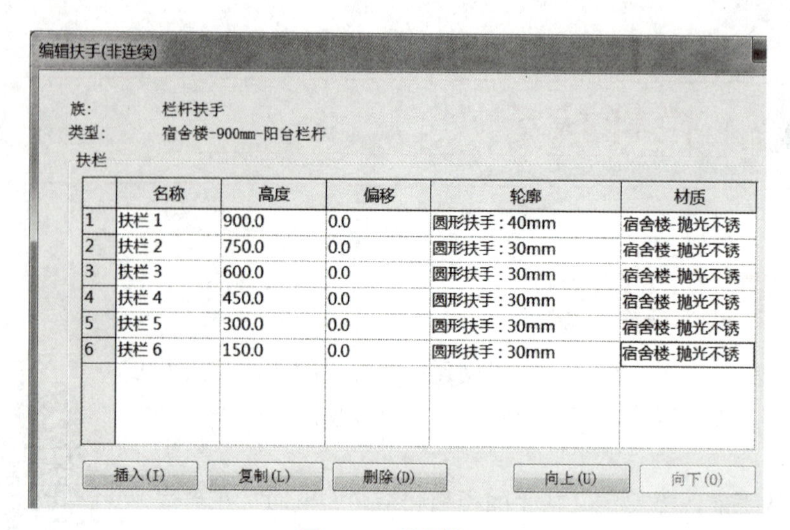

	名称	高度	偏移	轮廓	材质
1	扶栏 1	900.0	0.0	圆形扶手 : 40mm	宿舍楼-抛光不锈
2	扶栏 2	750.0	0.0	圆形扶手 : 30mm	宿舍楼-抛光不锈
3	扶栏 3	600.0	0.0	圆形扶手 : 30mm	宿舍楼-抛光不锈
4	扶栏 4	450.0	0.0	圆形扶手 : 30mm	宿舍楼-抛光不锈
5	扶栏 5	300.0	0.0	圆形扶手 : 30mm	宿舍楼-抛光不锈
6	扶栏 6	150.0	0.0	圆形扶手 : 30mm	宿舍楼-抛光不锈

图 4.9.2 编辑扶手

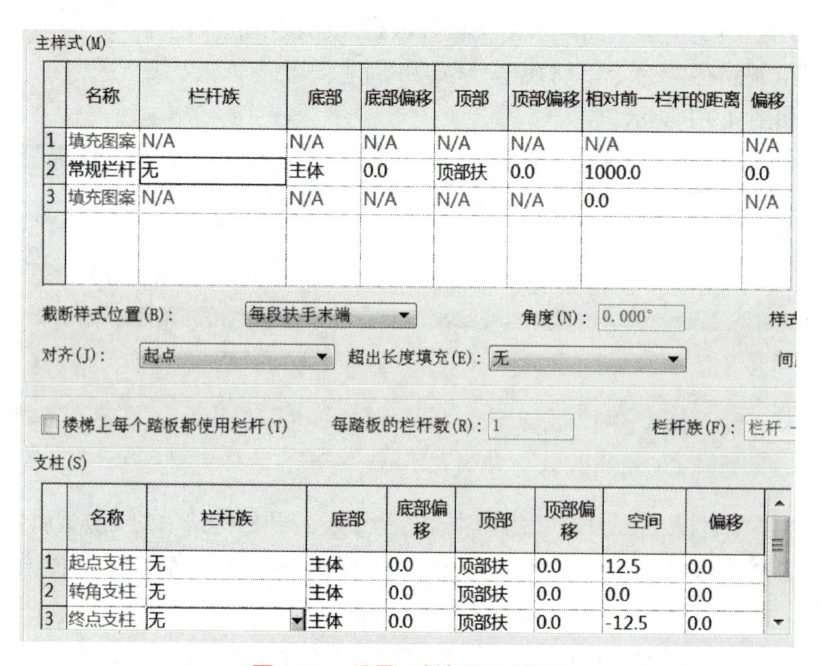

	名称	栏杆族	底部	底部偏移	顶部	顶部偏移	相对前一栏杆的距离	偏移
1	填充图案	N/A	N/A	N/A	N/A	N/A	N/A	N/A
2	常规栏杆	无	主体	0.0	顶部扶	0.0	1000.0	0.0
3	填充图案	N/A	N/A	N/A	N/A	N/A	0.0	N/A

	名称	栏杆族	底部	底部偏移	顶部	顶部偏移	空间	偏移
1	起点支柱	无	主体	0.0	顶部扶	0.0	12.5	0.0
2	转角支柱	无	主体	0.0	顶部扶	0.0	0.0	0.0
3	终点支柱	无	主体	0.0	顶部扶	0.0	-12.5	0.0

图 4.9.3 设置“栏杆族”选项

参数	值
构造	
栏杆扶手高度	900.0
扶栏结构(非连续)	编辑...
栏杆位置	编辑...
栏杆偏移	0.0

图 4.9.4 设置“类型属性”

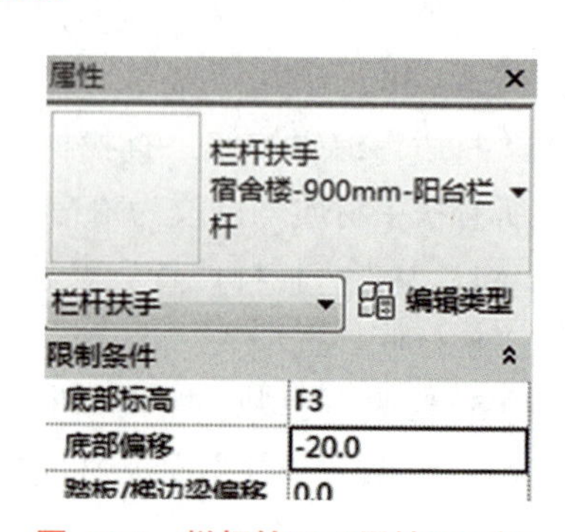

图 4.9.5 栏杆扶手“属性”面板

（7）单击“绘制”面板中的“直线”命令，确定选项栏中的偏移量为 0，依次捕捉墙体并单击，绘制栏杆扶手，如图 4.9.6 所示。切换至三维视图，扶手如图 4.9.7 所示。

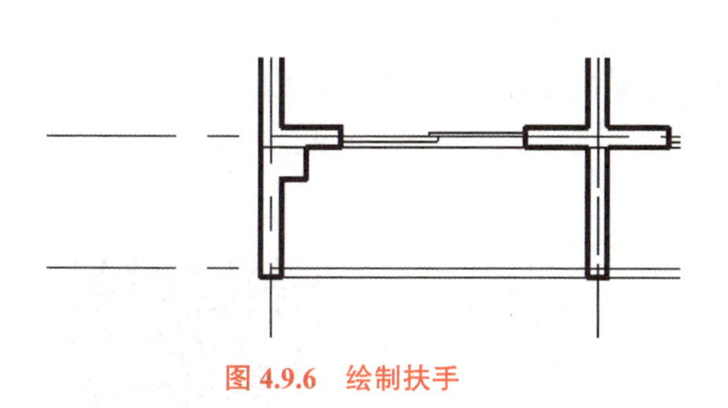

图 4.9.6　绘制扶手

图 4.9.7　生成扶手

4.9.2　修改楼梯扶手

绘制完成楼梯后，Revit 会自动沿楼梯草图边界线生成扶手。Revit 还允许用户根据设计要求再次修改扶手的迹线和样式。

视频 4.9.2 修改楼梯扶手

（1）切换至 F1 楼层平面视图，选择楼梯扶手图元，切换至“修改 | 栏杆扶手”上下文选项卡，单击“模式”面板中的“编辑路径”命令，进入绘制路径状态，删除梯井位置的扶手路径与下方的扶手路径，如图 4.9.8 所示。

（2）使用“扶手”命令，确认当前扶手类型为“900 mm 圆管”，修改扶手绘制模式为“拾取线”。确认选项栏中的偏移量为 0，不勾选“锁定”复选框。

（3）如图 4.9.9 所示，单击楼梯的边缘位置，生成扶手路径，单击“完成编辑模式”按钮，完成扶手迹线。

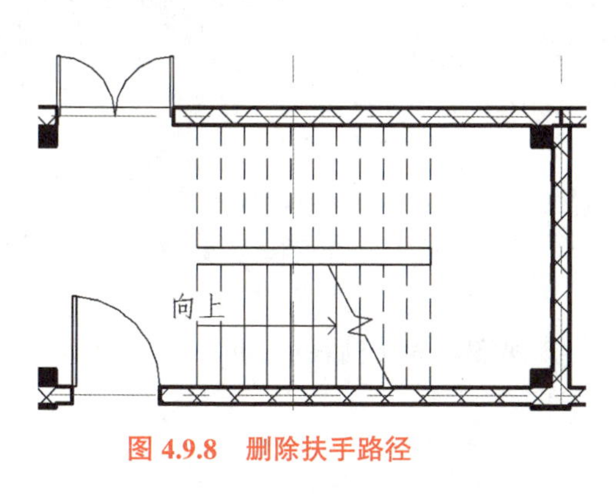

图 4.9.8　删除扶手路径

图 4.9.9　拾取新主体

4.10 场地和场地构件

Revit 具有地形表面、建筑红线、建筑地坪、停车场等多种设计工具，可以完成项目场地总图布置。

本节主要介绍如何添加地形表面、建筑地坪、场地道路以及场地构件的生成。

4.10.1 添加地形表面

视频 4.10.1 添加地形表面

Revit 中的场地工具用于创建项目的场地，地形表面的创建方法包括两种：一种是通过放置点方式生成地形表面；另一种是通过导入数据的方式创建地形表面。本项目采用放置点方式生成地形表面。

（1）打开场地平面视图切换至“体量和场地”选项卡，单击“场地建模”面板中的“地形表面”命令，自动切换至“修改 | 编辑表面”上下文选项卡，如图 4.10.1 所示。

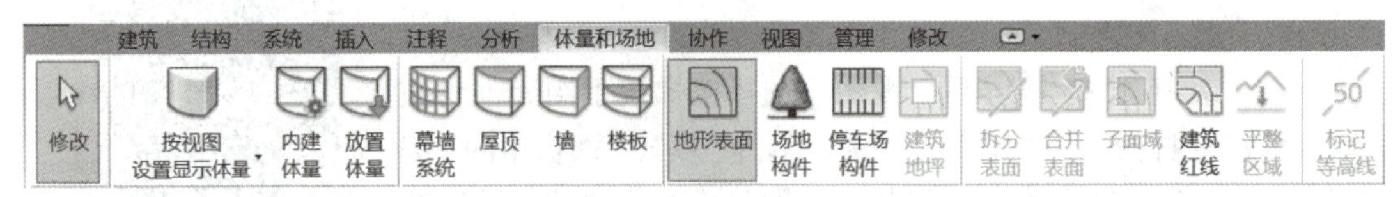

图 4.10.1 “地形表面”命令

（2）如图 4.10.2 所示，单击“工具”面板中的“放置点”命令，设置“高程”为 -600，高程形式为“绝对高程”。

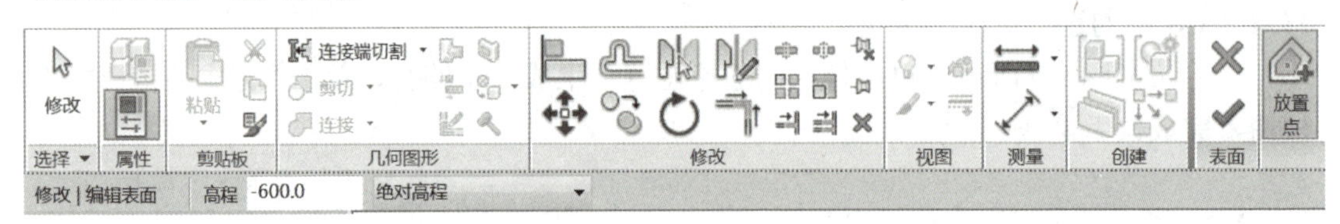

图 4.10.2 设置高程

（3）在项目四周连续单击，放置高程点，单击“属性”面板中“材质”命令，打开“材质浏览器”对话框，选择“场地 - 草”并复制为“宿舍楼 - 场地草”，将其指定给地形表面。

（4）单击“完成表面”按钮，切换至三维视图，完成后的地形表面如图 4.10.3 所示。

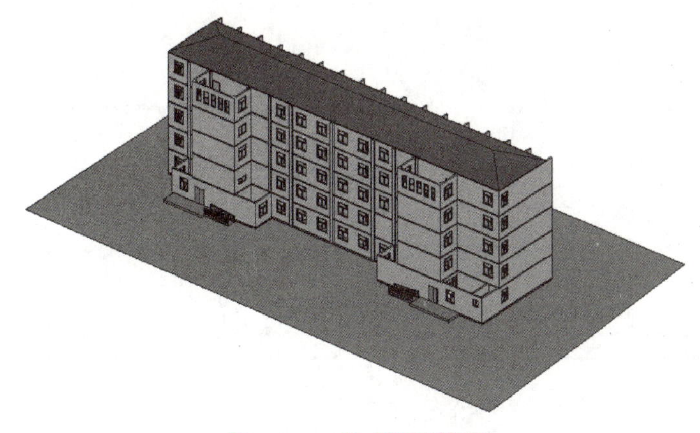

图 4.10.3 生成地形表面

4.10.2 添加建筑地坪

创建地形表面后，可以沿建筑轮廓创建建筑地坪，平整场地表面。建筑地坪的创建和编辑与楼板完全一致。

（1）切换至 F1 楼层平面视图，单击“体量和场地”选项卡“场地建模”面板中的“建筑地坪”命令，打开相关的“类型属性”对话框后，复制类型为“宿舍楼 – 地坪”，如图 4.10.4 所示。

（2）单击“结构”参数右侧的“编辑”按钮，打开“编辑部件”对话框，设置“结构 [1]”的“材质”为“地坪 – 碎石垫层”，“厚度”为 450，如图 4.10.5 所示。

视频 4.10.2 添加建筑地坪

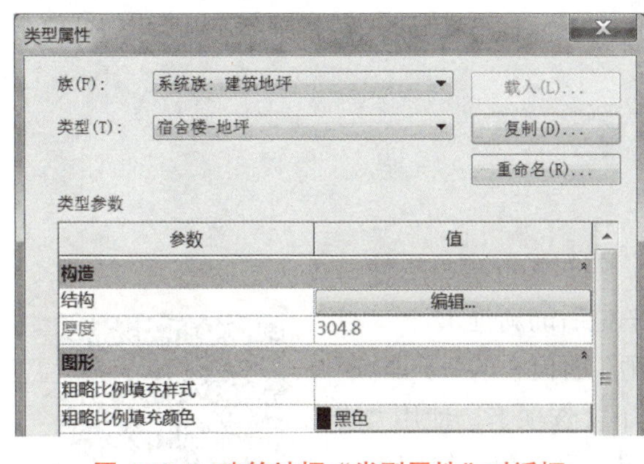

图 4.10.4 建筑地坪“类型属性”对话框

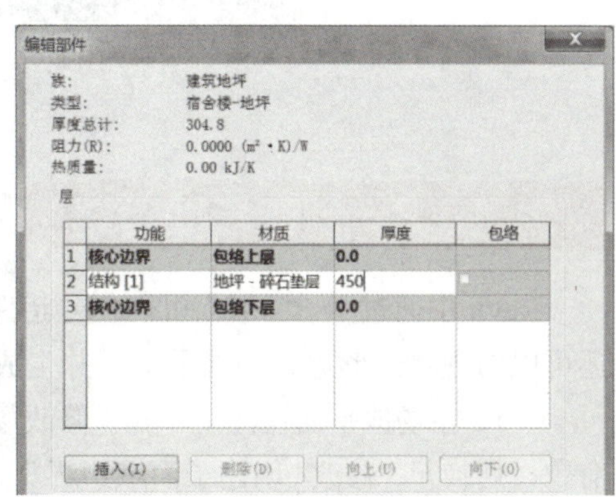

图 4.10.5 “编辑部件”对话框

（3）修改“属性”面板中的“标高”为 F1 标高，“自标高的高度偏移”值为 –150。确认“绘制”面板中的绘制模式为“边界线”，使用“拾取墙”绘制方式，确认选项栏中的偏移值为 0，勾选“延伸到墙中（至核心层）”复选框。沿外墙内侧核心表面拾取，生成建筑地坪轮廓边界线，如图 4.10.6 所示。

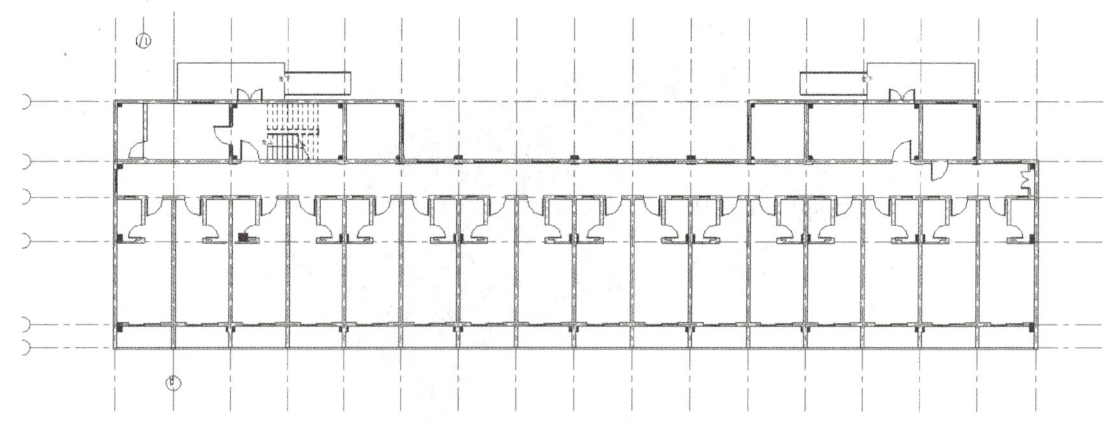

图 4.10.6　绘制边界线

（4）单击“完成编辑模式”按钮完成地坪边界线的创建，切换至默认三维视图，结合剖面框，查看建筑地坪效果，如图 4.10.7 所示。

图 4.10.7　生成建筑地坪

4.10.3　创建场地道路

Revit 中通过“子面域”可以创建道路、停车场等项目构件，还可以对现状地形进行场地平整，并生成平整后的新地形。

（1）在场地平面视图中单击“修改场地”面板中的“子面域”命令，切换至“修改 | 创建子面域边界”上下文选项卡，使用“绘制”命令，按图 4.10.8 所示尺寸绘制子面域边界。配合使用拆分及修剪工具，使子面域边界首尾相连。

(2）修改“属性”面板中的“材质”为“混凝土 – 柏油路”，单击“完成编辑模式”按钮，完成子面域，切换至三维视图，完成后的场地如图 4.10.9 所示。

视频 4.10.3 创建场地道路

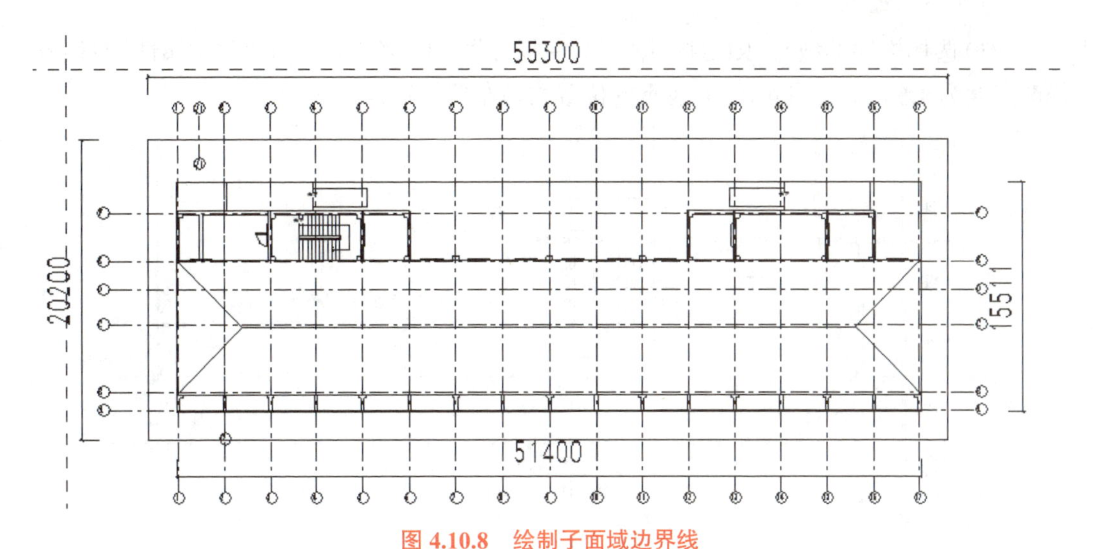

图 4.10.8　绘制子面域边界线

图 4.10.9　生成场地道路

4.10.4　场地构件

视频 4.10.4 场地构件

Revit 提供了场地构件工具，可以为场地添加停车场、树木、人物等场地构件。在使用场地构件前，必须导入需要使用的场地构件族。

（1）切换至室外地坪楼层平面视图，载入族文件 RPC 甲虫 .rfa、RPC 树－落叶树 .rfa、RPC 男性 .rfa、RPC 女性 .rfa。

（2）单击“体量和场地”→“场地构件”命令，进入“修改 | 场地构件”上下文选项卡。

（3）选择构件类型为“RPC 树 – 落叶树 – 杨叶桦 –3.1 米”，打开“类型属性”对话框，修改高度为 1.5 m。按图 4.10.10 所示的位置均匀布置树构件。

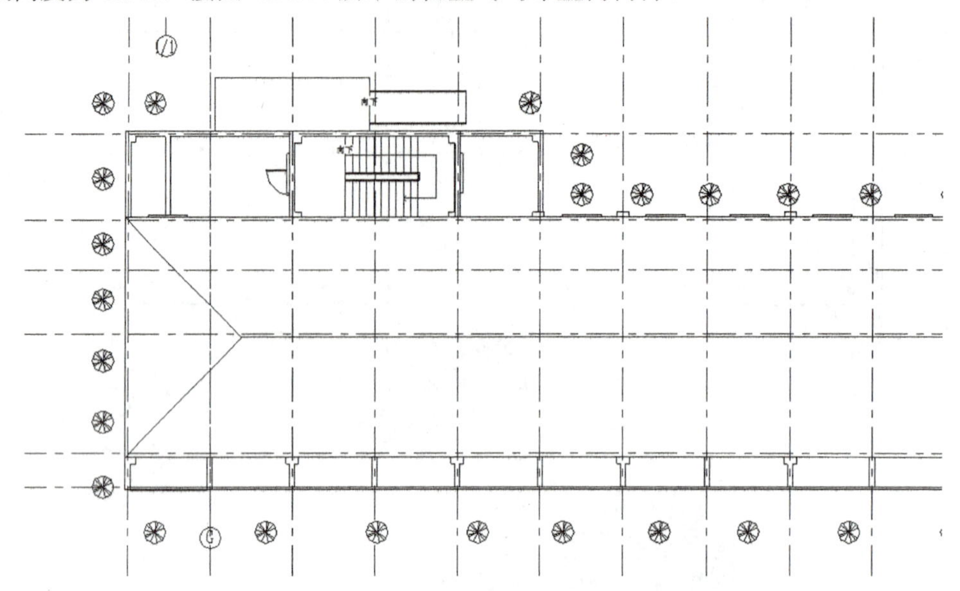

图 4.10.10　布置场地构件

（4）切换至“室外地坪”楼层平面视图，继续单击“场地构件”命令，进入“修改 | 场地构件”上下文选项卡，在列表中依次选择“RPC 甲虫”“RPC 男性”“RPC 女性”，在场地任意位置单击放置。切换至三维视图查看放置后结果，如图 4.10.11 所示。

图 4.10.11　生成布置效果图

第五章

结构专业 BIM 模型创建

结构专业建模与建筑专业建模流程的顺序一样，一般是先确定项目的标高轴网，再进行结构专业的模型创建。

5.1 新建项目

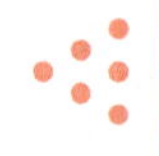

启动 Revit 2015，选择“结构样板”新建项目（图 5.1.1），进入项目绘图界面。

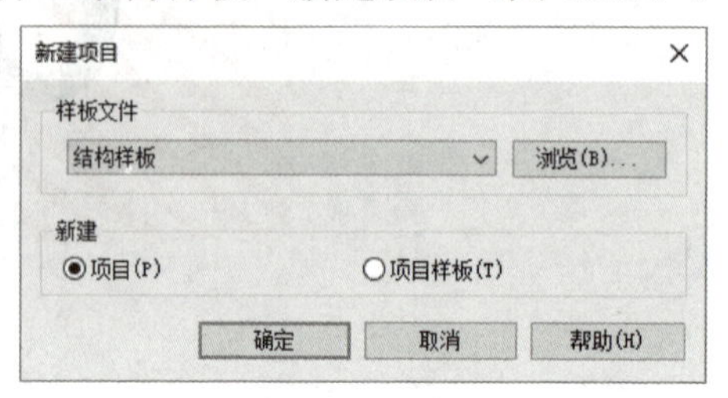

图 5.1 1　选择“结构样板”

5.2 标高轴网

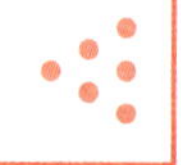

为了便于软件操作与讲解，以及保证项目各专业模型定位一致，创建结构专业模型的标高轴网时，引用建筑模型的标高轴网或直接导入 CAD 结构图。

使用标高轴网具体有以下两种方法：

方法一：链接建筑中已有的标高轴网 RVT 文件；

方法二：链接 CAD 结构图。

由于不同构件的标高轴网不同，建议采用方法二，直接导入相关构件 CAD 图。使用方法在后续创建具体构件模型时阐述。

视频 5.2 标高轴网

5.3 基础

5.3.1 基本设置

本案例工程基础只有一个标高，为此，先打开一个立面视图，创建基础底标高，以及其他层结构标高，如图 5.3.1 所示。

再打开基础底标高结构平面，链接 CAD 平面基础布置图到项目中作为参照，如图 5.3.2 所示。

创建轴网，单击“拾取线”命令，如图 5.3.3 所示。此处需要注意的是，再拾取时应及时修改轴网编号，使得与基础平面图保持一致。

拾取完毕以后，删除原有基础平面图，形成 Revit 基础轴网。

视频 5.3.1 基本设置

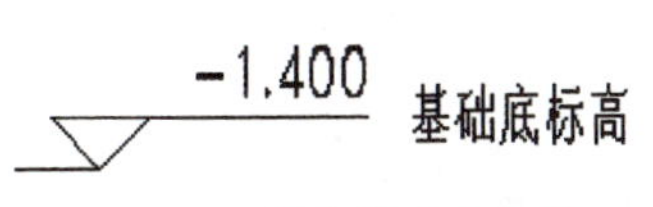

图 5.3.1 创建基础底标高

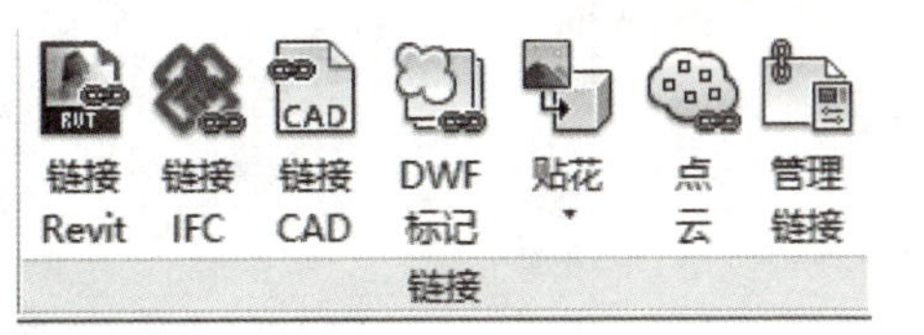

图 5.3.2 链接 CAD

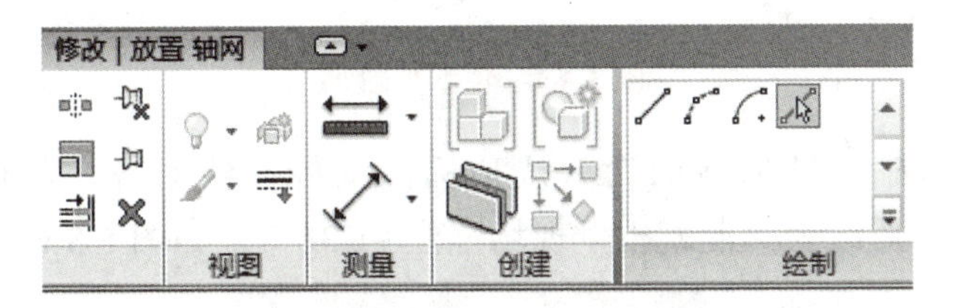

图 5.3.3 拾取线创建轴网

5.3.2 创建独立基础

创建基础模型，Revit 中提供了三种基础创建工具，如图 5.3.4 所示。

本案例工程基础采用柱下独立基础，先创建独立基础，再创建基础下的垫层。

单击功能区“结构”→“基础”→“独立基础”命令，单击属性栏“编辑类型”→“载入”→“独立基础”→“坡形截面”命令。案例中共 11 种尺寸不同的坡形截面独立基础，修改类型参数，使其满足案例要求，此处以 J1 为例（图 5.3.5），其他不再重复叙述。

视频 5.3.2 创建独立基础

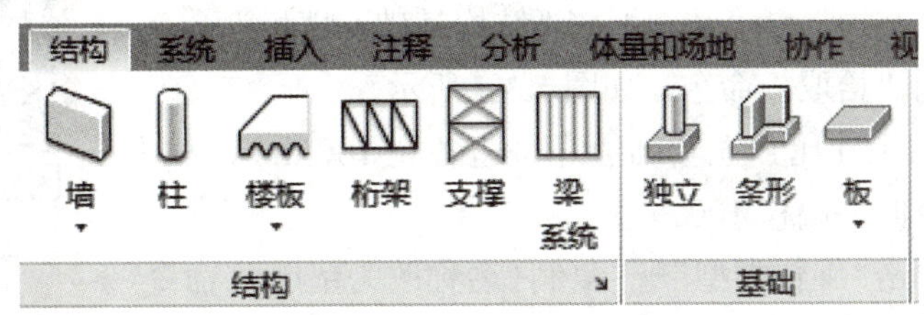

图 5.3.4 三种基础创建工具

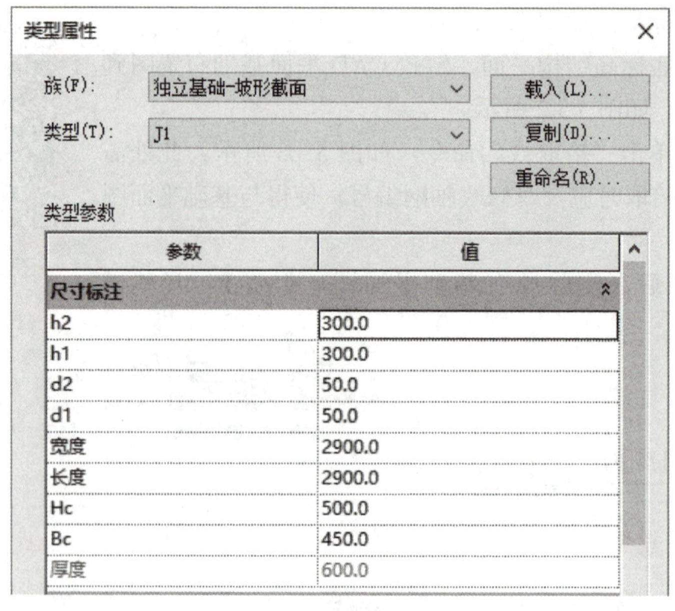

图 5.3.5　独立基础 J1

由于“独立基础－坡形截面”默认顶标高与标高线对齐，故应将其向上偏移 600 mm，且将其材质改为“混凝土，现场浇注 –C30”，如图 5.3.6 所示。

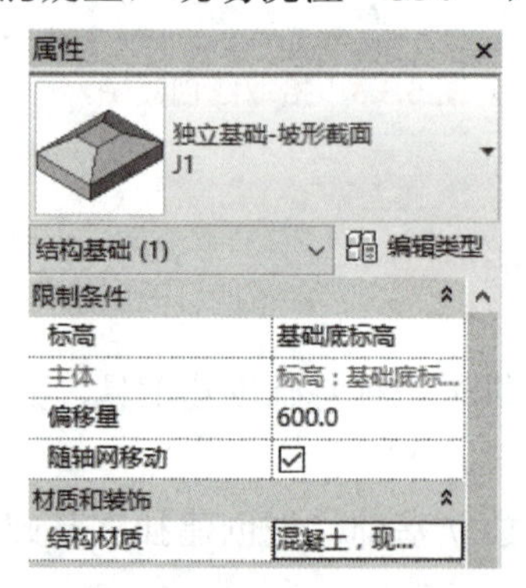

图 5.3.6　修改基础材质

将创建好的独立基础放置到指定轴线位置，再创建垫层。

5.3.3　创建基础垫层

单击功能区“结构”→“基础”→“结构基础：楼板”命令，单击“边界线”的“拾取”命令，如图 5.3.7 所示。

由于垫层平面尺寸比独立基础边缘每边各宽 100 mm，故采用“拾取线”命令向外偏移 100。

在属性栏，单击“编辑类型”→“复制（名称改为垫层）”命令，如图 5.3.8 所示。

视频 5.3.3 创建基础垫层

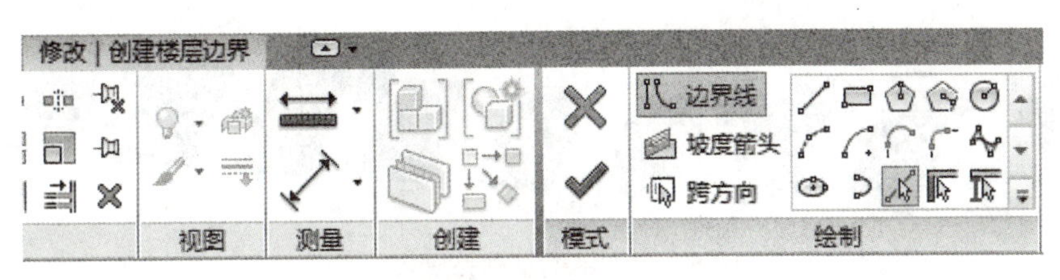

图 5.3.7 “拾取”命令

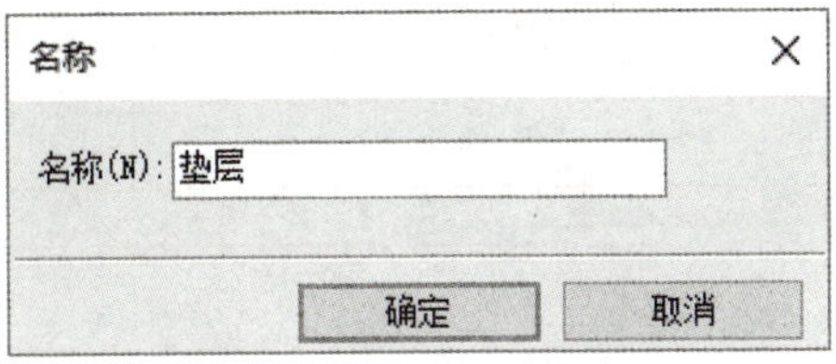

名称

名称(N): 垫层

确定 取消

图 5.3.8 修改类型名称

编辑结构层厚度为 100 mm，选择“混凝土，现场浇注 – C15”，如图 5.3.9 所示。

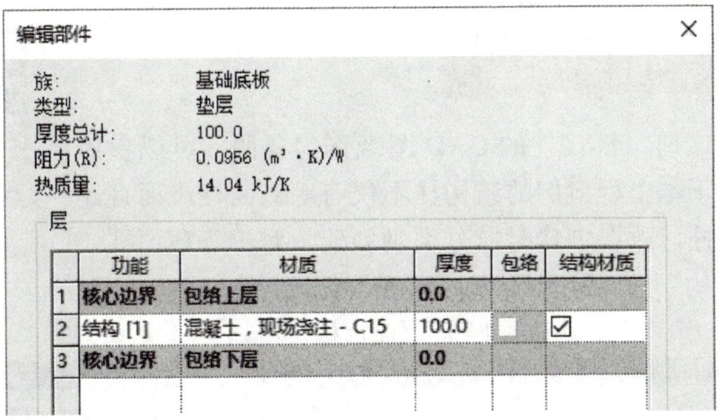

编辑部件

族: 基础底板
类型: 垫层
厚度总计: 100.0
阻力(R): 0.0956 (m²·K)/W
热质量: 14.04 kJ/K

层

	功能	材质	厚度	包络	结构材质
1	核心边界	包络上层	0.0		
2	结构 [1]	混凝土，现场浇注 - C15	100.0	☐	☑
3	核心边界	包络下层	0.0		

图 5.3.9 垫层设置

在属性栏“限制条件”中，“自标高的高度偏移”为 –600（图 5.3.10），拾取独立基础四条边，完成编辑模式，生成垫层。

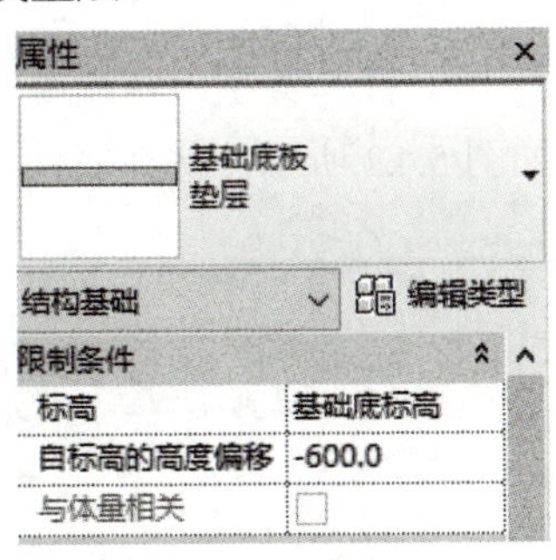

图 5.3.10 修改垫层标高

重复上述命令，完成其余 J2 ～ J11 独立基础及垫层。由于案例中的独立基础成轴对称，布置左侧一半，即可采用镜像命令生成右侧的一半。

最终独立基础的效果图，如图 5.3.11 所示。

图 5.3.11　结构基础完成效果图

5.4 柱

Revit 中有“建筑柱”和“结构柱”两种构件。本案例工程不涉及创建建筑柱，故本节仅创建结构柱。

视频 5.4.1 等截面柱创建

5.4.1 等截面柱创建

创建结构柱之前，链接柱的 CAD 图纸作为参照（可以参照独立基础）。由于本工程案例的结构柱不仅有等截面柱，而且还存在多根变截面柱，故在创建时应分类别创建。对于等截面柱，单击功能区“结构”→“柱”命令，出现“修改 | 放置结构柱”选项卡（图 5.4.1 所示），默认选择为“垂直柱”。

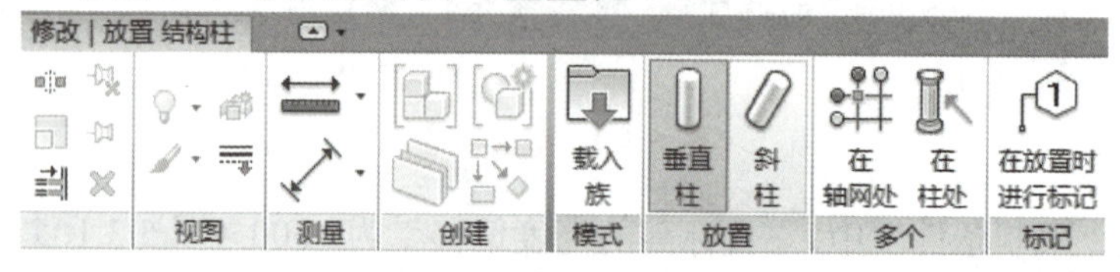

图 5.4.1　“结构柱”命令

在属性栏中选择“混凝土 – 矩形 – 柱”类型，修改类型属性，如案例工程中等截面柱“KZ1 450×500”，修改其尺寸如图 5.4.2 所示，并在属性栏中将材质修改成“混凝土，现场浇注 –C30”。

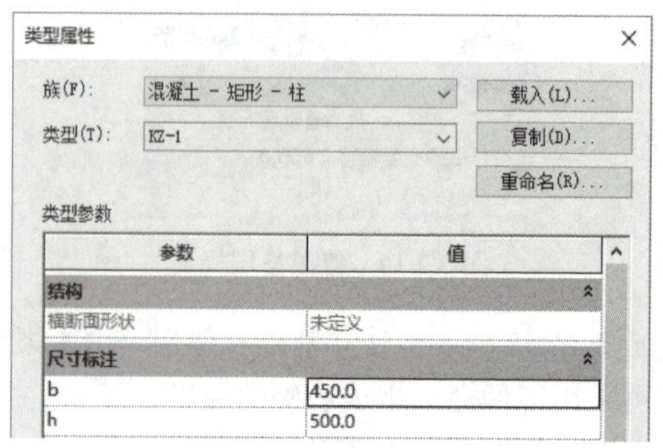

图 5.4.2　新建结构柱类型

KZ1 的一层高度为“基础顶 ~3.250”，由于 J–1 基础的顶标高为 –0.850 m，在标高一层平面放置结构柱时，按图 5.4.3 所示的要求进行放置。

图 5.4.3　结构柱选项设置

放置到确定位置后，继续选择 KZ1 放置，将其顶部标高设为“标高 2”，如图 5.4.4 所示。再继续进行二层～五层 KZ1 的放置。

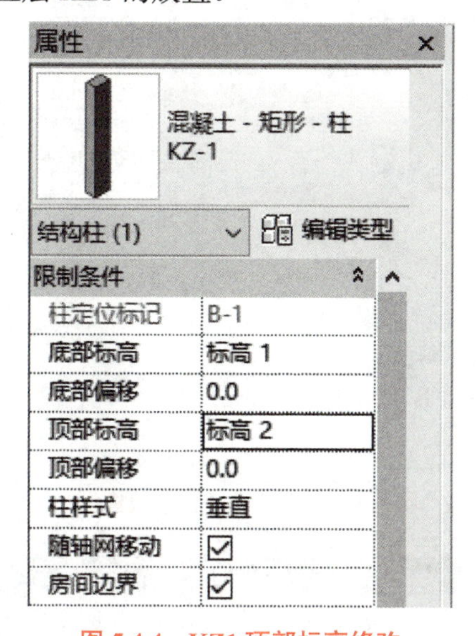

图 5.4.4　KZ1 顶部标高修改

其他等截面柱（如 KZ3、KZ4、KZ6、KZ7 等）的创建参考 KZ1 的创建。

5.4.2　变截面柱创建

同样的方法不适用于变截面柱。以 KZ2 为例，创建变截面柱。

新建“A 公制常规模型”，如图 5.4.5 所示。

单击功能区“创建”→“拉伸”命令，打开“修改 | 创建拉伸”选项卡，单击“矩形”命令，如图 5.4.6 所示。

视频 5.4.2 变截面柱创建

由于 KZ2 的高度为“基础顶～ 16.450 m”，且其下独立基础顶标高为 –0.800 m，柱分为两部分，高度“–0.800 ～ 9.850 m”的截面尺寸为“450×500”，而“9.850 ～ 16.450 m”的截面尺寸为“450×450”，但在创建拉伸时，也是要分层创建的。在创建“9.850 ～ 13.150”和“13.150 ～ 16.450”这两层柱时，需要注意 h_1、h_2 的大小，确定从哪一边缩进。分析“柱平法施工图”，KZ2 是 h_2 减小 50 mm。创建完毕后，单击功能区“修改”→“连接”命令（图 5.4.7），单击两部分，将其连接为整体。修改材质为“混凝土，现场浇注 –C30”。

单击功能区“创建”→“族类别和族参数”命令，修改所创建的族为结构柱，如图 5.4.8 所示。

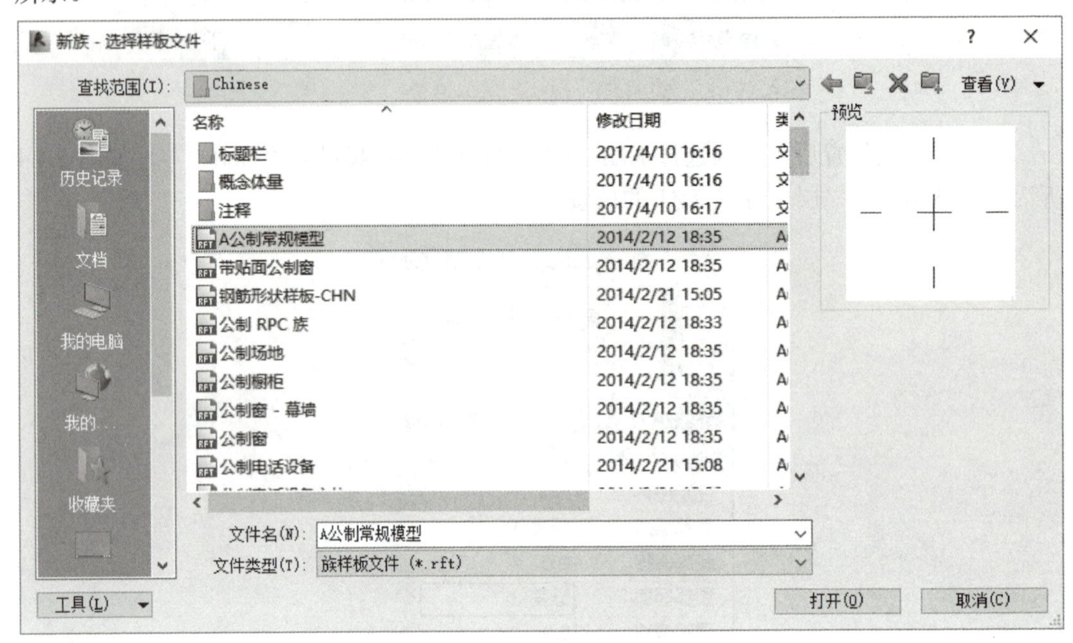

图 5.4.5　新建“公制常规模型”

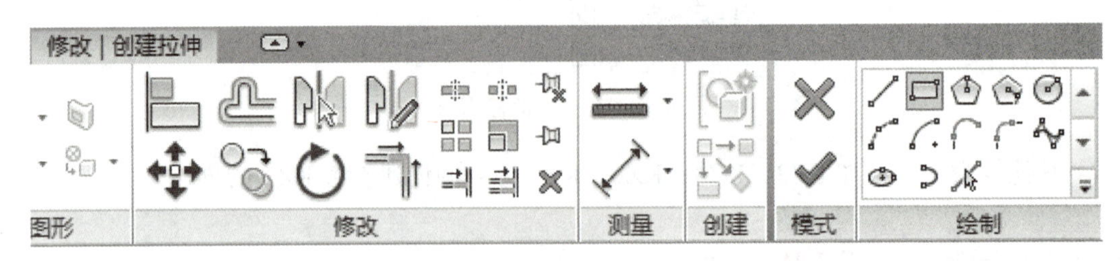

图 5.4.6　矩形拉伸命令

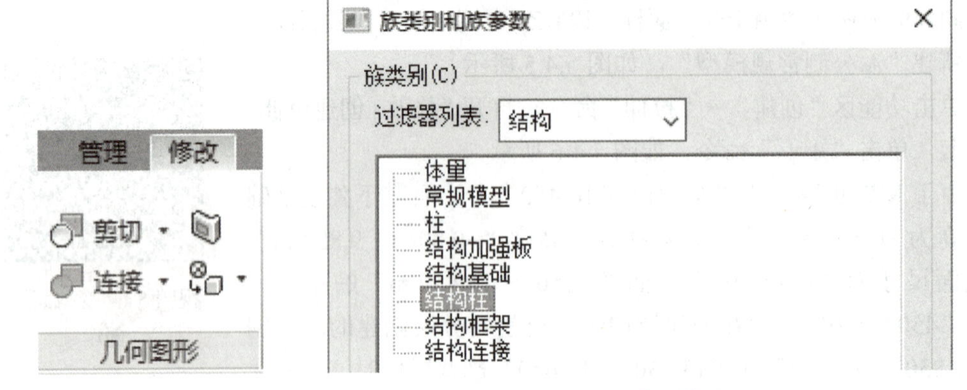

图 5.4.7　连接几何图形命令　　图 5.4.8　族类别修改

完成修改，单击“另存为”命令，将族重命名为“KZ2”。最后将创建的族载入到项目中。单击功能区“创建”→“载入到项目中”命令，如图 5.4.9 所示。

图 5.4.9　载入到项目中

将载入的族放置到指定的位置，完成变截面柱 KZ2 的创建。其余变截面柱（如 KZ9、KZ10、KZ19 等）参照 KZ2 的创建步骤。

完成所有结构柱的创建，最后的完成效果图如图 5.4.10 所示。

图 5.4.10　结构柱完成效果图

5.5 梁和板

由于本工程案例中的梁为混凝土矩形梁，故可直接利用样板自带的族类型复制得到，板同样如此。创建结构构件之前，链接构件的 CAD 图纸作为参照。本节以一层梁和二层板进行案例讲解。

5.5.1 新建梁的类型

视频 5.5.1 新建梁的类型

进入 Revit 结构样板，打开一层结构平面视图，单击功能区“结构”→“梁”命令，在界面左侧属性栏下拉列表中单击“混凝土”→“矩形梁”命令，单击“编辑类型”按钮，复制一个新的类型，如“KL1 250×550”，修改尺寸标注值，如图 5.5.1 所示。

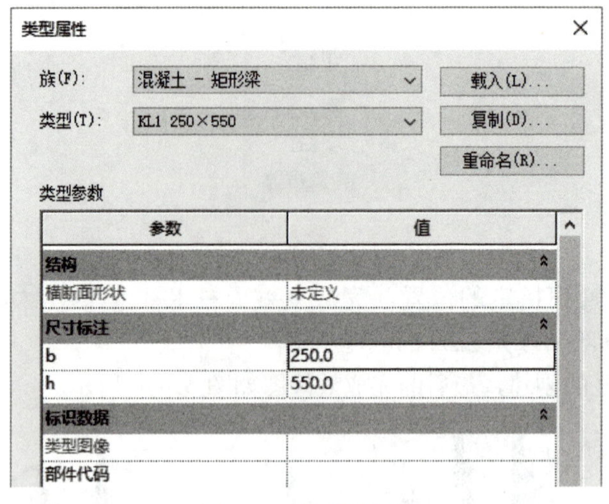

图 5.5.1　新建梁类型

5.5.2　梁的创建

视频 5.5.2 梁的创建

案例中，层号 1 的标高为 -0.050 m，梁在放置时默认的是梁的顶标高与所在的标高对齐，故在创建一层梁时，应该在标高 1 的结构平面链接 CAD 图，并按照以下的方法创建一层梁：

选择新建的梁类型，单击功能区“修改 | 放置梁”→“直线”命令，如图 5.5.2 所示。

在一号框架梁区域单击起点和终点绘制梁，也可以单击“绘制”→“拾取线”命令绘制梁。

梁放置以后，需对其位置进行修改，单击功能区“修改”→“对齐”命令，如图 5.5.3 所示。

图 5.5.2　梁绘制命令

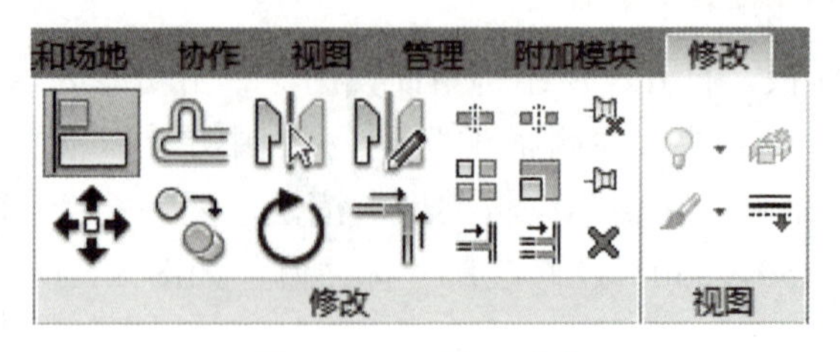

图 5.5.3　“对齐”命令

当然，梁在绘制好以后，也可以通过属性栏对其位置进行修改，如图 5.5.4 所示。已在标高 1 平面放置，起、终点标高不需偏移。若图中有特殊注明梁的标高，此时务必注意标高的修改。

完成所有一层梁的创建，最后的完成效果图如图 5.5.5 所示。

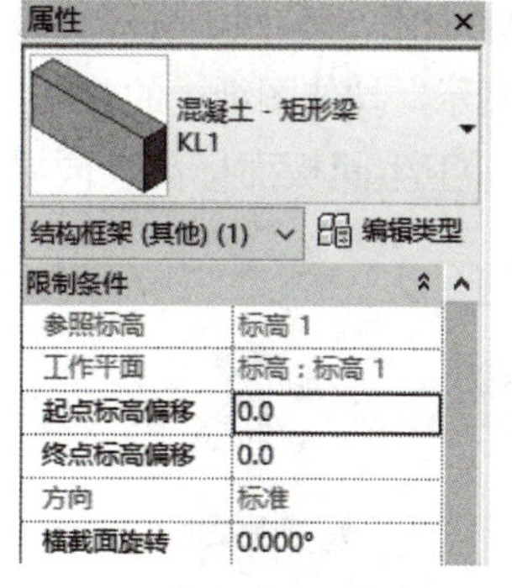

图 5.5.4　属性设置

图 5.5.5　一层梁完成效果图

用同样的方法可以完成其他各层梁的创建。

5.5.3　新建板的类型

进入 Revit 结构样板，打开二层结构平面视图，单击功能区“结构”→“楼板”命令，在其下拉菜单中选择“楼板：结构”选项，单击“编辑类型”按钮，复制一个新的类型，如“B1-110mm”，并单击“编辑”按钮，修改板厚及材质，如图 5.5.6 所示。

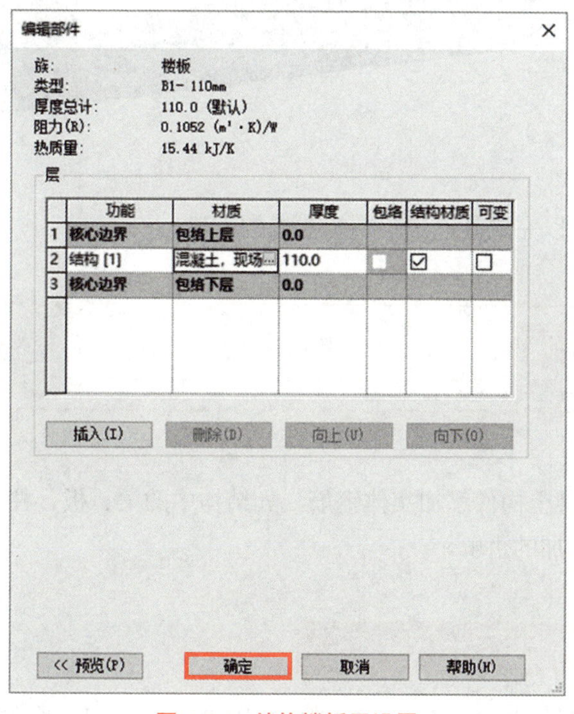

图 5.5.6　结构楼板层设置

重复上述操作，新建其他厚度的结构楼板。

5.5.4 板的创建

以创建二层结构楼板为例，在标高 2 平面链接二层结构板 CAD 图作为参照，选择楼板 B1，单击功能区“绘制”→“直线”或“矩形”命令，如图 5.5.7 所示，拉伸图纸中的 B1。

在绘制时，需要注意的是未注明的板厚均为 110 mm，阳台、卫生间板面标高较同层楼面标高低 50 mm，如图 5.5.8 所示。

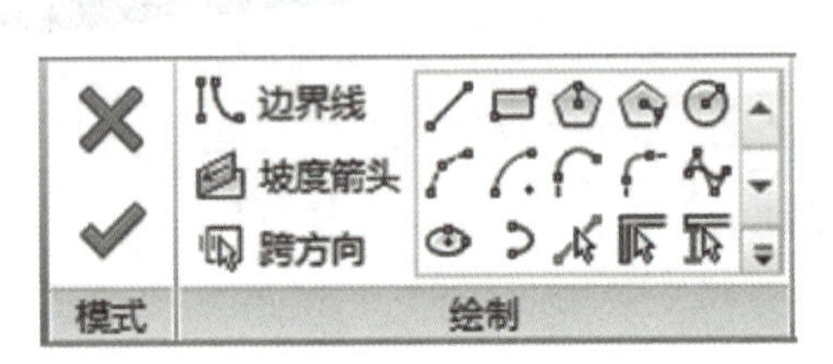

图 5.5.7 “直线”或“矩形”命令

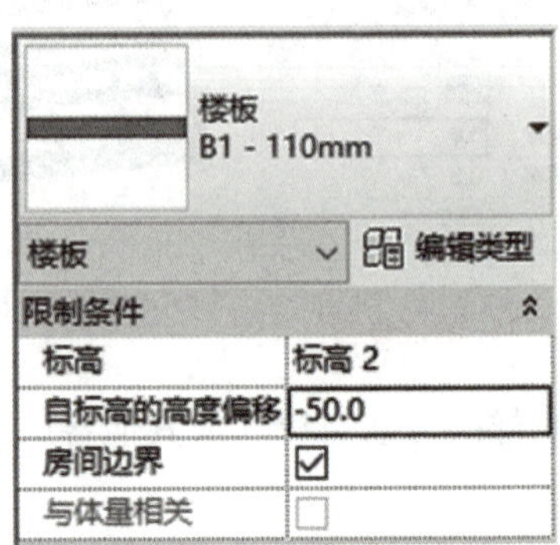

图 5.5.8 修改楼板标高

完成所有二层结构楼板的创建，最后的完成效果图如图 5.5.9 所示。

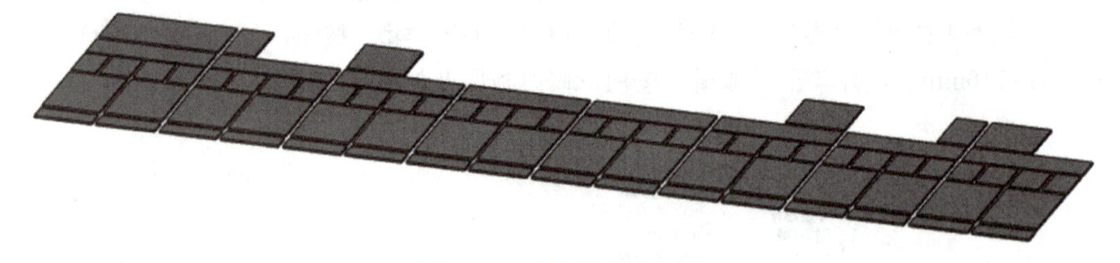

图 5.5.9 二层结构板完成图

用同样的方法可以完成其他楼层结构楼板的创建。

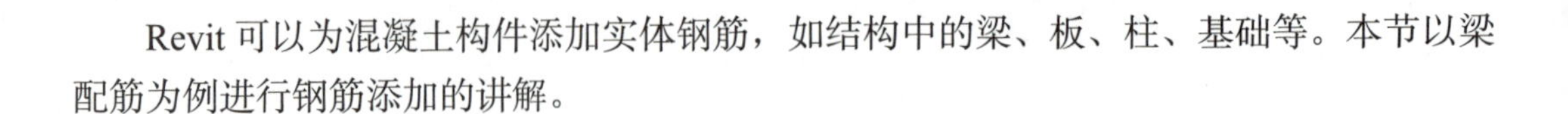

5.6 钢筋

Revit 可以为混凝土构件添加实体钢筋，如结构中的梁、板、柱、基础等。本节以梁配筋为例进行钢筋添加的讲解。

5.6.1 设置混凝土保护层

由于不同的环境类别所对应的混凝土保护层厚度不尽相同，故在使用钢筋命令添加钢筋前，需要对混凝土保护层厚度进行设置。

视频 5.6.1 设置混凝土保护层

在向项目中添加混凝土构件时，Revit 会对其设置默认的保护层厚度。也可以通过属性栏对保护层厚度进行修改。

若默认样板中没有所需的类别，可通过以下方法进行设置：

单击功能区“结构”→“钢筋”→“保护层”命令，在快速访问工具栏下方会出现“编辑钢筋保护层”选项栏，如图 5.6.1 所示。

单击“保护层设置”最右侧的省略号，打开“钢筋保护层设置”对话框，如图 5.6.2 所示。按照工程案例的环境类别选择相对应的保护层厚度或进行保护层的复制、添加、修改和删除等操作。

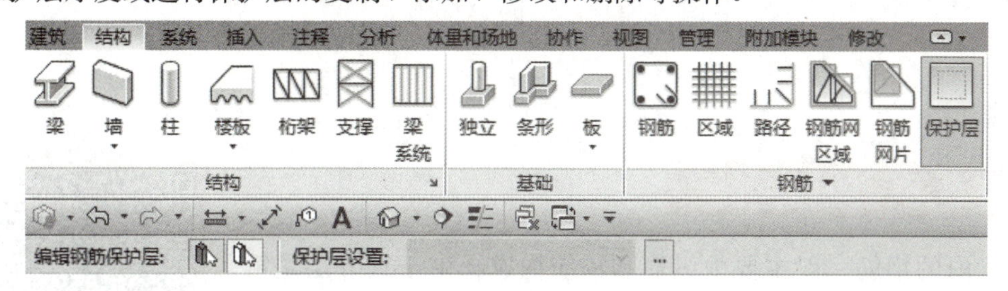

图 5.6.1 保护层设置

钢筋保护层设置

添加、删除和修改钢筋保护层设置。

说明	设置
IIa，(梁、柱、钢筋)，≤C25	30.0 mm
IIa，(梁、柱、钢筋)，≥C30	25.0 mm
IIa，(楼板、墙、壳元)，≤C25	25.0 mm
IIa，(楼板、墙、壳元)，≥C30	20.0 mm
IIb，(梁、柱、钢筋)，≤C25	40.0 mm
IIb，(梁、柱、钢筋)，≥C30	35.0 mm
IIb，(楼板、墙、壳)，≤C25	30.0 mm
IIb，(楼板、墙、壳元)，≥C30	25.0 mm

复制(P) 添加(A) 删除(L)

确定 取消 帮助(H)

图 5.6.2 选择与环境相对应的保护层

5.6.2 创建配筋视图

视频 5.6.2 创建配筋视图

此处以一层的 1 号框架梁为例，打开标高 - 结构平面，对①轴上的 1 号框架梁在Ⓑ～Ⓒ轴间这一跨进行配筋。

单击功能区“视图”→“立面”→“框架立面”命令，添加立面视图，如图 5.6.3 所示。

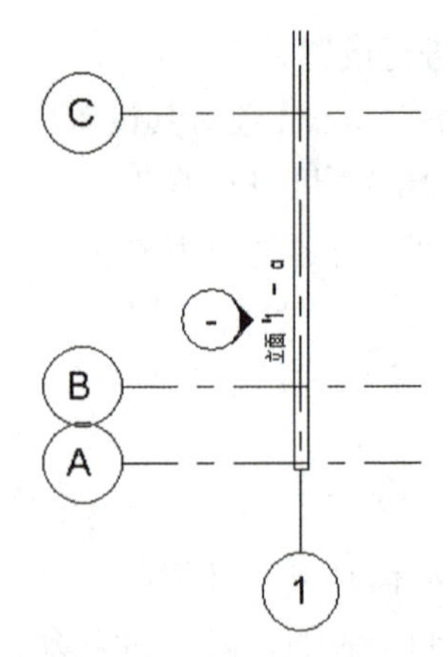

图 5.6.3　创建框架立面

5.6.3　放置钢筋

视频 5.6.3 放置钢筋

梁内的钢筋一般主要由纵筋和箍筋构成。由于最外层是箍筋，为了便于确定纵筋的定位，通常先配置箍筋，再配置纵筋。

1. 创建箍筋

根据梁平法图，KL1 的箍筋为双肢箍，加密区和非加密区均为 8 mm 直径 HPB300 的钢筋，加密区间距为 100 mm，非加密区间距为 200 mm，加密范围为 825 mm。

单击功能区“结构”→“钢筋”命令，在钢筋形状浏览器中选择“钢筋形状：33”，如图 5.6.4 所示。

钢筋属性栏默认选择“8HPB300”钢筋，单击功能区“修改 | 放置钢筋”→“垂直于保护层”命令，“钢筋集”中“布局”改为“最大间距”，间距为“100 mm”，如图 5.6.5 所示。

单击 KL1 放置钢筋，如图 5.6.6 所示。

根据箍筋设置要求，先在梁的一端绘制两个参照平面，用以确定一端加密箍筋的定位。再按 Tab 键选择箍筋，将上面建好的箍筋全部调整到一端的加密范围，如图 5.6.7 所示。

单击功能区“镜像 – 绘制轴”命令（图 5.6.8），完成右端加密区箍筋创建。

而梁中部的非加密区钢筋也使用调整加密区箍筋的方法进行创建，最后的箍筋如图 5.6.9 所示。

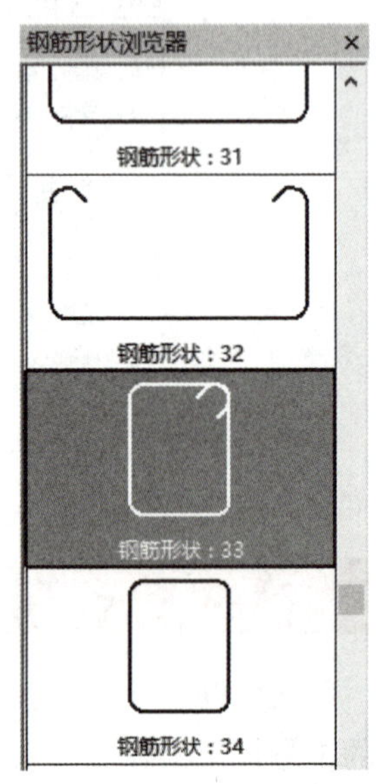

图 5.6.4　钢筋形状选择

图 5.6.5　放置钢筋

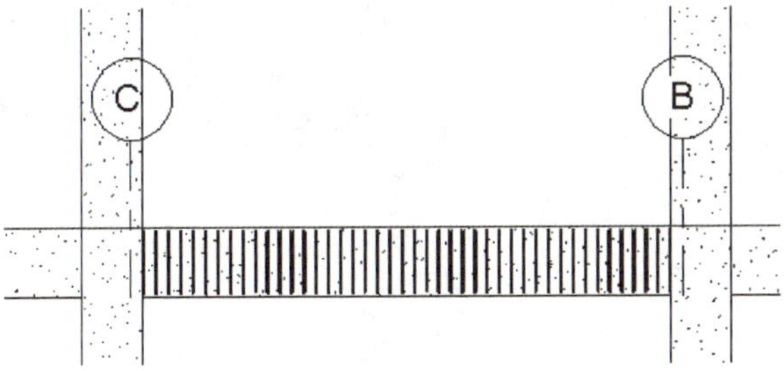

图 5.6.6　放置钢筋后的立面图

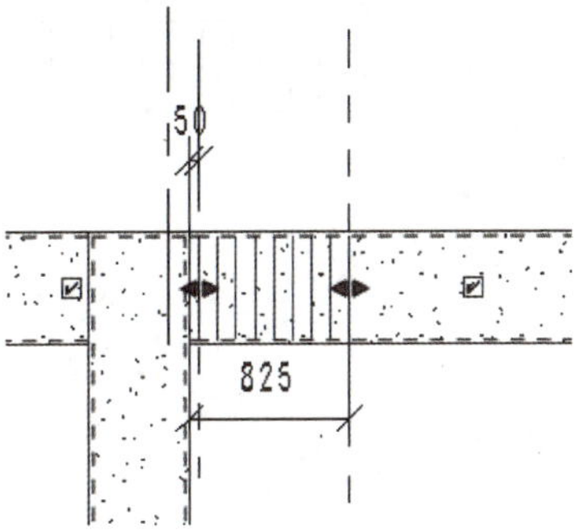

图 5.6.7　调整加密区箍筋

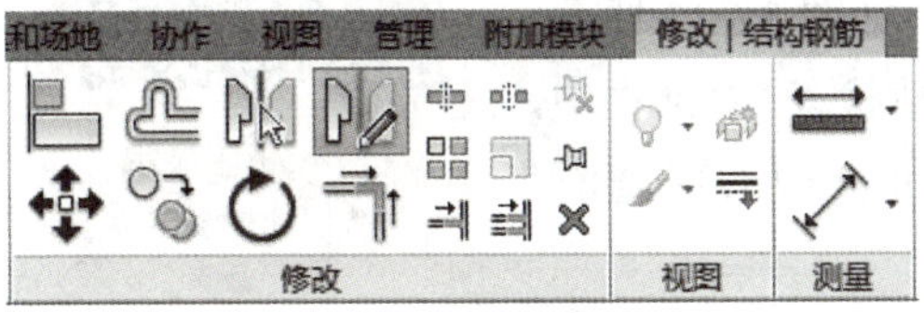

图 5.6.8　调整加密区箍筋

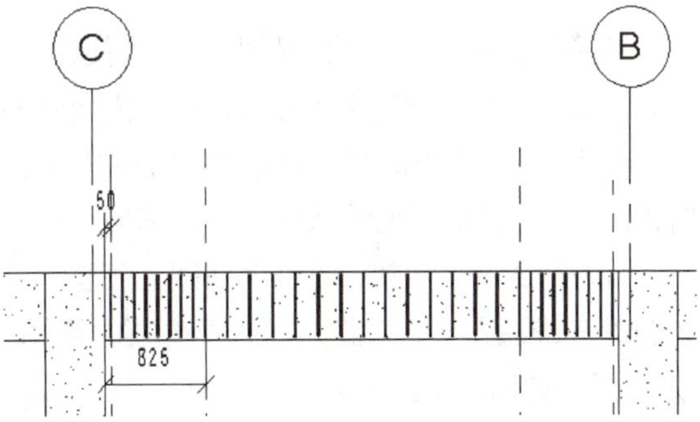

图 5.6.9　箍筋完成立面图

2. 创建纵筋

根据梁平法图，1 号框架梁在此跨内上部、中部、下部均有纵向钢筋。此处以梁顶角部 HRB400 钢筋为例进行创建。在梁中部创建剖面视图，单击功能区“视图”→“剖面”命令创建剖面，转到剖面视图，如图 5.6.10 所示。

单击功能区“结构”→“钢筋”→“钢筋形状：01”命令，在属性栏中选择“16HRB400”，单击功能区“修改 | 放置钢筋”→“垂直于保护层”命令，“钢筋集”中“布局”改为“单根”，将纵筋放到合适位置。按此方法完成其余纵筋，注意钢筋间距，故在放置其他纵筋时，应创建参照平面确定钢筋定位。

由于梁中存在抗扭钢筋，故还需要添加拉筋，在剖面视图中单击“钢筋形状：02”命令，按空格键可以改变拉筋的方向，选择合适的方向和位置放置好两根拉筋。

完成后的梁断面图如图 5.6.11 所示。

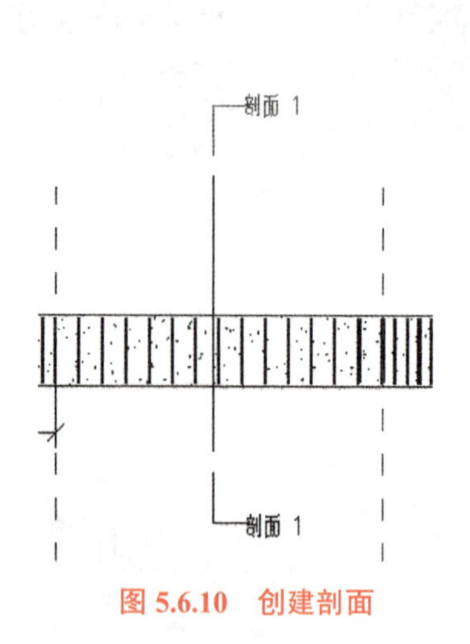

图 5.6.10　创建剖面

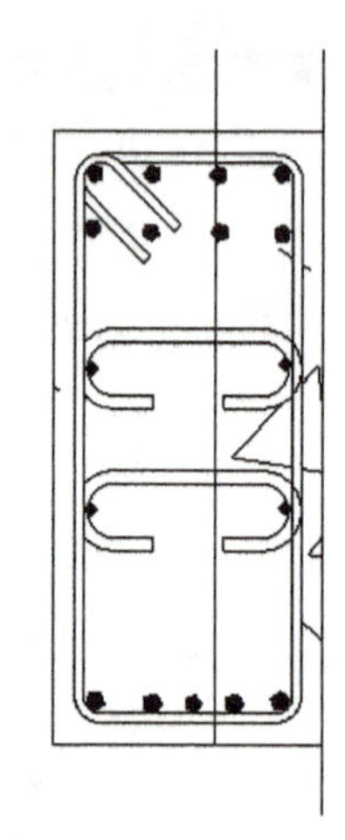

图 5.6.11　完成后的梁断面图

5.6.4　显示实体钢筋

视频 5.6.4 显示实体钢筋

钢筋在 Revit 的三维视图中默认使用单线条，而非实体形状，若需要显示出真实的钢筋效果，需要进行相关修改设置。

选择所创建的钢筋（可借助过滤器完成），在属性栏中单击“图形”→“视图可见性状态”→“编辑”命令，如图 5.6.12 所示。

单击“编辑”按钮，在“钢筋图元视图可见性状态”对话框中，勾选“三维视图、{三维}”栏的“清晰的视图”和“作为实体查看”复选框，如图 5.6.13 所示。

设置完成后，转到三维视图，真实效果图如图 5.6.14 所示。

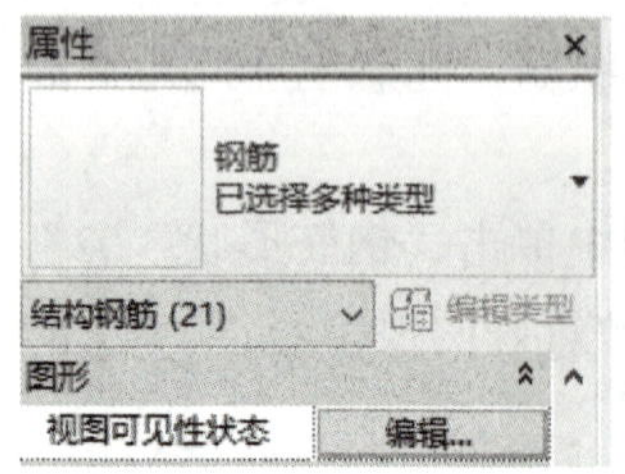

图 5.6.12　钢筋视图可见性

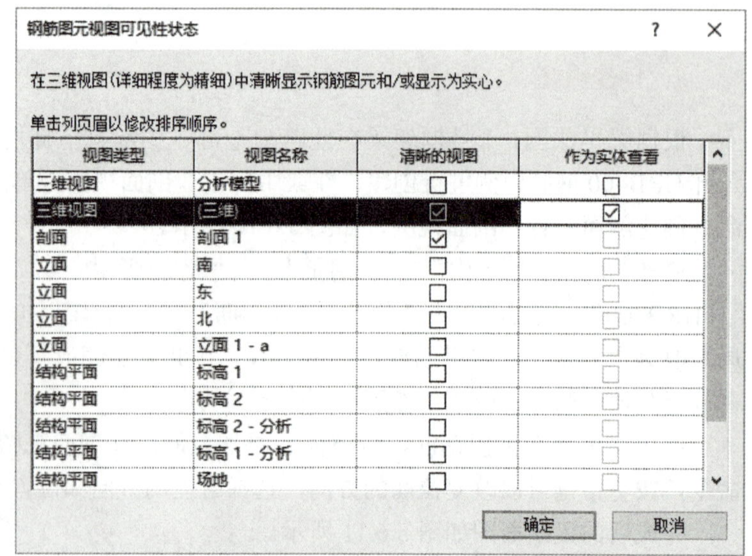

图 5.6.13　“钢筋图元视图可见性状态”对话框

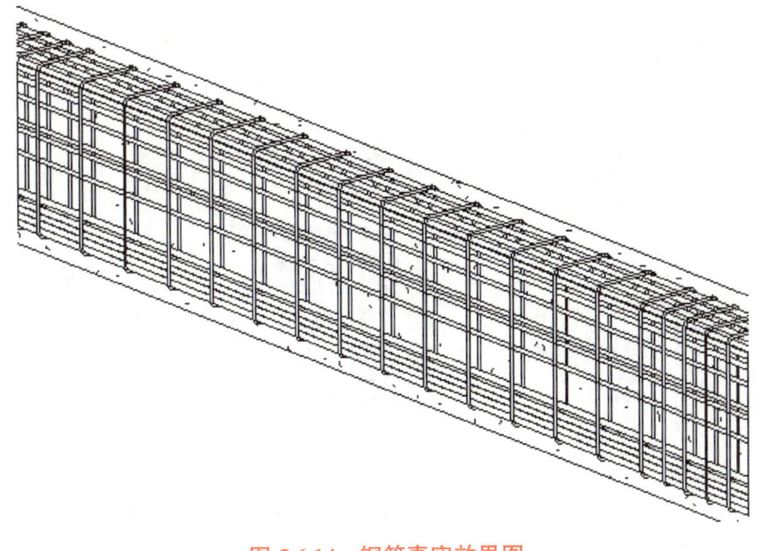

图 5.6.14　钢筋真实效果图

5.7 统计明细表 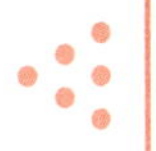

与建筑专业相比，明细表的创建方法是一致的。但是，不同的专业会有不同的统计要求。本节以独立基础为例进行明细表统计。

视频 5.7.1 构件标记

5.7.1　构件标记

在统计明细表前，应先将需要统计的构件进行标记，打开 Revit 基础完成图，单击“注释”→“标记”→“全部标记”命令，如图 5.7.1 所示。

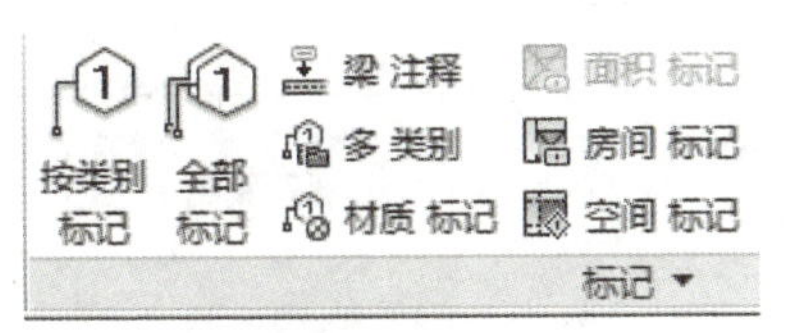

图 5.7.1　基础标记

视频 5.7.2 明细表创建

5.7.2　明细表创建

单击功能区“视图”→“明细表”→“明细表 / 数量”命令，新建明细表。在过滤器列表中选择“结构”，类别中选择“结构基础”，用以创建“结构基础明细表”，如图 5.7.2 所示。

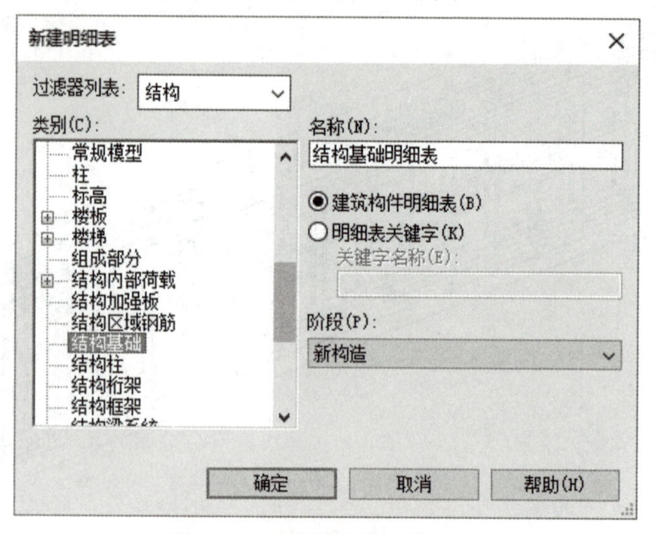

图 5.7.2　新建结构基础明细表

单击“确定”按钮后，需要对明细表属性进行修改。按照工程实际的需求添加需要显示的字段，此处列举几个常用的字段，如图 5.7.3 所示。

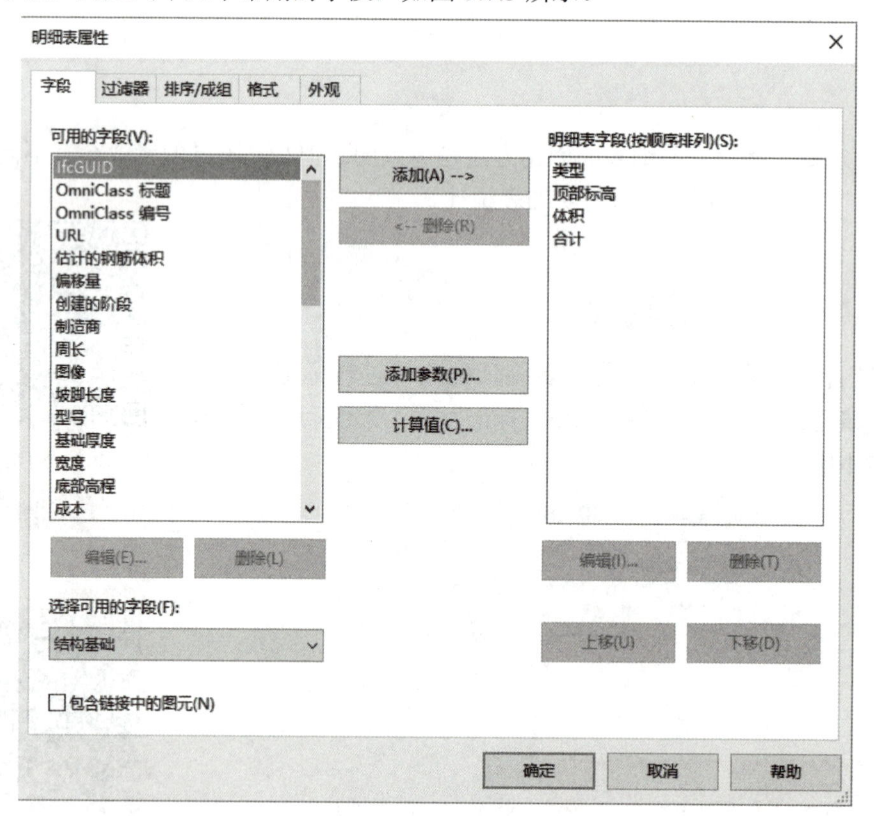

图 5.7.3　添加字段

然后在“排序 / 成组”选项卡中设置排序方式，选择需要使用的排序，最重要的是不勾选“逐项列举每个实例”复选框（图 5.7.4），否则不能进行合计统计。

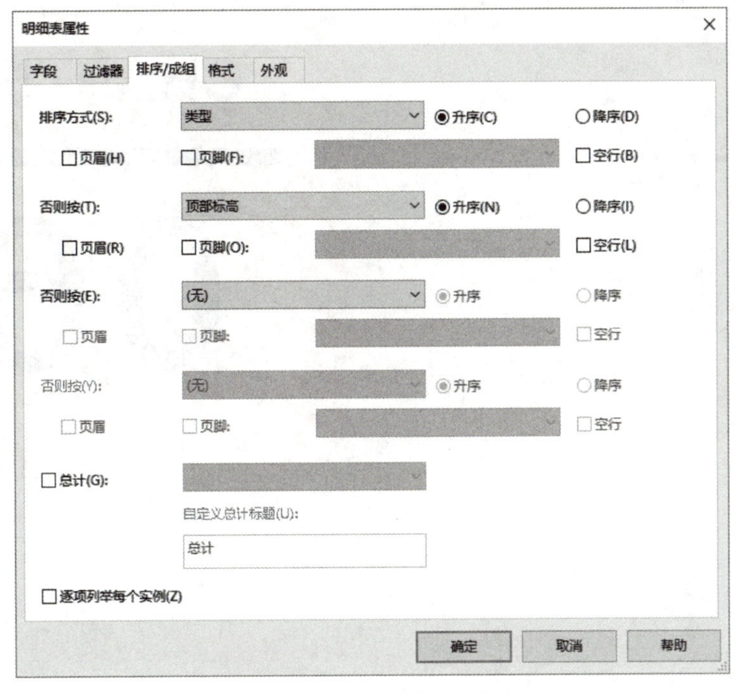

图 5.7.4 “排序 / 成组”设置

5.7.3 生成明细表

在所有设置完成后，单击“确定”按钮生成明细表，就可以看到相关数据，如图 5.7.5 所示。

<结构基础明细表>

A	B	C	D
类型	顶部标高	体积	合计
J1	-850	3.143 m³	1
J1	-800	3.564 m³	1
J2	-800	11.082 m³	4
J3	-800	6.710 m³	4
J4	-800	22.411 m³	4
J4	-700	7.047 m³	1
J5	-800	19.365 m³	4
J6	-800	2.673 m³	1
J7	-800	3.700 m³	3
J8	-800	11.754 m³	3
J9	-700	14.856 m³	2
J10	-800	2.670 m³	1
J11	-800	50.247 m³	9
垫层	-1400	41.726 m³	31

图 5.7.5 结构基础明细表

根据上述方法，可以完成其他结构构件的明细表，此处不再一一赘述。

CHAPTER

06

第六章

参数化 BIM 模型创建

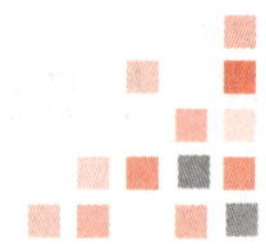

族是 Revit 软件中最基本的图形单元，一般情况下将族按使用特征不同分为两种：一是系统族；二是可载入族。本章所讲的均为可载入族。

因为可载入族具有自定义的特征，所以它是 Revit 中最经常创建和修改的。与系统族的不同在于，可载入族是在外部 .rfa 文件中创建的，并可以载入到项目中进行相关修改。其一般用于创建下列构件的族：建筑构件，如门、窗、家具等；系统构件，如卫浴装置、锅炉、热水器；注释图元，如符号等。

6.1 族编辑器环境

6.1.1 族样板的选择与使用

视频 6.1 族编辑器环境

启动 Revit 2015，创建族时，会出现对话框提示选择一个与该族所要创建的图元类型相对应的族样板，如图 6.1.1 所示。软件自带族样板比较多，因此，在选择时需要充分考虑其分类、功能、使用方法等相关属性。常用的族样板是公制常规模型。

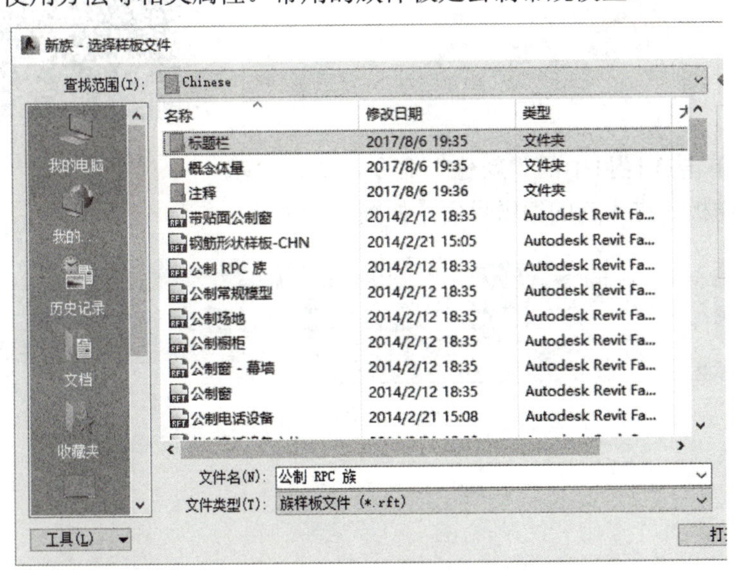

图 6.1.1　族样板文件

6.1.2 功能区基本命令

在公制常规模型的环境下，其相关工具特点是，先选择形状的生成方式，再进行绘制。

主要创建形状的方式有拉伸、融合、旋转、放样、放样融合五种。还有一种图形修改：剪切几何图形。此处不一一赘述，在实际创建过程中再进行讲解。

在模型创建时，需要特别注意参照平面与参照线的使用，如图 6.1.2 所示。两者都可以用于对象绘制前的参照拾取，但在实际操作中多使用参照平面，能够将实体对象与参照平面进行锁定，实现用参照平面驱动实体的效果。

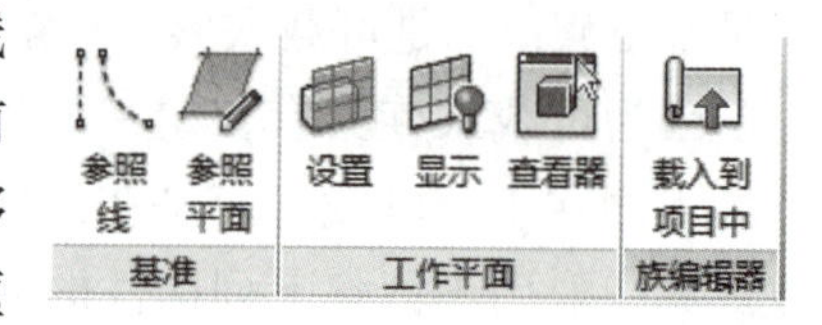

图 6.1.2 基准

6.2 门、窗族

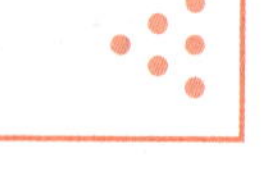

门族与窗族的创建都是基于某种公制样板文件进行的，这里介绍两种常见的样板文件。门族采用“基于墙的公制常规模型”，而窗族直接采用“公制窗”样板，注意两者的区别，在以后的学习与应用中选择更加适合的样板文件会达到事半功倍的效果。

视频 6.2.1 创建门族

6.2.1 创建门族

1. 新建族文件

进入 Revit 软件，单击族栏目中的“新建”命令，双击“基于墙的公制常规模型”样板，进入族的编辑界面，如图 6.2.1 所示。

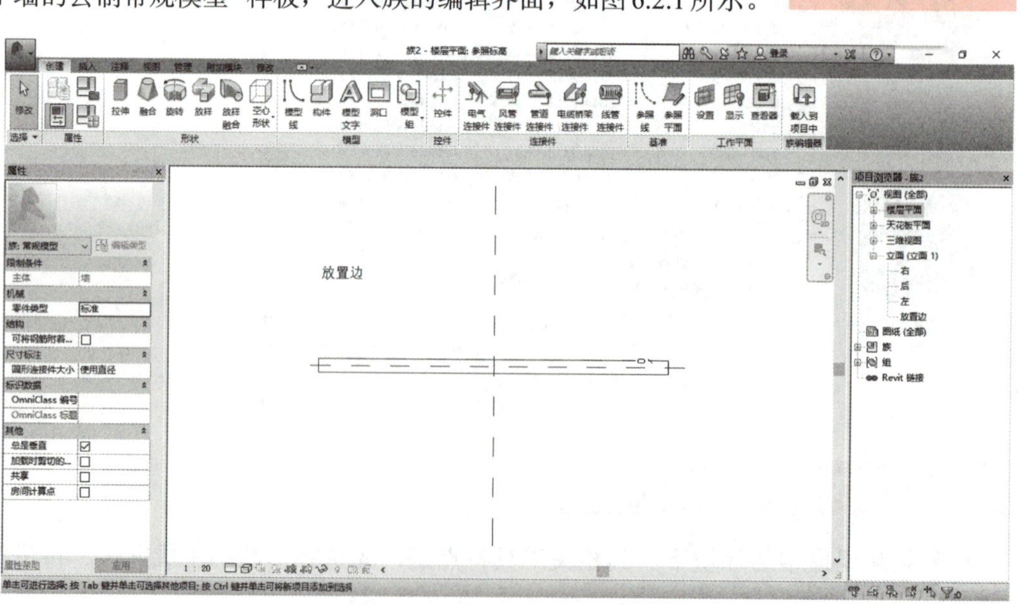

图 6.2.1 门族编辑界面

选择工程案例中的首层大门进行案例操作，单击功能区属性栏中的“族类别和族参数”命令，为创建的族指定族类别，选择“建筑”→“门”，如图 6.2.2 所示。

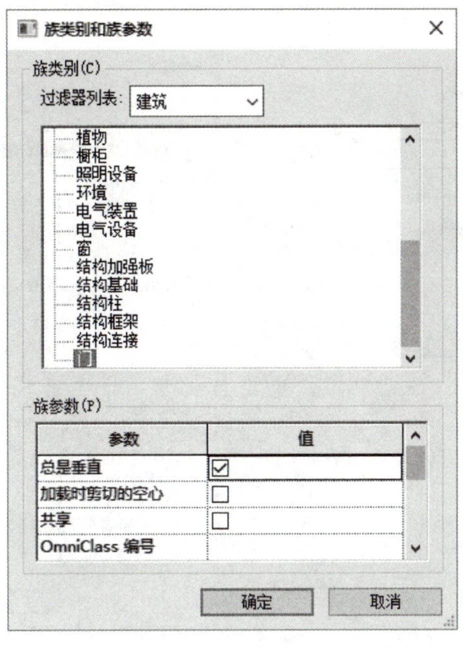

图 6.2.2　指定族类别

2. 添加参数

由于门的高度、宽度、门框以及门扇等需要添加参数，故需要对尺寸和材质进行参数设置。具体参照平面设置，如图 6.2.3 所示。

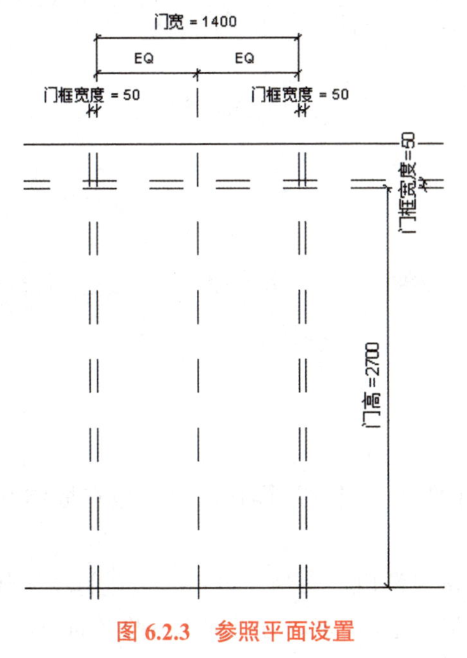

图 6.2.3　参照平面设置

除以上参数外，还需要给门添加一个材质参数。在“族类型”对话框中单击“参数”栏下的“添加”按钮，添加门框材质和门材质，如图 6.2.4 所示。添加完毕以后，具体参数如图 6.2.5 所示。

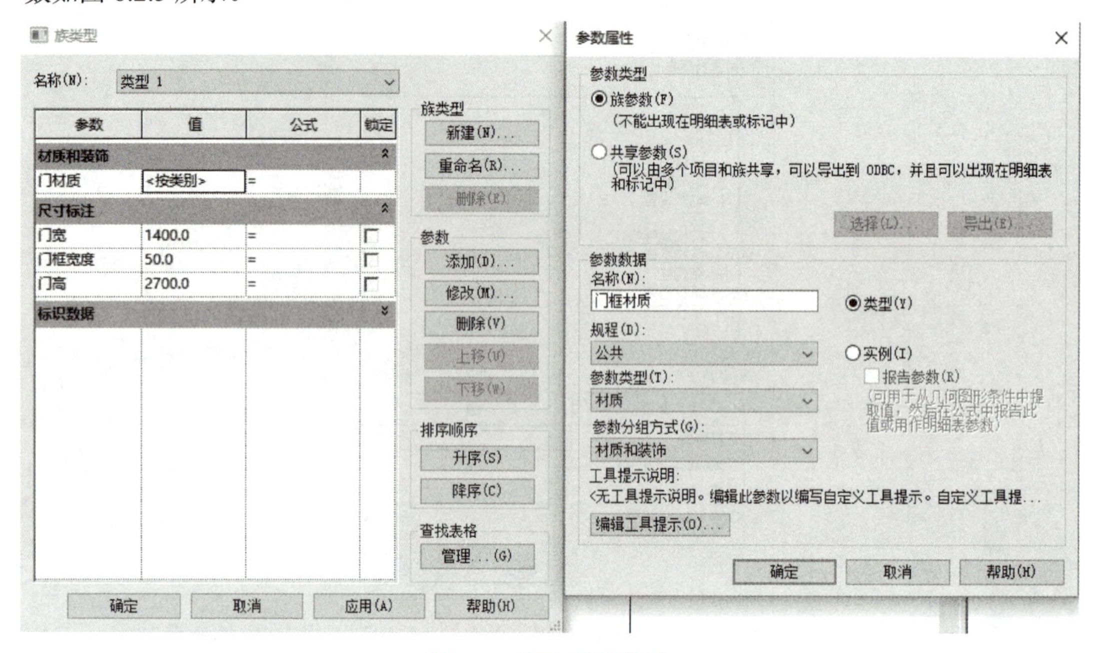

图 6.2.4　添加材质参数

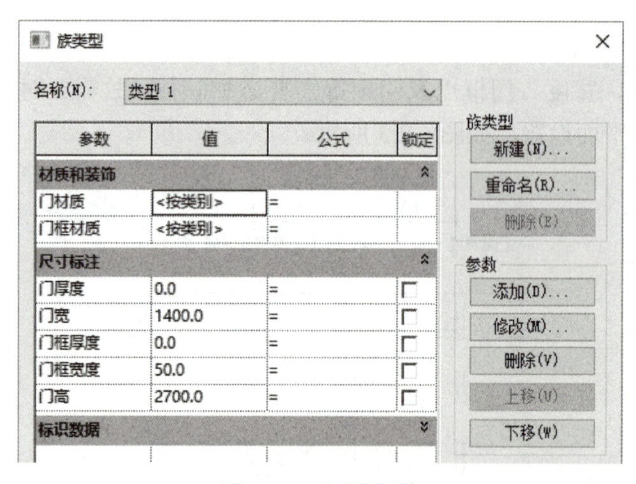

图 6.2.5　门族参数

3. 模型创建

由于选择的样板文件是基于墙的族样板，首先应在墙体开洞后方能开始模型的创建，具体操作如下：

单击功能区模型栏中的“洞口”命令（图 6.2.6）进行墙体开洞。

要将图 6.2.7 中出现的四把锁锁定，方可利用参照平面来驱动洞口大小。

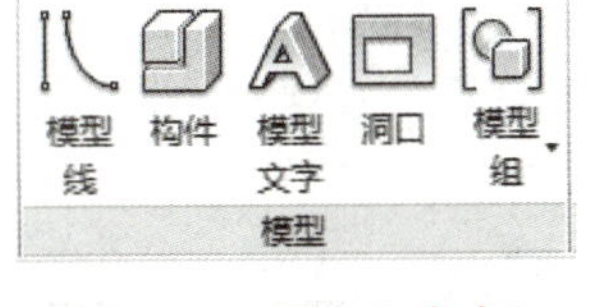

图 6.2.6 “洞口”命令

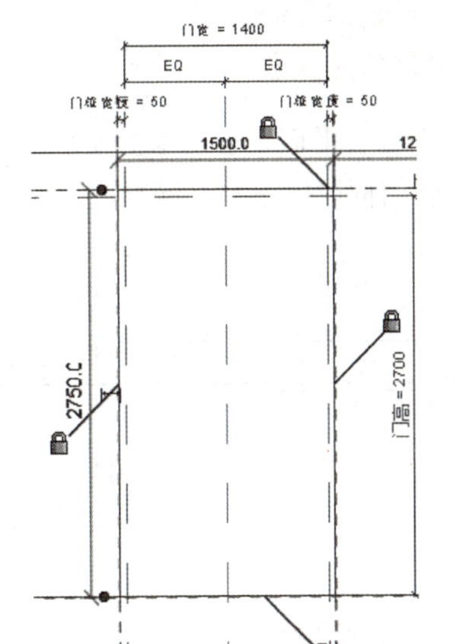

图 6.2.7 锁住洞口

单击功能区中“拉伸”命令，进入拉伸编辑界面，单击“矩形”命令，如图 6.2.8 所示。

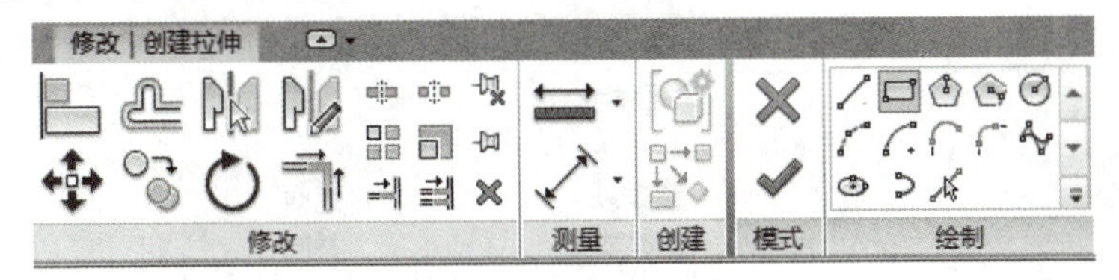

图 6.2.8 拉伸绘制工具

在绘图区域，使用“拉伸”命令绘制门框轮廓（图 6.2.9），并且单击出现的六个锁头。

单击矩形“拉伸”命令创建左侧门扇的轮廓，出现的锁头一定要锁住（图 6.2.10）。采用同样的方法创建右侧门扇。

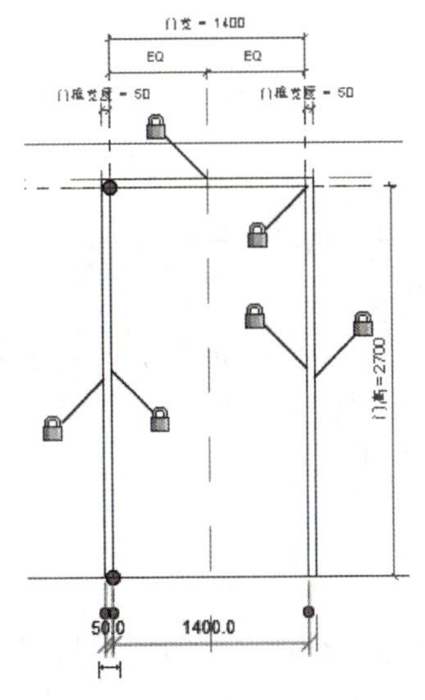

图 6.2.9 锁住左侧门扇轮廓

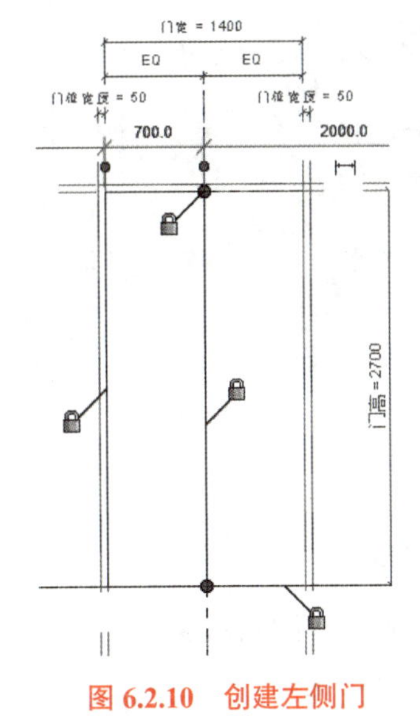

图 6.2.10 创建左侧门

4. 关联厚度参数

进入“楼层平面”→“参照平面”视图，创建两侧参照平面，连续添加尺寸并均分约束，关联门框厚度参数。同样的方法关联门扇厚度参数，如图 6.2.11 所示。

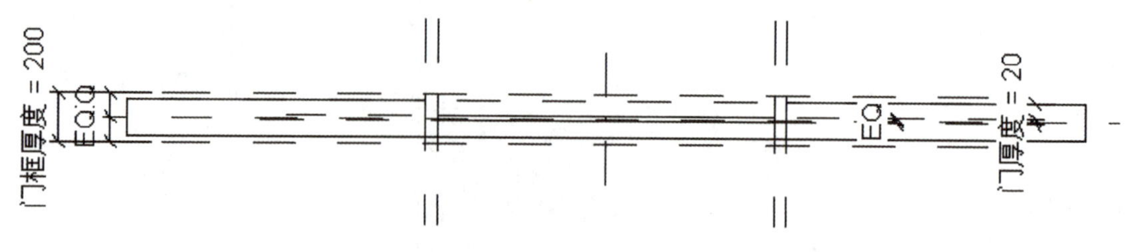

图 6.2.11　关联厚度参数

5. 关联材质参数

选中门框，单击属性栏“材质”后的方框，关联参数，如图 6.2.12 所示。用同样的方法关联门扇材质，并给这两种分别添加材质。

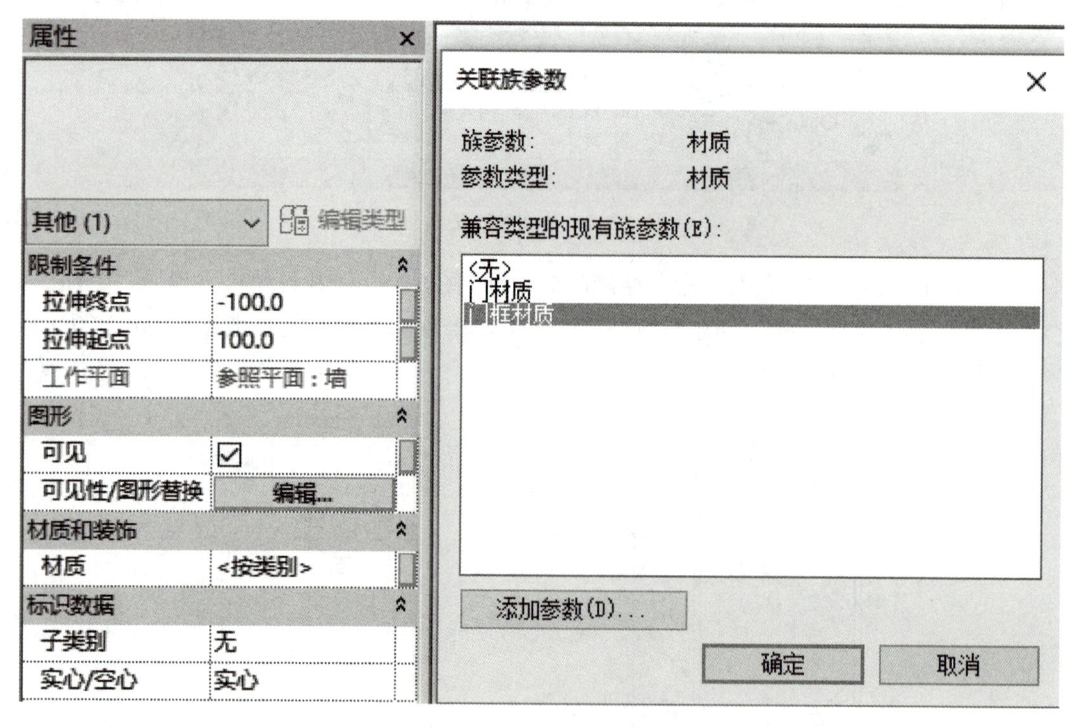

图 6.2.12　关联门框材质

6. 测试族

完成模型后（图 6.2.13），打开“族类型”对话框，修改各参数值，测试门的变化，检验门模型是否正确。

图 6.2.13 完成后的门模型

6.2.2 创建窗族

视频 6.2.2 创建窗族

1. 新建族文件

进入 Revit 软件，单击族栏目中的“新建”命令，双击“公制窗”样板，进入族的编辑界面，如图 6.2.14 所示。

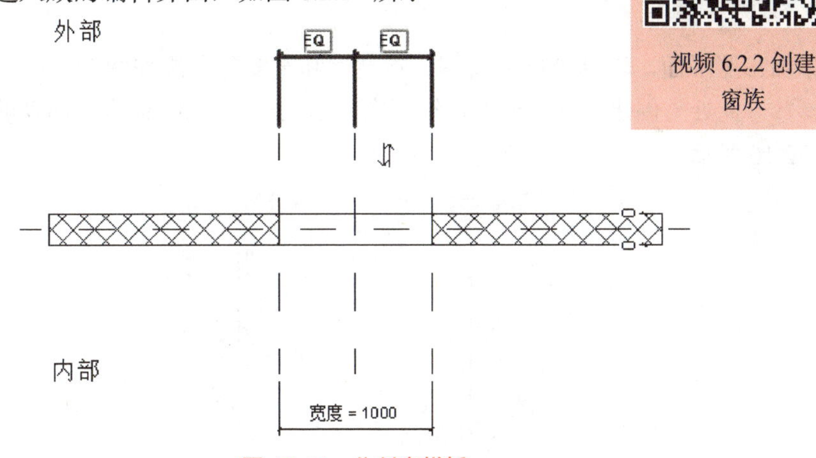

图 6.2.14 公制窗样板

2. 添加参数

单击功能区中“创建”→“族类型”命令，在此对话框中添加三个材质参数，即“窗框材质”“窗扇框材质”和“窗玻璃材质”。添加尺寸参数：“窗框宽度”“窗框厚度”“窗扇框宽度”“窗扇框厚度”。添加完成后，再设置其中已有的参数值相等，即“粗略宽度”与“宽度”相等，“粗略高度”与“高度”相等。设置完成后如图 6.2.15 所示。

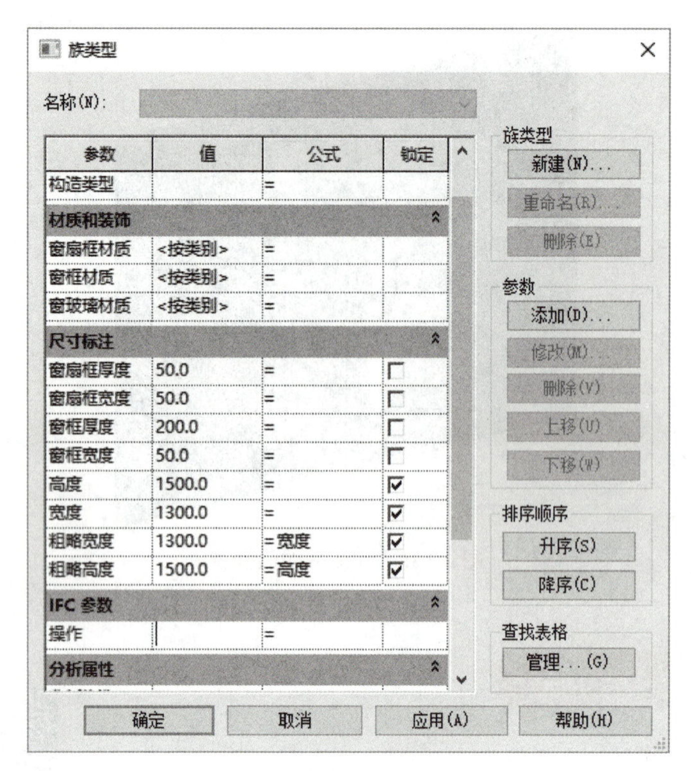

图 6.2.15　设置完成的窗族参数

3. 创建窗框模型

添加参照平面，转到外立面视图，在高度和宽度各向添加两个参照平面，关联窗框宽度参数。此处与创建门框类似，连续两次使用矩形“拉伸”命令，出现的锁头均锁住，如图 6.2.16 所示。

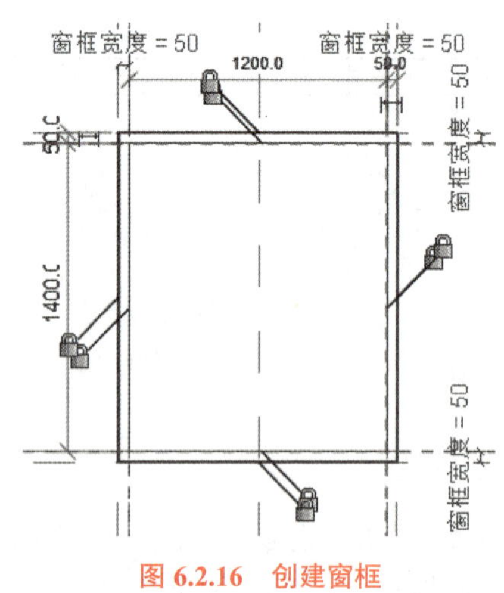

图 6.2.16　创建窗框

打钩，完成创建后转到“参照标高”视图，在墙中心线两侧各添加一条参照平面，连续添加尺寸后均分约束，再添加总尺寸并关联“窗框厚度”参数，并将窗框上下两个面与参照平面锁定，如图 6.2.17 所示。

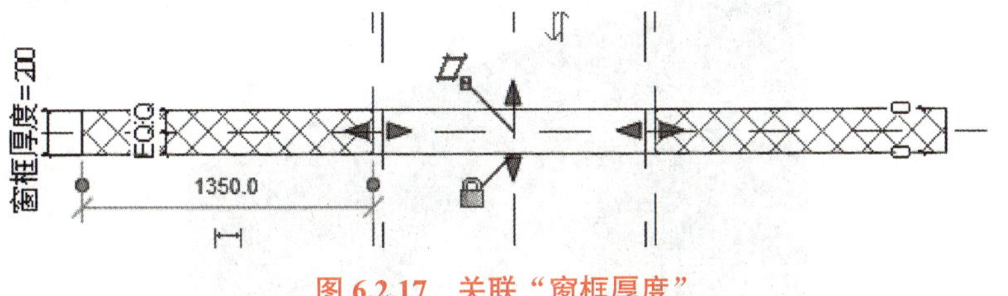

图 6.2.17　关联“窗框厚度”

完成后，关联“窗框材质”参数。完成窗框的模型创建。

4. 创建窗扇框模型

转到外立面视图，在中心参照平面两侧各添加一条参照平面，均分约束，并关联“窗扇框宽度”参数。使用“拉伸”命令，完成一侧的窗扇框创建，如图 6.2.18 所示。

转到“参照标高”视图，关联“窗扇框厚度”和“窗扇框材质”参数，完成一侧窗扇框的创建。用同样的方法完成另一侧窗扇模型创建。完成后如图 6.2.19 所示。

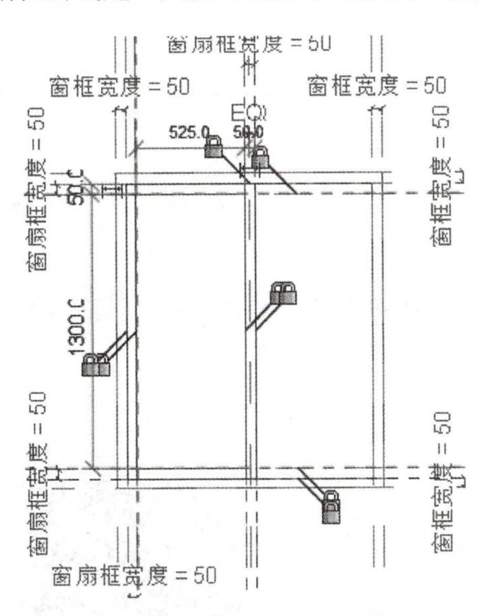

图 6.2.18　一侧窗扇框创建

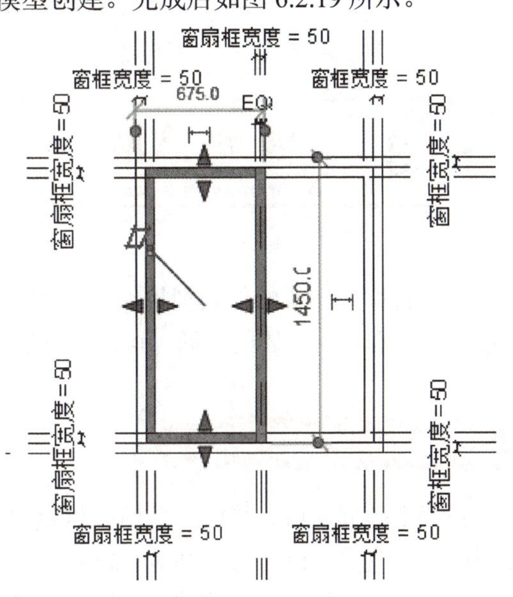

图 6.2.19　完成后的窗扇框

5. 窗玻璃创建

重复窗扇框的创建步骤，创建窗玻璃。此处玻璃的厚度不再有参数化要求，有兴趣的同学可以自行尝试添加。

6. 测试族

完成模型后（图 6.2.20），打开“族类型”对话框，修改各参数值，测试窗户的变化，检验窗模型是否正确。

图 6.2.20　完成后的窗族

6.3 玻璃幕墙

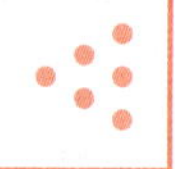

玻璃幕墙是建筑的外墙围护，不承重，由玻璃面板和支撑体系构成。一般玻璃幕墙的绘制方法和常规墙体的相同，可以对其进行编辑。

6.3.1 幕墙绘制

视频 6.3.1 幕墙绘制

幕墙由幕墙网格、竖梃和幕墙嵌板组成。外部玻璃是由幕墙复制以后修改类型得到的，根据不同网格划分进行设置布局。

由于工程案例中并没有玻璃幕墙，此处以阳台的门窗和墙体为例创建一处玻璃幕墙。

打开 Revit，新建建筑样板，单击功能区“建筑”→“墙”→“墙：建筑”命令，在属性栏下拉列表中单击“幕墙”命令，如图 6.3.1 所示。

与绘制一般墙体一样，根据阳台门窗尺寸，绘制出一段幕墙，由于默认的幕墙“类型属性”中多数参数值均为无（图 6.3.2），所以现在所创建的幕墙是一整块玻璃（若所创建的玻璃幕墙为规则网格，可以在类型属性中进行修改）。

由于幕墙为系统族，复制新建一个幕墙，命名为“阳台幕墙”，其余参数目前不作修改，生成的幕墙如图 6.3.3 所示。

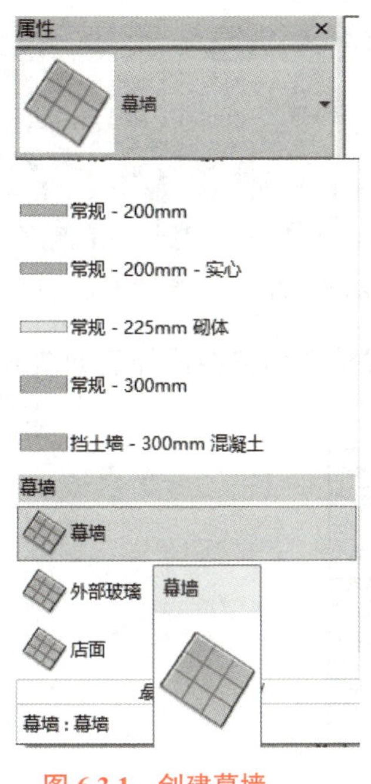

图 6.3.1　创建幕墙

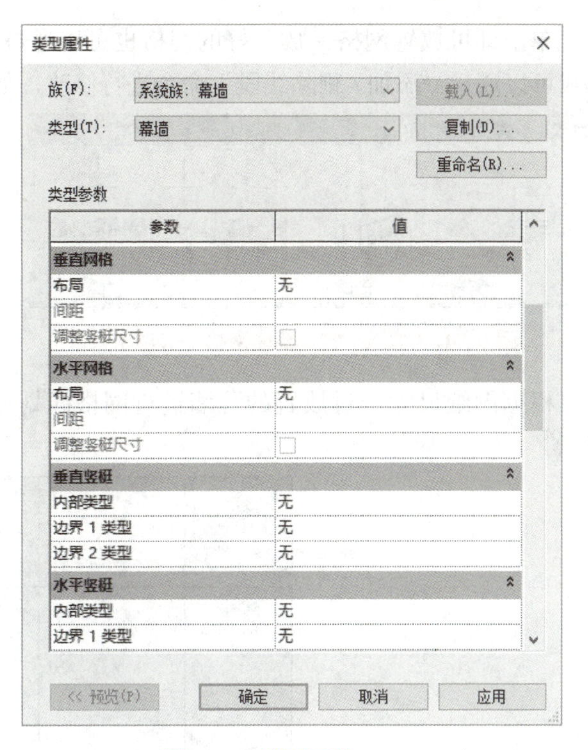

图 6.3.2　类型属性

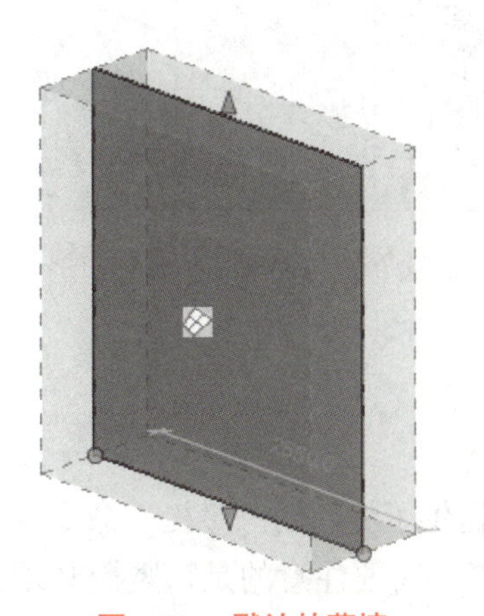

图 6.3.3　默认的幕墙

6.3.2　幕墙网格

视频 6.3.2 幕墙网格

并非所有的幕墙都具有规则的网格，Revit 软件自带了“幕墙网格”功能，用于创建那些不规则的幕墙。

单击功能区“建筑”→“幕墙网格”命令，进入“修改 | 放置幕墙网格”选项卡，如图 6.3.4 所示。

此时将鼠标的箭头移动到幕墙上，就会出现垂直或水平的虚

第一章
第二章
第三章
第四章
第五章
第六章
第七章

线，单击即可放置网格。放置好的网格也可以通过临时尺寸进行修改。单击放置好的网格线可以通过“添加 / 删除线段”命令进行修改，如图 6.3.5 所示。

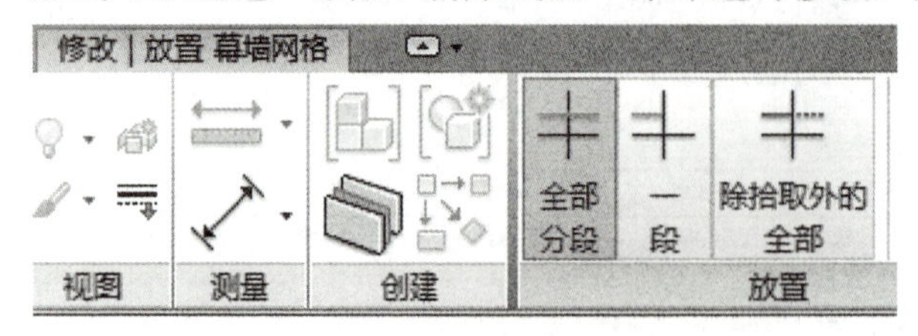

图 6.3.4 “修改 | 放置幕墙网格”选项卡

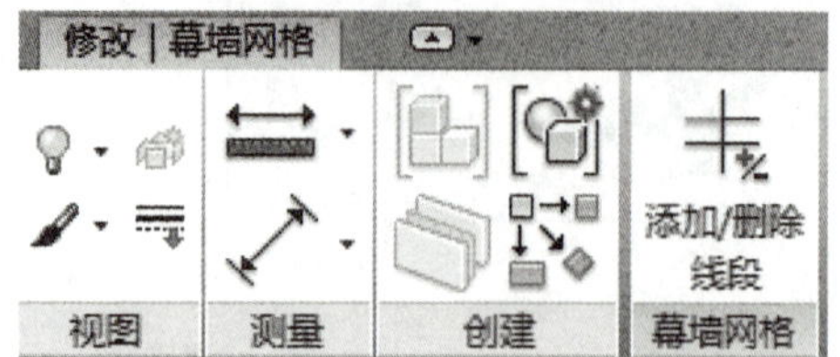

图 6.3.5 添加 / 删除网格线

根据图纸尺寸，对放置的幕墙进行网格线划分，完成整个网格线添加后如图 6.3.6 所示。

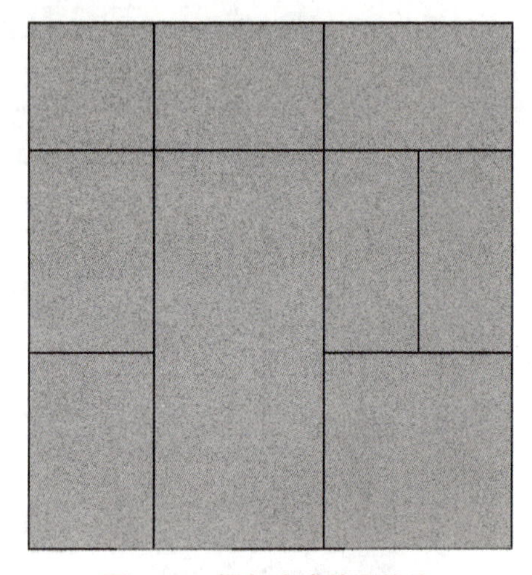

图 6.3.6 添加完成的网格线

6.3.3 添加竖梃

视频 6.3.3 添加竖梃

与网格线一样，Revit 也提供了专门的“竖梃”命令，可以用于不规则或个性化的幕墙竖梃。需要注意的是，竖梃必须依附于网格线才能进行放置。

单击功能区“建筑”→“竖梃”命令，进入“修改 | 放置竖梃”选项卡（图 6.3.7），可以选择“网格线”“单段网格线”或“全部网格线”进行竖梃的添加。

在属性栏下拉列表中选择与工程实际相符的竖梃类型，列表中的竖梃也均为系统族，单击“矩形竖梃 -30 mm 正方形”的编辑类型，复制新建一个，命名为“竖梃”，选择“全部网格线”添加竖梃。当然，也可以通过自建竖梃族，载入到项目中进行添加竖梃。

选择任一竖梃在功能区会出现“结合”和“打断”命令（图 6.3.8），可以通过此命令改变垂直竖梃和水平竖梃的连接方式。

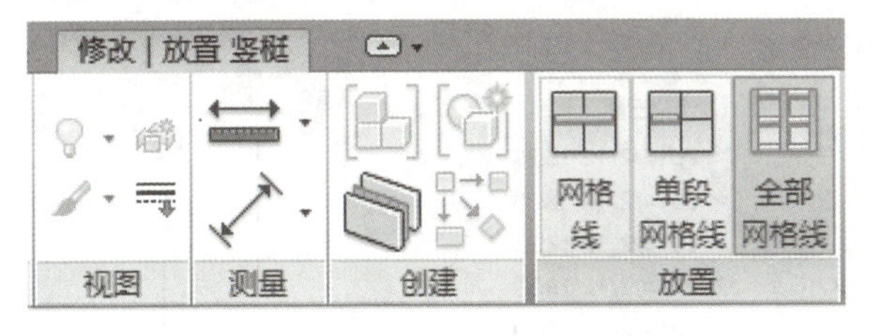

图 6.3.7 “修改 | 放置竖梃”选项卡

图 6.3.8 修改连接方式

完成竖梃添加和修改后，如图 6.3.9 所示。

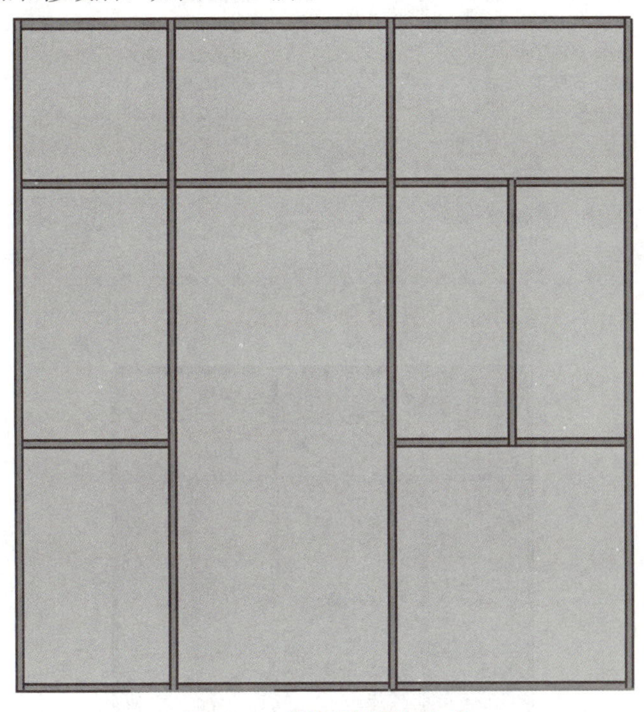

图 6.3.9 幕墙竖梃添加完成

6.3.4 嵌板选择和替换

当网格划分以后，幕墙就被分割为多块嵌板。需要编辑某一块时，可以选择后进行嵌板的替换。

按住 Tab 键，选择所需要替换的嵌板。此时，可以选择门位置处的嵌板，将其改成单开门。选中嵌板，在属性栏单击“编辑类型”命令，出现“类型属性”对话框，单击“载入”按钮，选择软件自带族库中“建筑”→“幕墙”→“门窗嵌板”→“门嵌板 _ 单开门 1”，载入到项目中，如图 6.3.10 所示。

单击“打开”按钮，即可完成门嵌板的替换，如图 6.3.11 所示。

视频 6.3.4 嵌板选择和替换

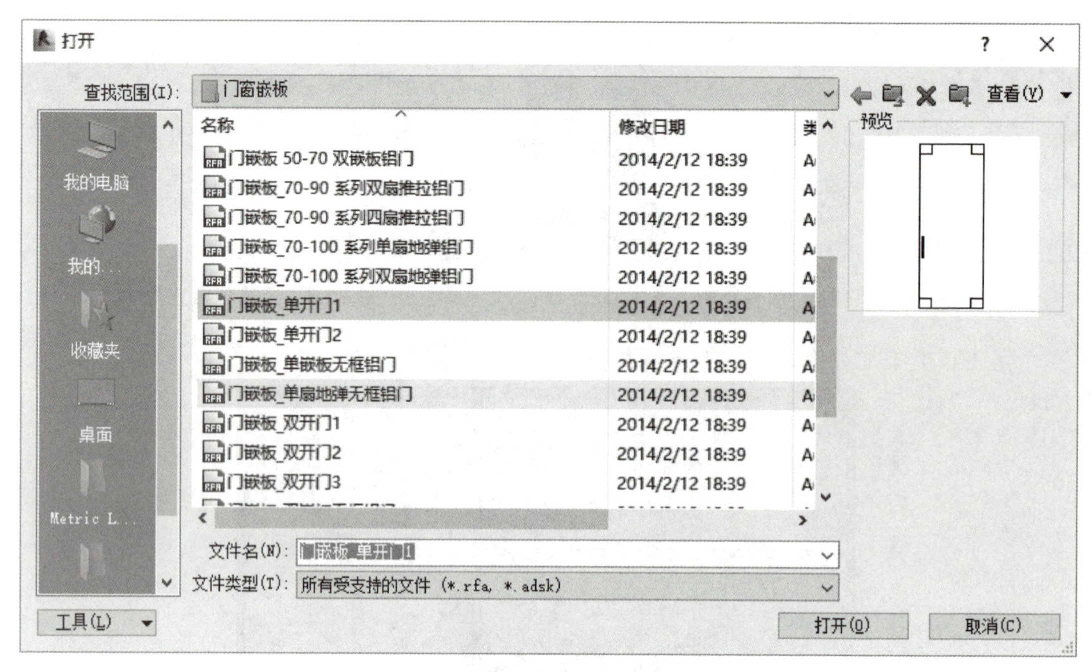

图 6.3.10 载入门族

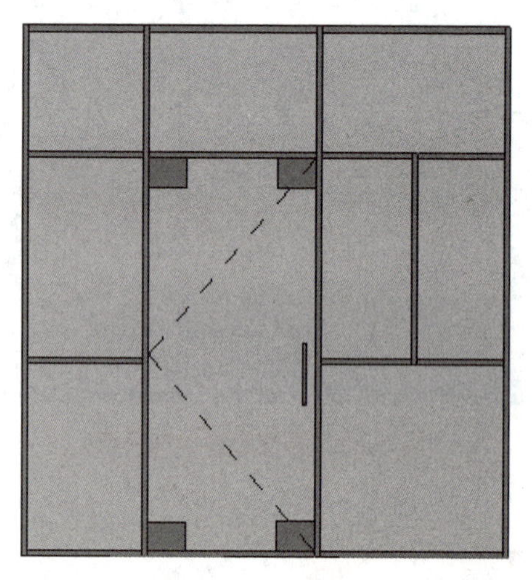

图 6.3.11 门嵌板

用同样的方法完成窗户处嵌板的替换。

6.4 栏杆扶手

若项目中没有需要的栏杆扶手样式时，就需要定制一个新的栏杆扶手类型载入到项目中。

6.4.1 阳台栏杆扶手

视频 6.4.1 阳台栏杆扶手

根据工程案例中的阳台栏杆扶手为例，定制一个新的类型。

单击“族”→“公制常规模型”命令，打开前立面视图，先创建与扶手高度相关的参照平面。转到左立面视图，单击功能区“创建”→“拉伸”→“矩形”命令，参照门框的建立，连续两次拉伸，创建空心扶手，如图 6.4.1 所示。

复制其余两个扶手，单击“复制”命令，勾选快速访问工具栏下的“约束”与“多个”复选框，三个拉伸创建好后如图 6.4.2 所示。

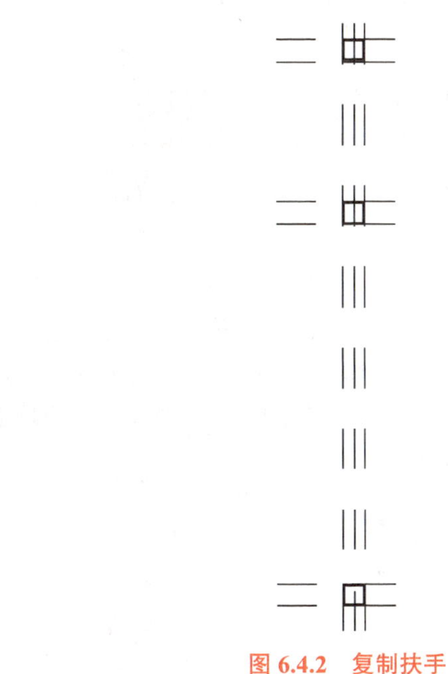

图 6.4.1 创建两次拉伸

图 6.4.2 复制扶手

转到前立面视图，修改拉伸起、终点，或者创建相关的参照平面，使用“对齐”命令。创建好的扶手立面图如图 6.4.3 所示。

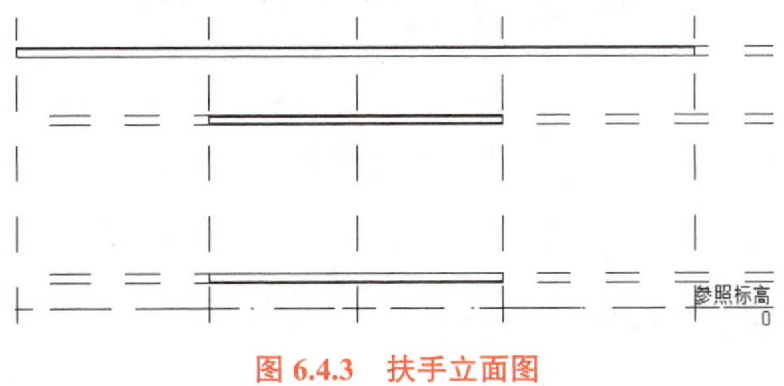

图 6.4.3 扶手立面图

扶手创建完毕，再创建栏杆。转到参照标高平面，使用同样的“拉伸”命令创建栏杆。完成后如图 6.4.4 所示。

选中全部扶手、栏杆，在属性栏中将材质改为“钢，镀锌”，完成后的效果图如图 6.4.5 所示。

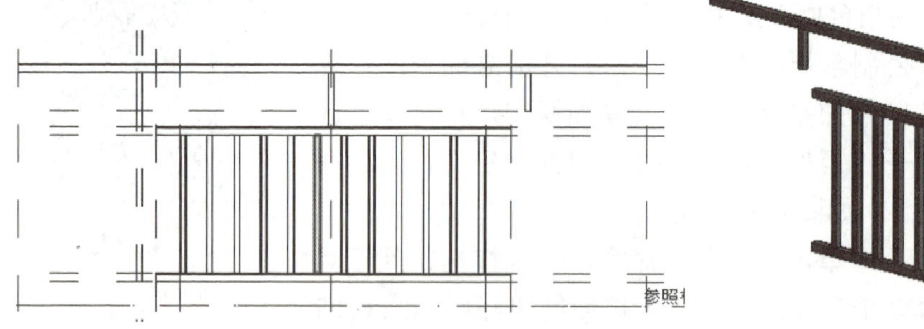

图 6.4.4 栏杆扶手立面图

图 6.4.5 阳台栏杆扶手完成效果图

6.4.2 坡道栏杆扶手

视频 6.4.2 坡道栏杆扶手

由于坡道的扶手是折线形，故在创建时，不能仅仅依靠“拉伸”命令来完成。此处介绍一种“放样”命令。

单击“族”→“公制常规模型”命令，在前立面和左立面根据详图创建相关参照平面。转到前立面视图，单击功能区“创建”→“放样”→“绘制路径”命令，如图 6.4.6 所示。

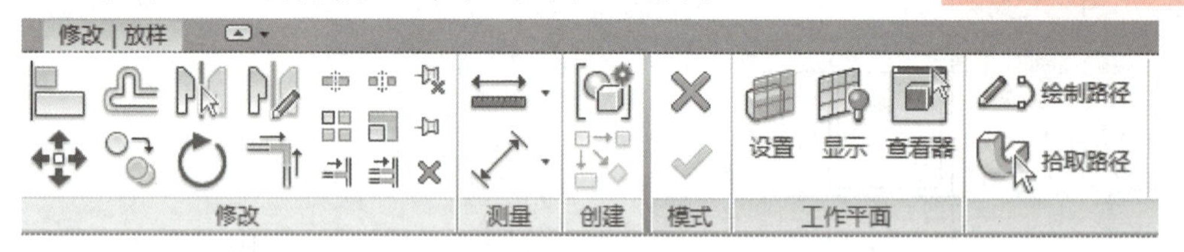

图 6.4.6 “放样”命令

绘制出单根扶手的路径（图 6.4.7）。

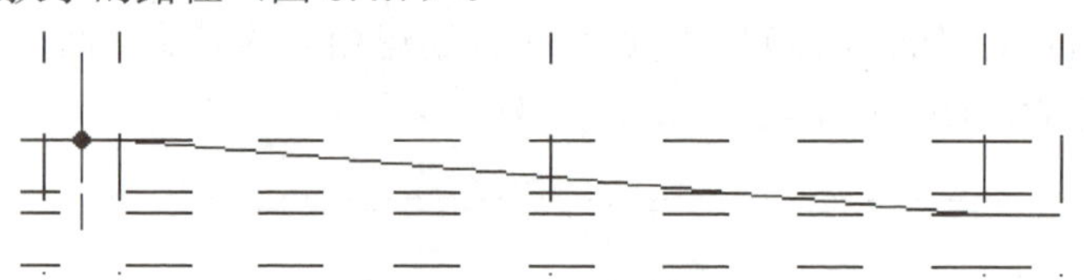

图 6.4.7 放样

打钩，完成路径绘制，单击功能区“放样”→“编辑轮廓”命令（图 6.4.8）。

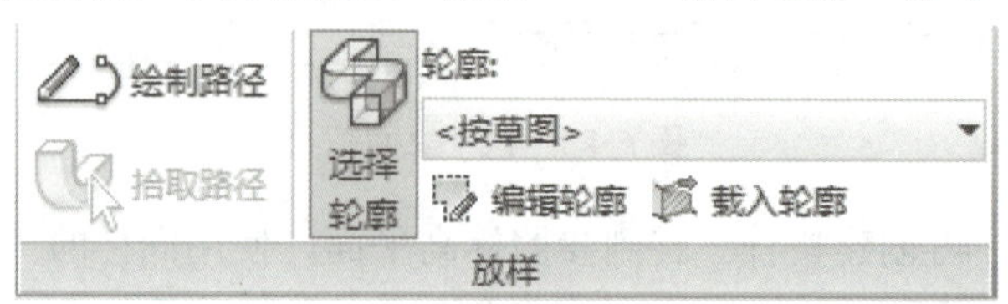

图 6.4.8 “编辑轮廓”命令

进入编辑轮廓界面，选择任一立面视图，单击“打开视图”，利用模型线“圆形”命令画出扶手轮廓，如图 6.4.9 所示。

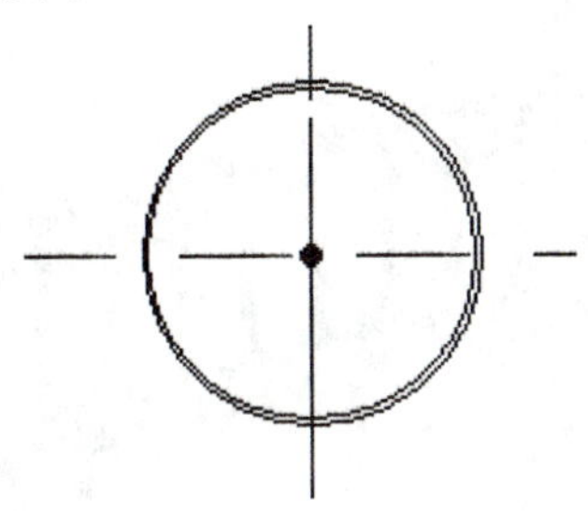

图 6.4.9　编辑轮廓

连续两次打钩，完成放样，完成一根扶手，如图 6.4.10 所示。

图 6.4.10　单根扶手立面图

选中创建的扶手，在属性栏添加“不锈钢”材质。

转到左立面视图，单击“移动”命令将扶手移动到一侧的指定位置，再利用“复制”和“镜像”命令完成其余三根扶手。

完成扶手后，进行栏杆的创建，此处与阳台栏杆的创建一样，单击“拉伸”命令创建栏杆，添加“不锈钢”材质。单击“阵列”命令，创建出一侧的所有栏杆，如图 6.4.11 所示。

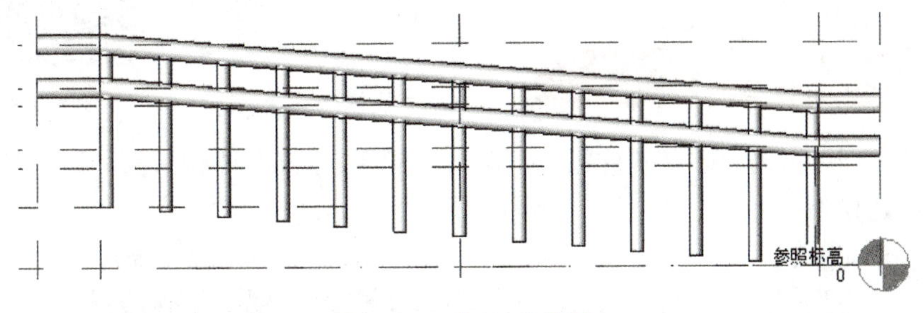

图 6.4.11　阵列一侧栏杆

注意：在此处使用“阵列”命令时，需要将阵列的对象进行解锁，即“取消关联工作平面”，如图 6.4.12 所示，解锁。

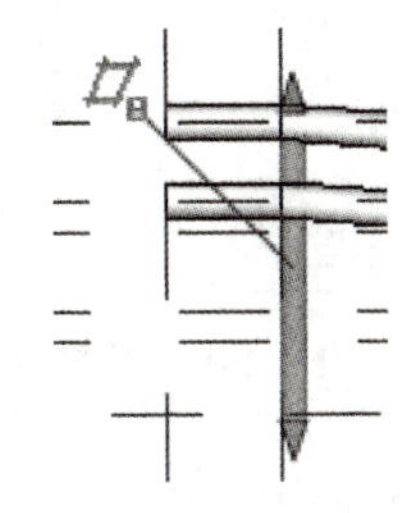

图 6.4.12　取消关联工作平面

选择创建好的栏杆，使用“镜像”命令，创建另一侧的栏杆，完成后的效果如图 6.4.13 所示。

图 6.4.13　坡道栏杆效果图

6.5 内建构件

单击“内建模型”命令，可以使用“实心形式”和“空心形式”的拉伸、融合、旋转、放样、放样融合等方法在“建筑样板”项目中进行创建形状。

本节以建筑中的散水为例进行创建讲解。

视频 6.5 内建构件

6.5.1　编辑界面设置

打开 Revit 软件，新建“建筑样板”，单击功能区“建筑”→“构件”→“内建模型”命令，如图 6.5.1 所示。

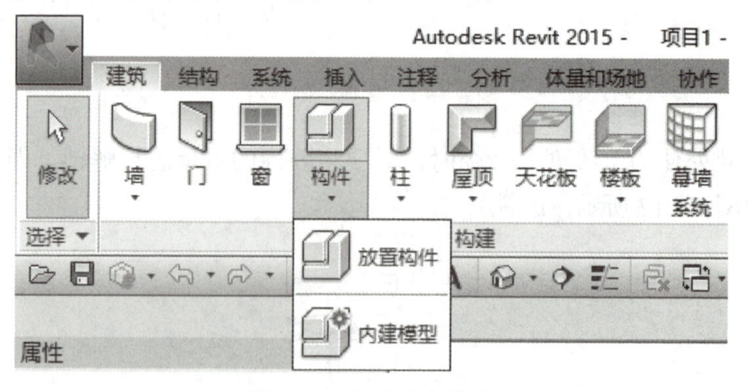

图 6.5.1　新建内建模型

在弹出的“族类别和族参数”对话框中“建筑”列表下选择“常规模型”（图 6.5.2），单击“确定”按钮。

将名称修改为“散水”，如图 6.5.3 所示。

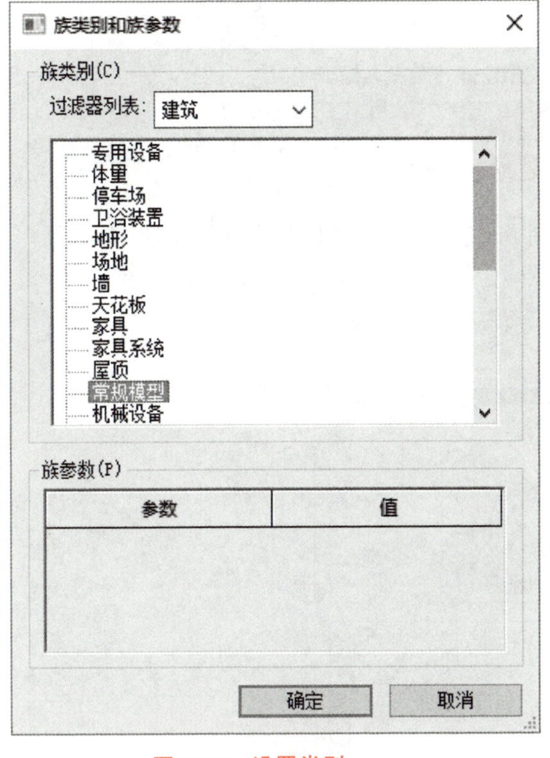

图 6.5.2　设置类别

图 6.5.3　新建散水

此时，整个编辑界面将变成族编辑界面。在绘制散水前，链接一层建筑平面图，根据散水所在的具体位置进行绘制。

6.5.2　模型创建

单击功能区“放样”命令（图 6.5.4），进入放样的编辑。

由于已经导入 CAD 图，可以直接单击“拾取路径”命令（图 6.5.5），进入路径的拾取，不需要再另行绘制路径。拾取一层平面图的外墙边缘线，即可完成路径的绘制。由于散水的路径是分段的，也应该分段拾取，分段绘制。

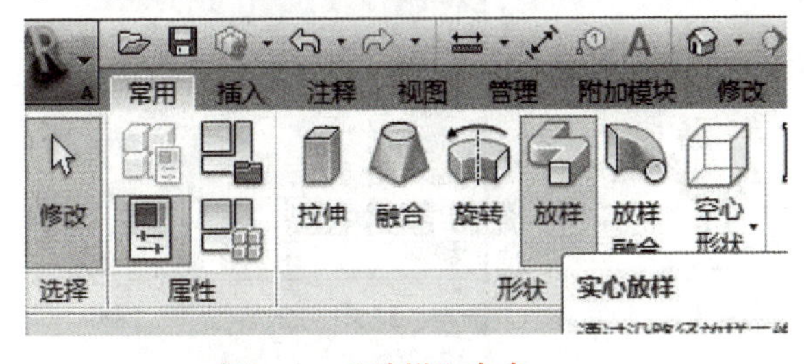

图 6.5.4　“放样”命令

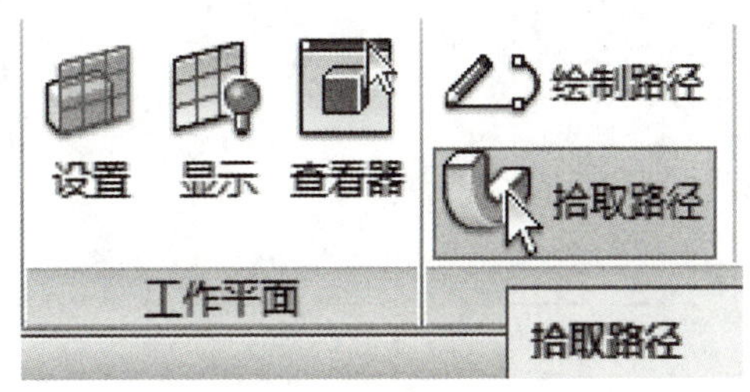

图 6.5.5　“拾取路径”命令

选中绘制的路径，单击“编辑轮廓”命令，如图 6.5.6 所示。

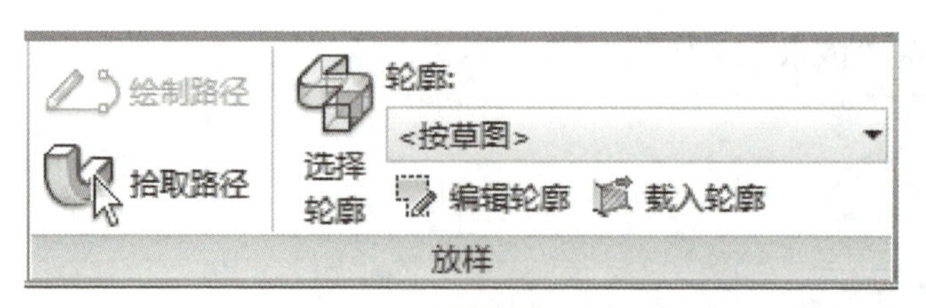

图 6.5.6 “编辑轮廓”命令

在弹出来的对话框中选择“南立面”（图 6.5.7），单击“打开视图”按钮。

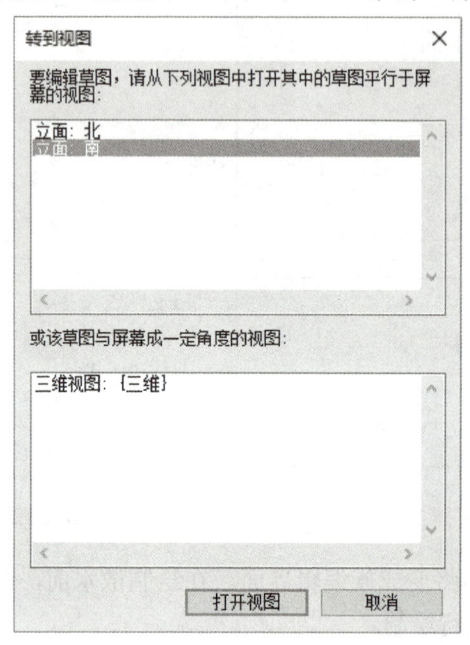

图 6.5.7 选择编辑轮廓视图

绘制如图 6.5.8 所示的轮廓，在属性栏中选择材质为“混凝土，现场浇注 -C30”，如图 6.5.9 所示。

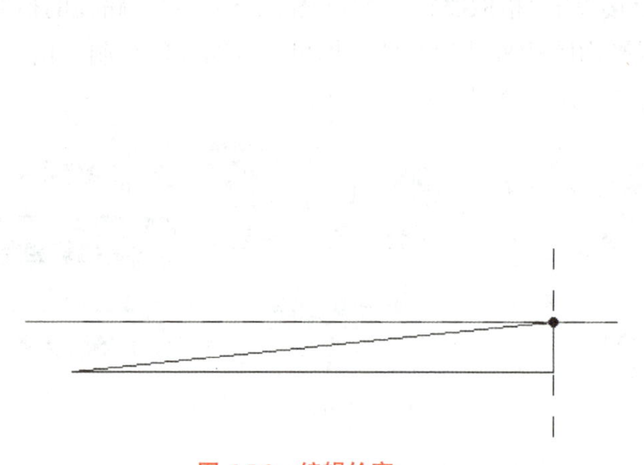

图 6.5.8 编辑轮廓

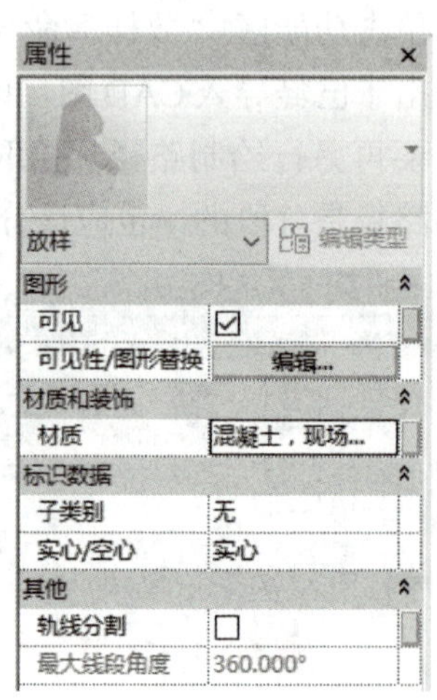

图 6.5.9 修改散水材质

然后三次单击“完成编辑”命令，完成散水的创建。进入三维视图，效果图如图6.5.10 所示。

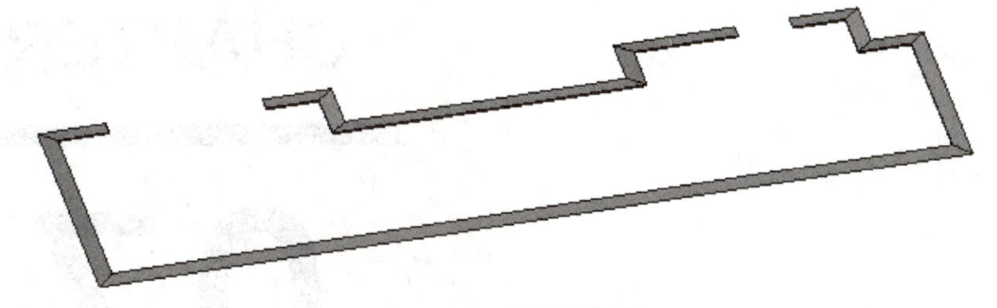

图 6.5.10 散水效果图

采用同样的方法可以创建屋顶檐沟，此处不再赘述。

CHAPTER

07

第七章

装饰专业 BIM 模型创建

装饰专业是建筑设计的重要组成部分，主要包括设计准备阶段、方案设计阶段、施工图设计阶段和设计实施阶段。本章结合宿舍楼实例来讲解 Revit 装饰相关工作的方法、技巧及流程。

7.1 墙面

墙面装饰可分为外墙装饰和内墙装饰。外墙装饰主要是保护外墙体不受风、霜、雨、雪侵袭，提高墙体的防潮、防水、保温、放热能力；内墙装饰是改善室内卫生条件，提高采光和声响效果，增加室内美观。按照构造难易程度划分，Revit 中将墙体分为基本墙、复合墙、叠层墙三个等级，在实际工程中，需要依据设计灵活运用以下四种创建墙体的方法：

一是添加墙体结构构件：墙体结构构件很多，Revit 现阶段提供如构造层、墙饰条、分隔缝设置于墙内。而复杂的墙面造型需借助于“基于墙构件族”完成。

二是使用属性为“墙体”的内建模型：单击“常用”选项卡下“构件”→“内建模型”命令。

三是基于墙构件族：创建“基于墙的”公制类构件，如公制常规模型、公制卫浴装置等。

四是从外部导入模型：用于辅助信息构件创建，且能满足更高造型及协作需求（链接 .sat 文件），如导入 Sketchup、Rhino 模型。

建议以下两种创建思路：

一是建筑墙体与室内墙面装饰合并设置。此方法将室内装饰构件编辑到建筑墙体中，缺点是墙面装饰构造变化多时不够灵活，若需实现较准确装饰，还需借助于“零件”功能。其适用于大面积、有规律的墙面装饰，效率更高。

二是建筑墙体与室内墙面装饰分开设置。当墙面装饰复杂、变化大时，可以灵活运用上述四种方式单独创建装饰层，这样装饰层与建筑层层次分明，有利于后期修改管理及与其他专业协作。本次案例以建筑模型墙体为基准，在内外侧加装饰层。

7.1.1 整体墙面

视频 7.1.1 整体墙面

（1）添加内墙面构造层。案例中内墙 1 为乳胶漆墙面（除卫生间、洗衣房 1.8 m 以上，走道 1.2 m 以上）。如图 7.1.1 所示，可直接添加构造层。

（2）添加外墙面构造层。案例中外墙为保温外墙，可直接添加构造层，如图 7.1.2 所示。

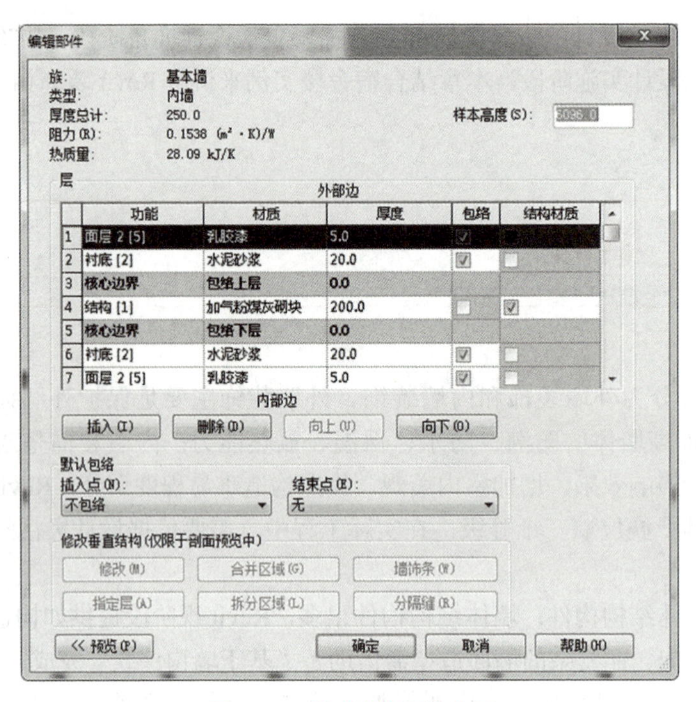

图 7.1.1　乳胶漆墙面构造层

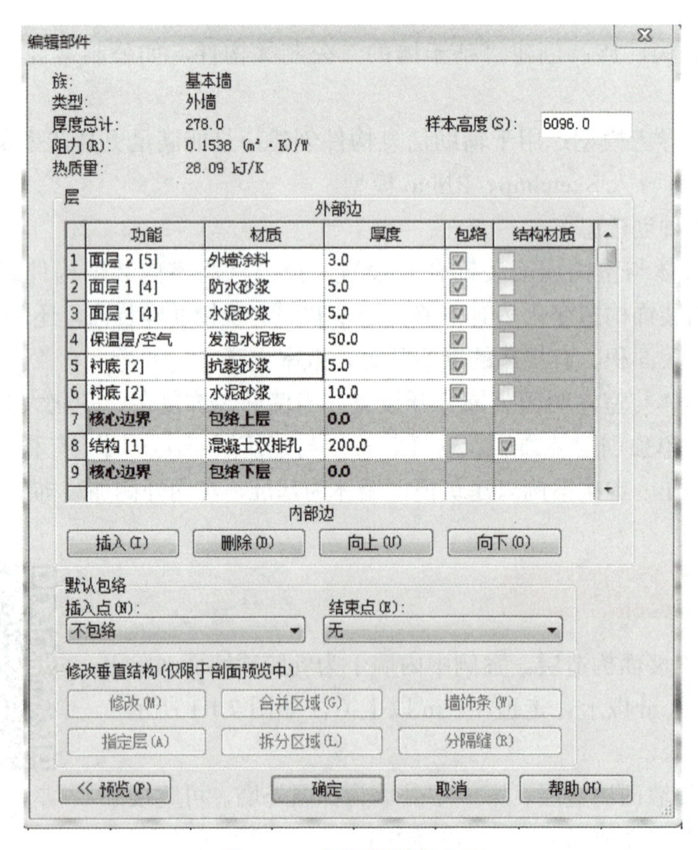

图 7.1.2　保温外墙构造层

7.1.2　块料墙面

案例中内墙 2 为 250×335×5 暗花纹陶瓷釉面砖，创建新墙体，墙体名称定义为暗花纹陶瓷釉面砖，厚度为 5，如图 7.1.3 所示，进入材质浏览器，定义新材质，如图 7.1.4 所示，命名为暗花纹陶瓷釉面砖。单击“图形”→“表面填充图案”命令，新建填充图案名称为 250×335，如图 7.1.5 所示。

视频 7.1.2 块料墙面

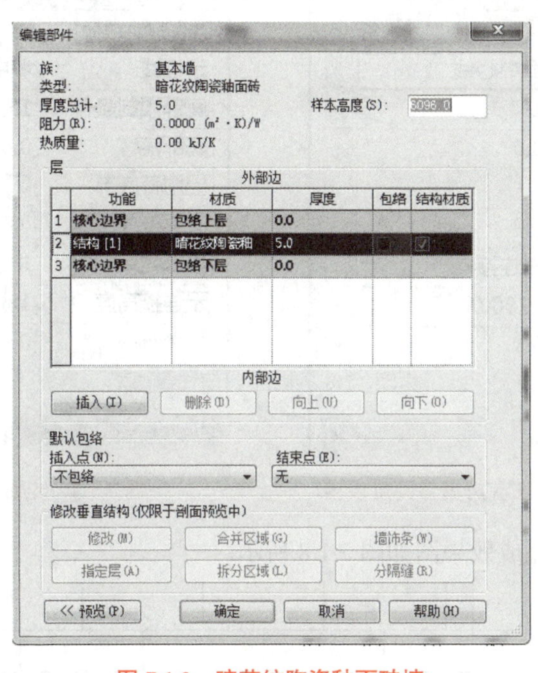

图 7.1.3　暗花纹陶瓷釉面砖墙

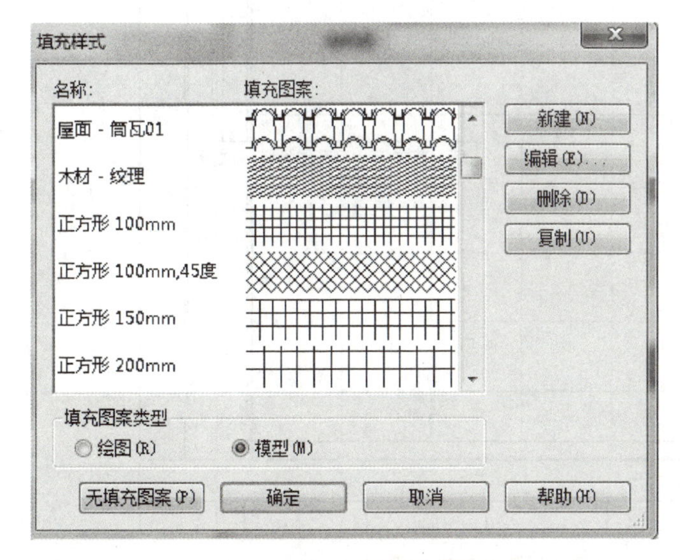

图 7.1.4　暗花纹陶瓷釉面砖设置

图 7.1.5　暗花纹陶瓷釉面砖表面填充

墙体定义完成后，依次在平面图上相应位置绘制，注意对卫生间、洗衣房以及走廊墙体进行高度设置，如图 7.1.6、图 7.1.7 所示。

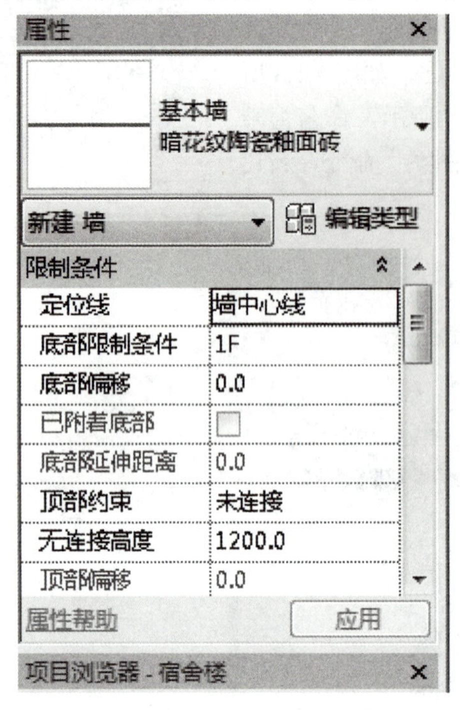

图 7.1.6　卫生间、洗衣房墙体高度设置

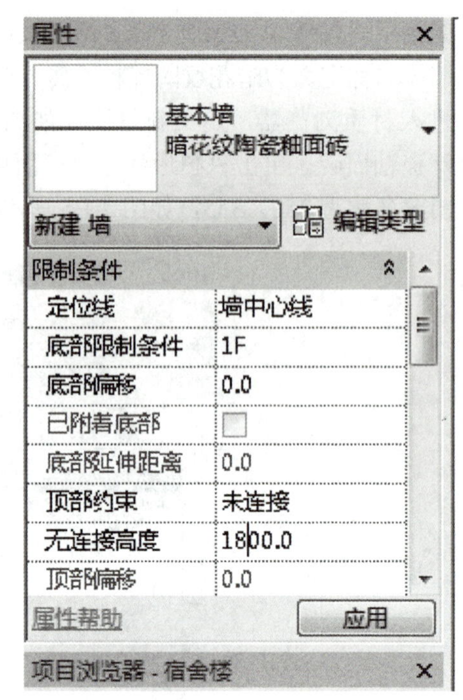

图 7.1.7　走廊墙体高度设置

卫生间西侧墙体完成效果图如图 7.1.8 所示。

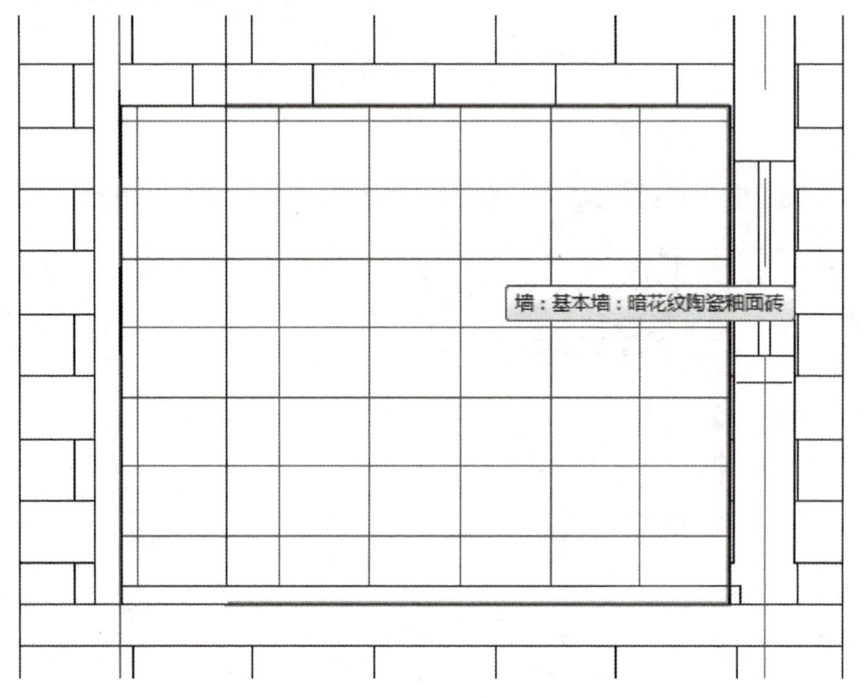

图 7.1.8　卫生间西侧墙体完成效果图

7.1.3 踢脚线

视频 7.1.3 踢脚线

利用公制轮廓模型绘制踢脚线轮廓并载入项目中，如图 7.1.9 所示。

在三维视图中，单击“建筑”→“墙”→“墙饰条”命令，如图 7.1.10 所示，在墙饰条“类型属性”对话框中复制新建踢脚线，单击“编辑类型”命令，将“轮廓”设置为刚刚加载的族 1。编辑“基本墙 – 内墙”的类型属性，单击“结构”编辑，单击左下方“预览”按钮，如图 7.1.11 所示，单击“墙饰条”，按图 7.1.12 进行设置，单击“确定”按钮后退出。墙饰条完成效果图如图 7.1.13 所示。

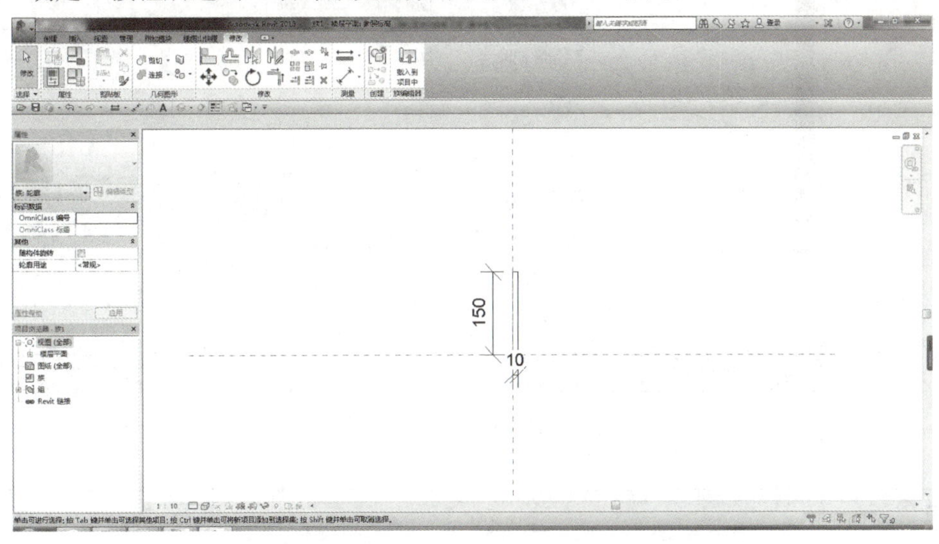

图 7.1.9　踢脚线轮廓绘制

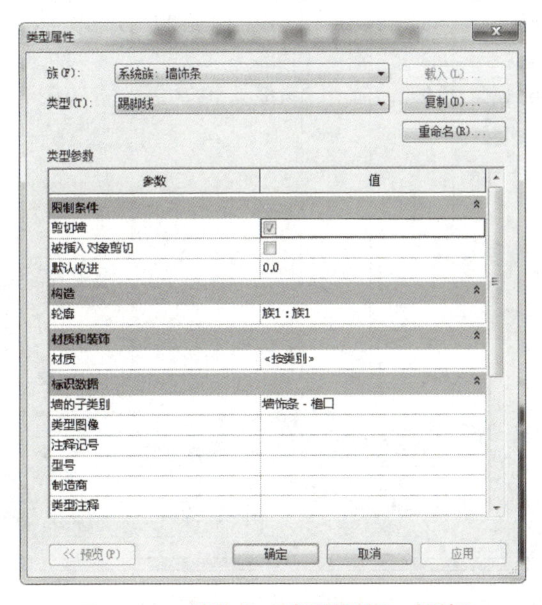

图 7.1.10　墙饰条“类型属性”对话框

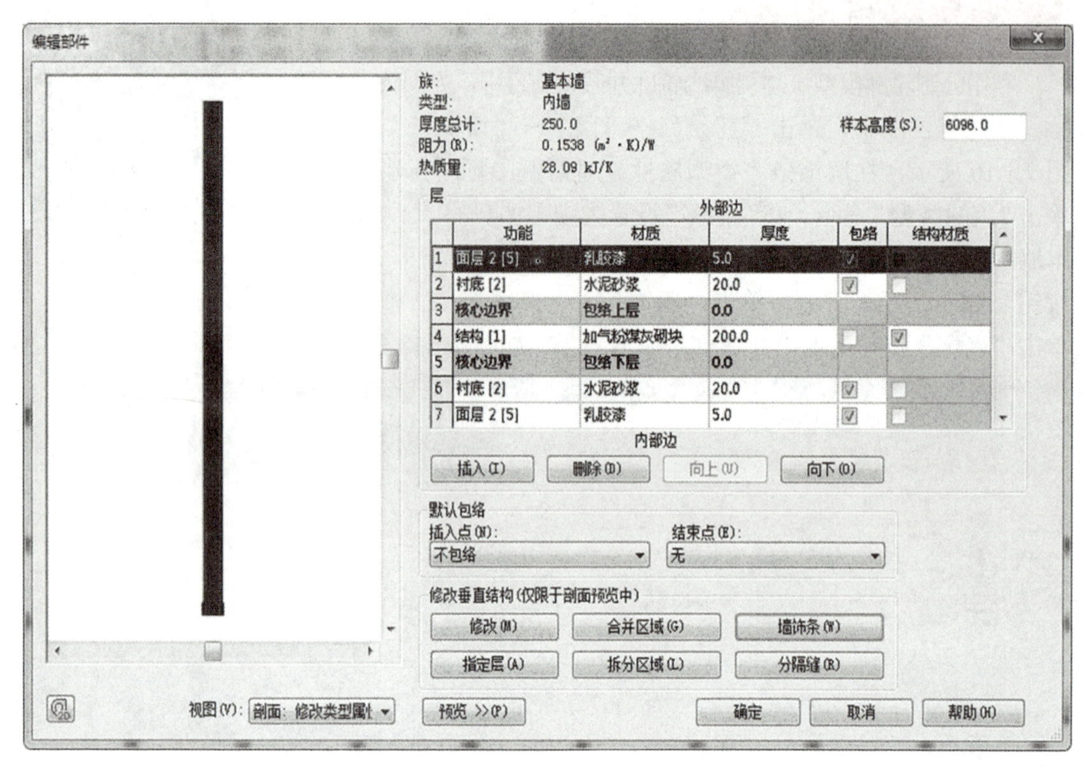

图 7.1.11 墙饰条剖面设置

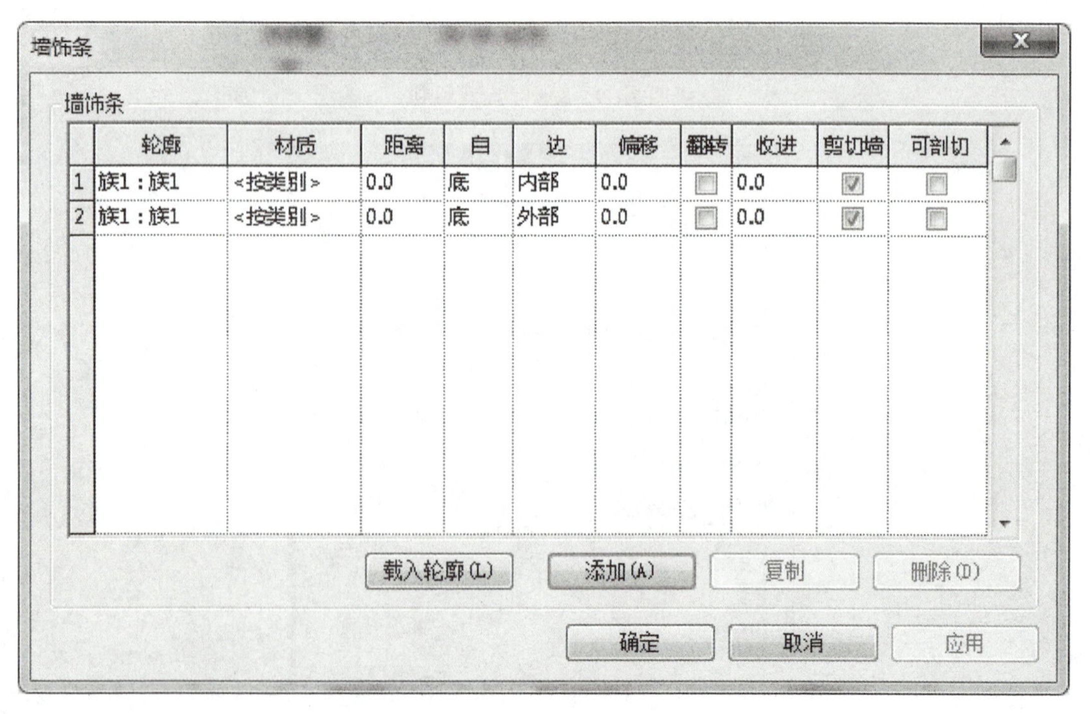

图 7.1.12 墙饰条高度设置

图 7.1.13　墙饰条完成效果图

7.2 楼地面

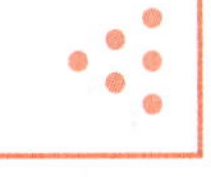

楼地面工程中地面构造一般为面层、垫层和基层（素土夯实）；楼层地面构造一般为面层、填充层和楼板。当地面和楼层地面的基本构造不能满足使用或构造要求时，可增设结合层、隔离层、填充层、找平层等其他构造层次。

下面结合案例讲述两种楼地面的创建思路，即卫生间、阳台及有防水要求的防滑砖地面；单独取一个宿舍内部进行地板铺装。装饰楼板是在原有楼板基础上，另加楼板作为装饰层。

7.2.1 防滑砖地面

卫生间、阳台等部位具有防水要求，所以新建楼板名称定义为防水楼板，设置构造如图 7.2.1 所示。

进入防滑砖材质浏览器，类似定义暗花纹陶瓷釉面砖，定义防滑砖为 300×300 防滑砖材质，如图 7.2.2 ～图 7.2.4 所示。

在楼层平面图上，以绘制楼板的形式分别在卫生间及阳台将防水楼板绘制上。绘制的时候注意楼板标高的偏移，以卫生间楼板高度作为偏移高度，防止与原来楼板重合，如图 7.2.5 所示。

视频 7.2.1　防滑砖地面

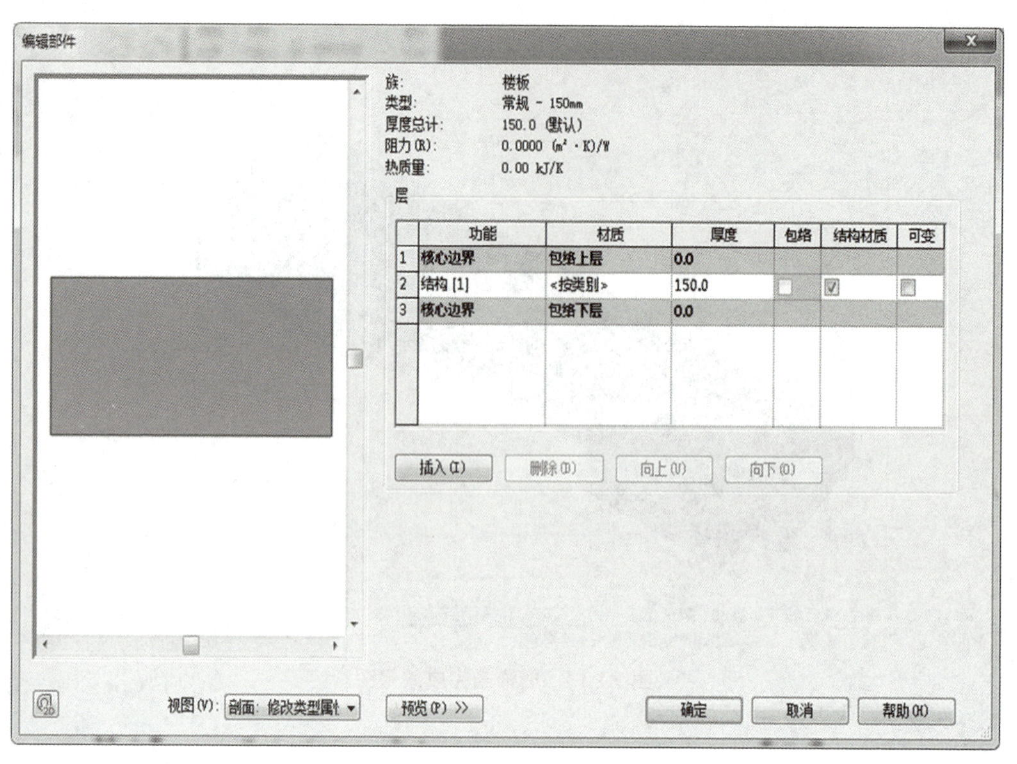

图 7.2.1　防水楼板设置构造

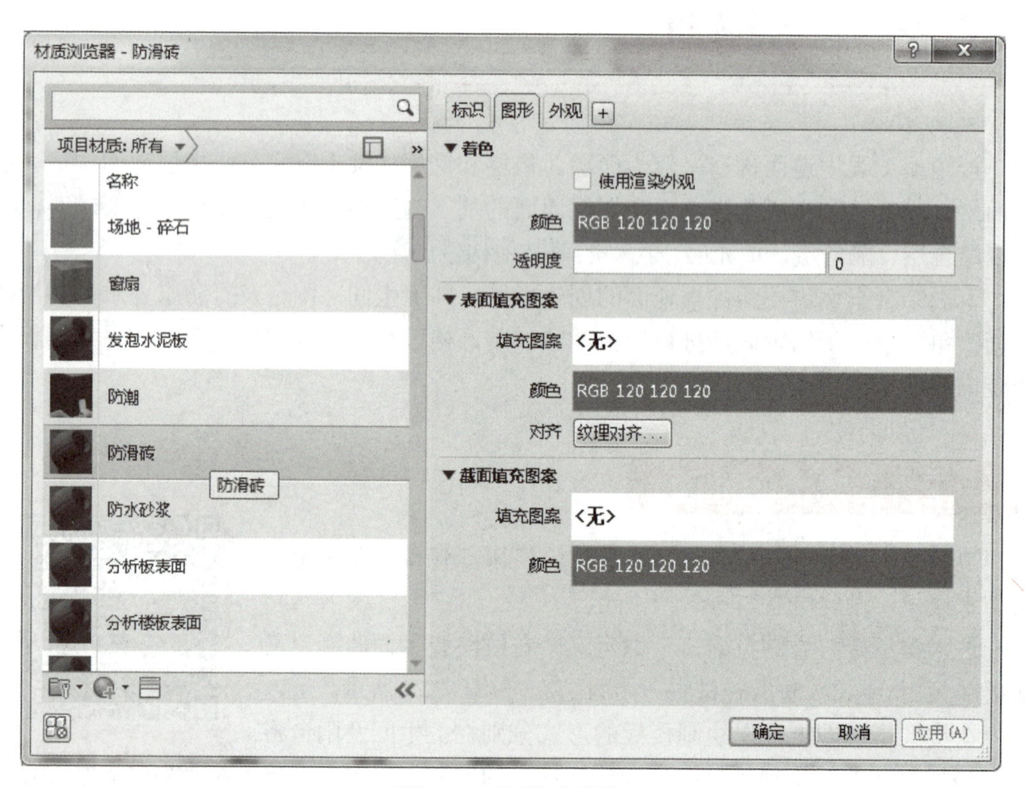

图 7.2.2　防滑砖材质

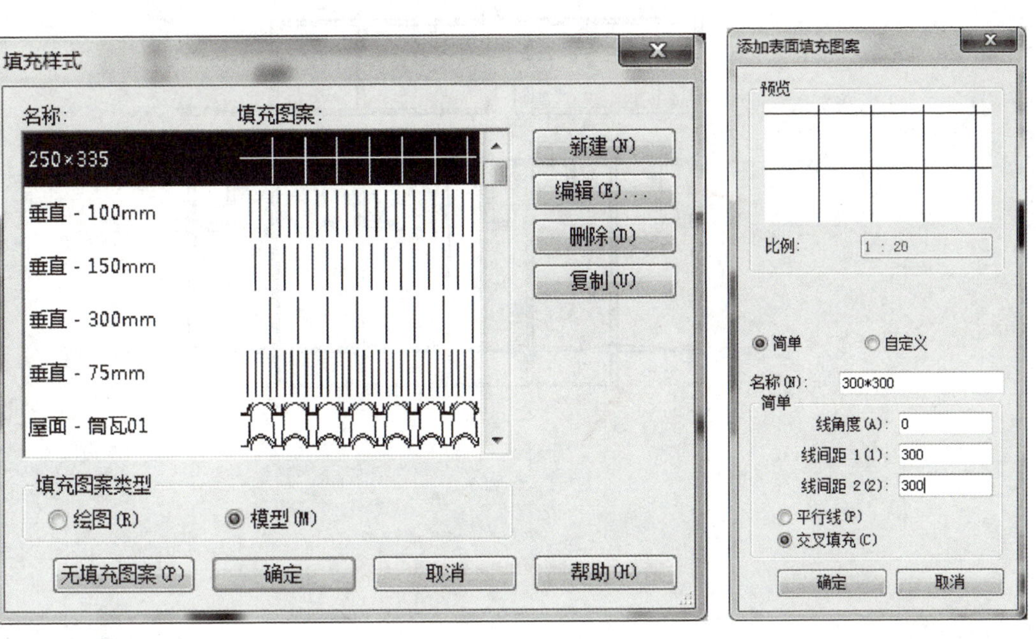

图 7.2.3 防滑砖填充图案界面

图 7.2.4 新建防滑砖填充图案

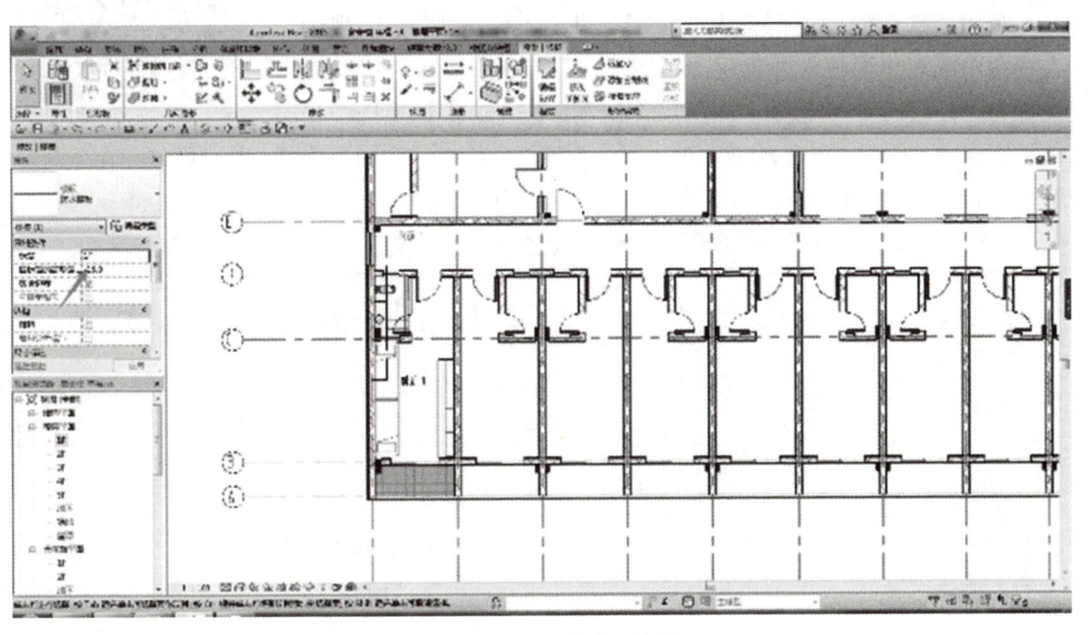

图 7.2.5 防滑砖地面绘制

完成效果如图 7.2.6 所示。

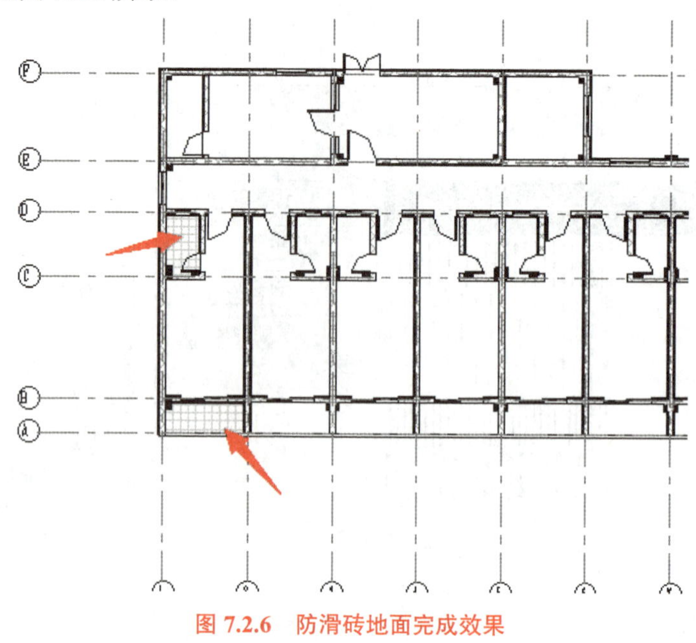

图 7.2.6　防滑砖地面完成效果

7.2.2　地板楼地面

视频 7.2.2 地板楼地面

利用零件功能创建宿舍内部底板，进入“标高 2”平面视图，在视图中隔离出楼板，并确保“视图属性”面板上“零件可见性”设置为“显示两者”状态，如图 7.2.7 所示；按 Tab 键切换选中二层楼板，启动“创建零件”功能，单击“分割零件”，在宿舍内部绘制宿舍地面草图，如图 7.2.8 所示。单击“完成编辑模式”完成楼板分割。

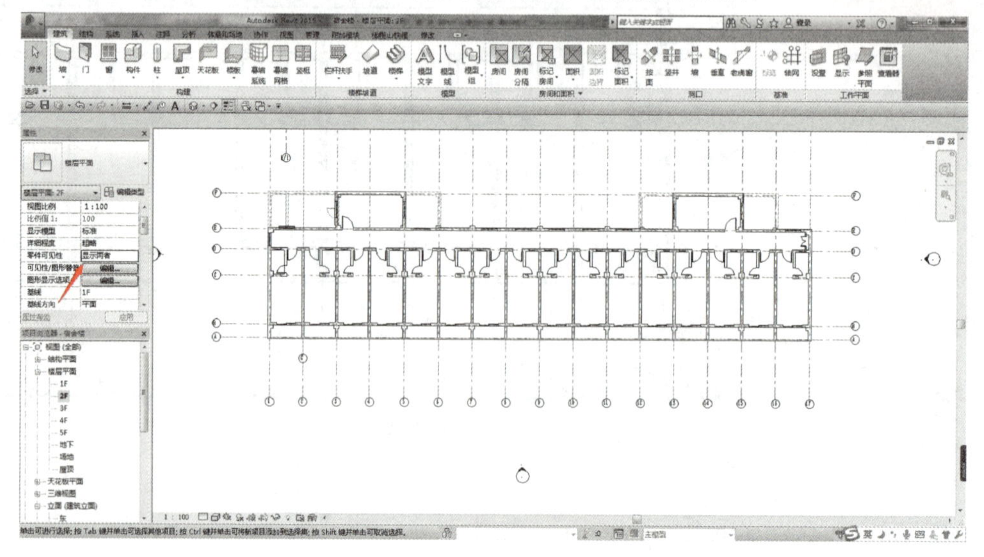

图 7.2.7　平面视图零件属性显示

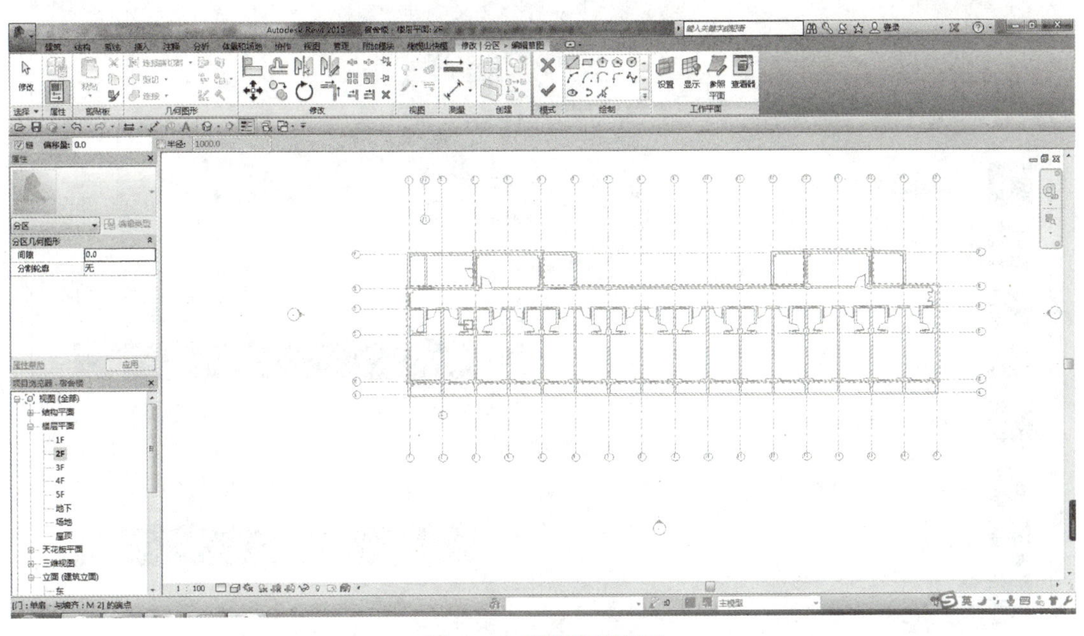

图 7.2.8　零件绘制草图

选中上一步分割的楼板，在属性面板中不勾选“通过原始分类”复选框，在材质属性中重新定义地板材质，如图 7.2.9 所示。

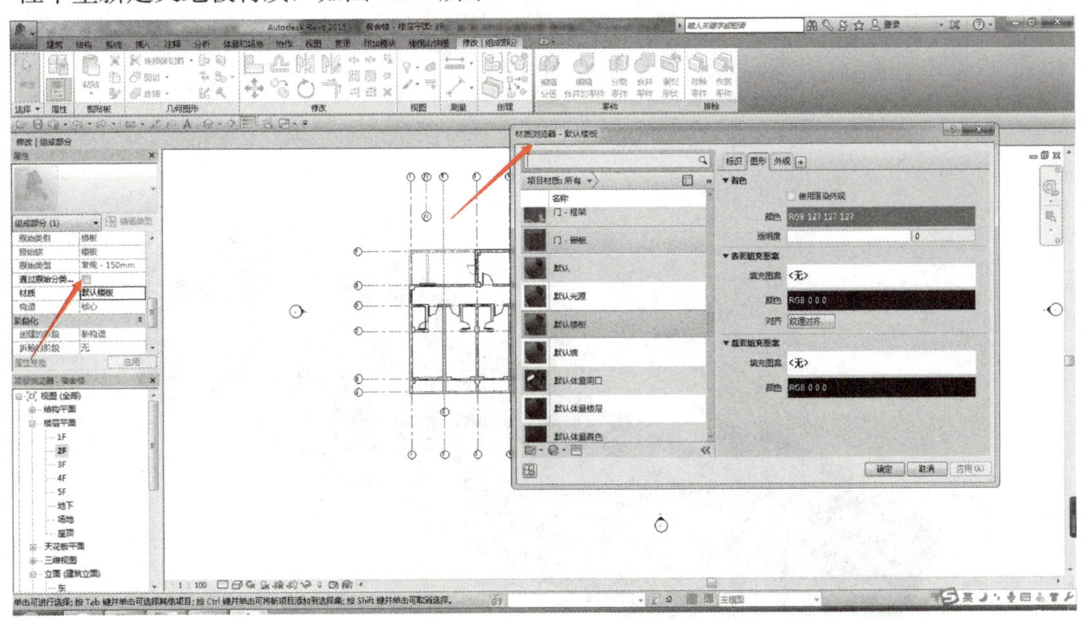

图 7.2.9　地板材质定义

定义地板材质为“樱桃木 100”，如图 7.2.10 所示。

最终效果如图 7.2.11 所示。

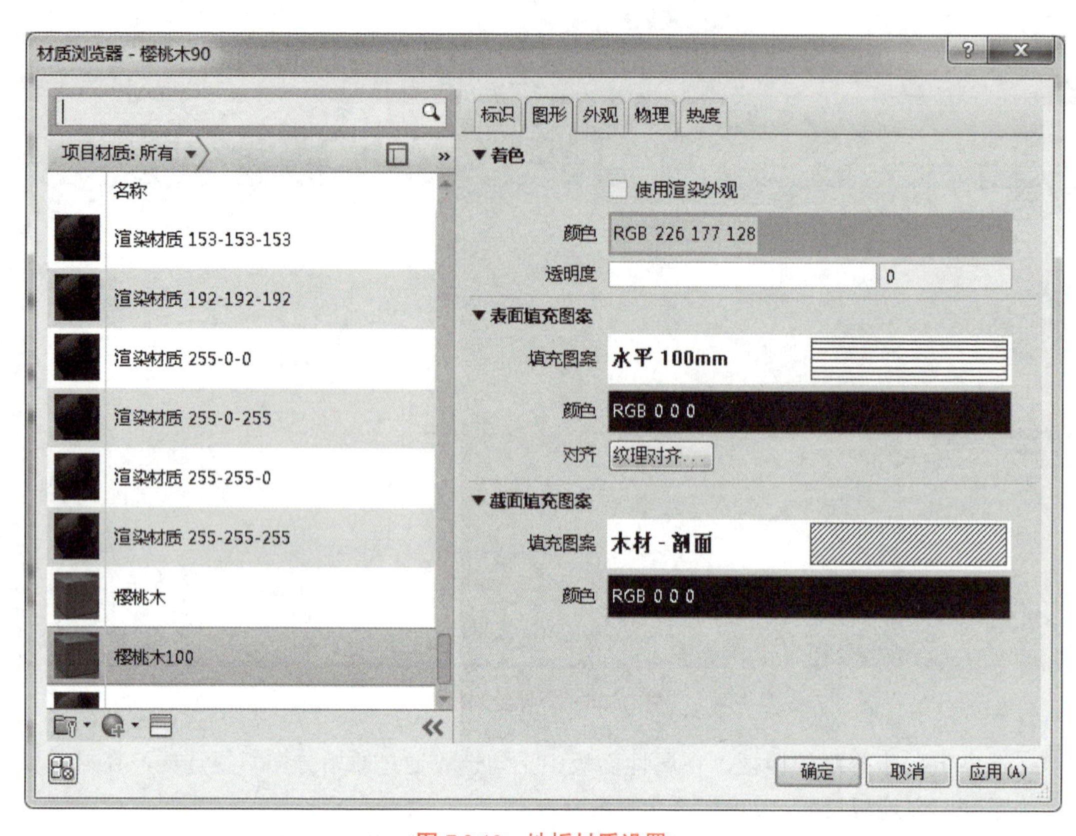

图 7.2.10　地板材质设置

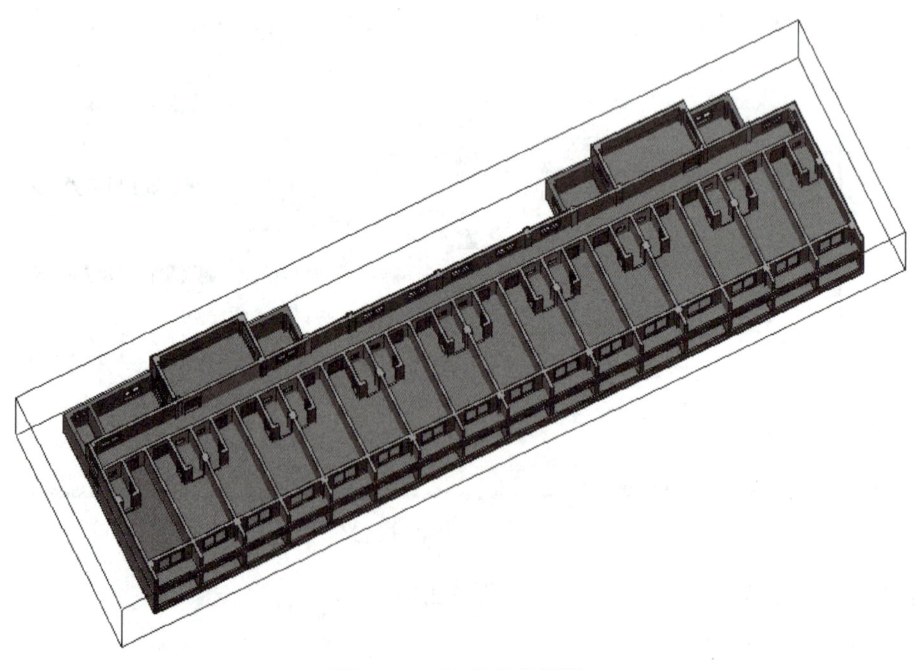

图 7.2.11　地板完成效果

7.3 吊顶

室内天花吊顶组成构件主要有吊顶龙骨、天花面板、窗帘盒、通风口、灯具、喷淋、检修孔、广播等，其中大部分属于成品安装。本节以一层开水间为例，阐述吊顶天花的创建方法。

7.3.1 纸面石膏板

视频 7.3.1 纸面石膏板

（1）打开“项目浏览器”→“天花板平面”→“1F”平面视图，新建天花类型“纸面石膏板”，如图 7.3.1 所示。

（2）设置“纸面石膏板”的材质，填充材质为“1 200×900”，如图 7.3.2、图 7.3.3 所示。

（3）使用“自动创建天花板”，在开水间内部单击，完成绘制，如图 7.3.4 所示。

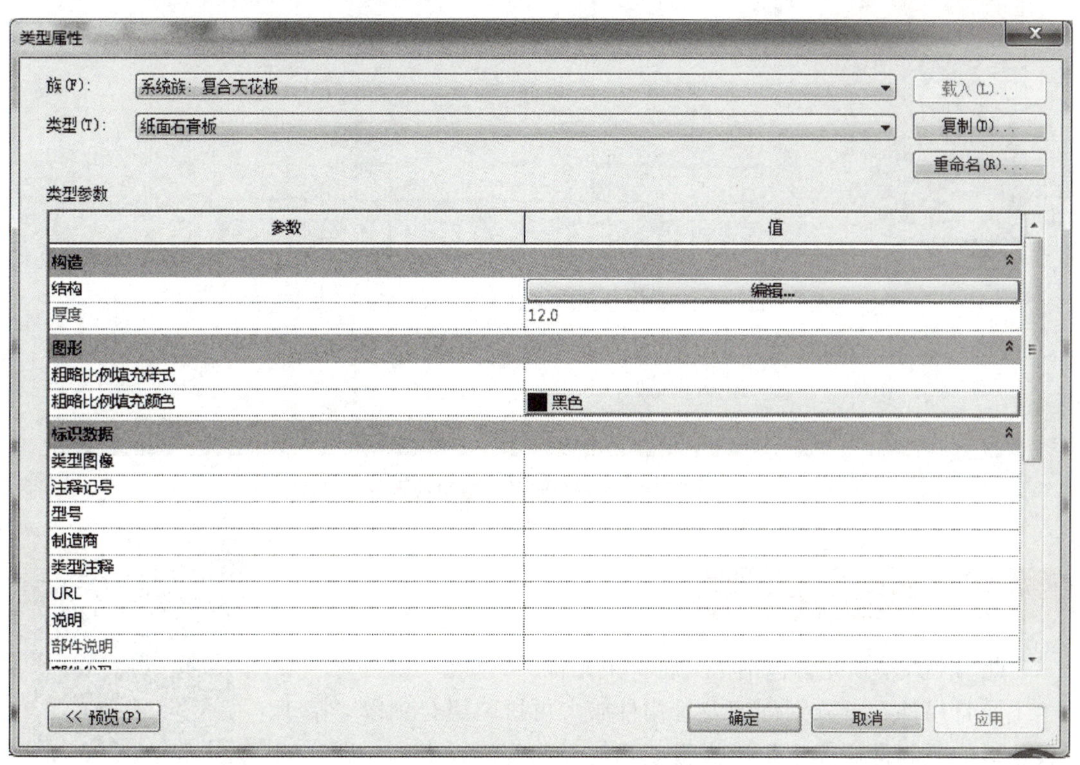

图 7.3.1　天花类型设置

图 7.3.2　纸面石膏板表面填充设置

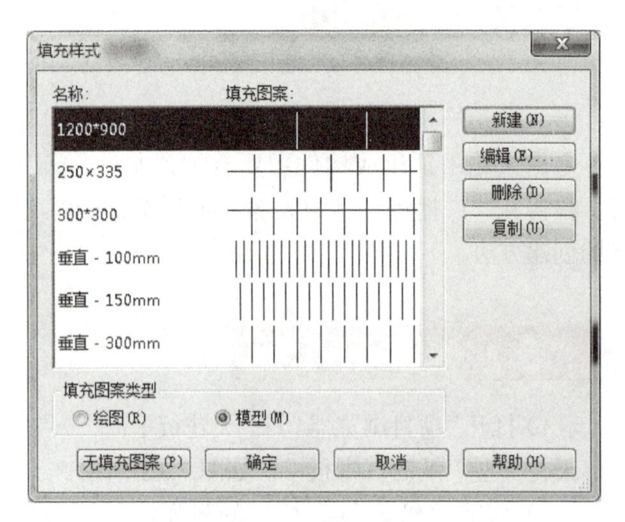

图 7.3.3　纸面石膏板表面填充定义

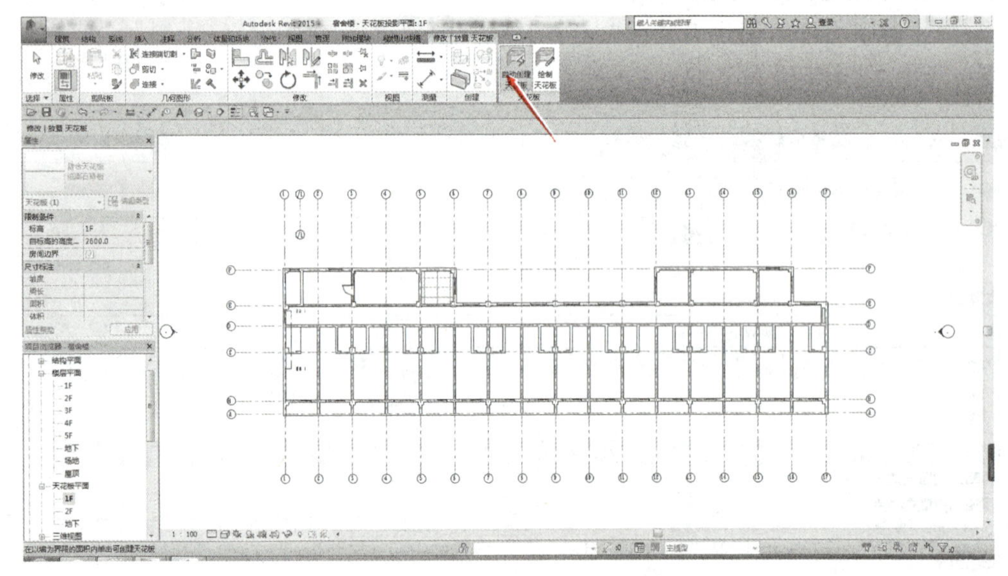

图 7.3.4　绘制纸面石膏板吊顶天花

7.3.2　吊顶龙骨

此不上人吊顶龙骨包括“天花－主龙骨”“天花－次龙骨”及“主龙骨吊件”；分别创建龙骨构件族，再拼装组合到以“基于天花板的公制常规模型”族样板创建的天花构件族中，此方法的优点在于可将各构件平、立、剖及三维表达集成在族中，方便以后重复利用，随着构件族累积，后续项目效率会迅速提升。

视频 7.3.2 吊顶龙骨

（1）新建“基于线的公制常规模型”的族来创建案例中主次龙骨，均使用 CB50×20 型材，如图 7.3.5 所示。

（2）吊装构件“主龙骨吊件”使用“基于天花的公制常规模型”，如图 7.3.6 所示。

（3）按吊顶平面设计将创建好的各龙骨构件加载到“基于天花板的公制常规模型”中组合。组合前需复制“天花面板”轮廓线到族中确定龙骨安装范围，再按设计放置主次龙骨，板面接缝处需加设横撑龙骨，最后安装吊件完成后如图 7.3.7、图 7.3.8 所示。

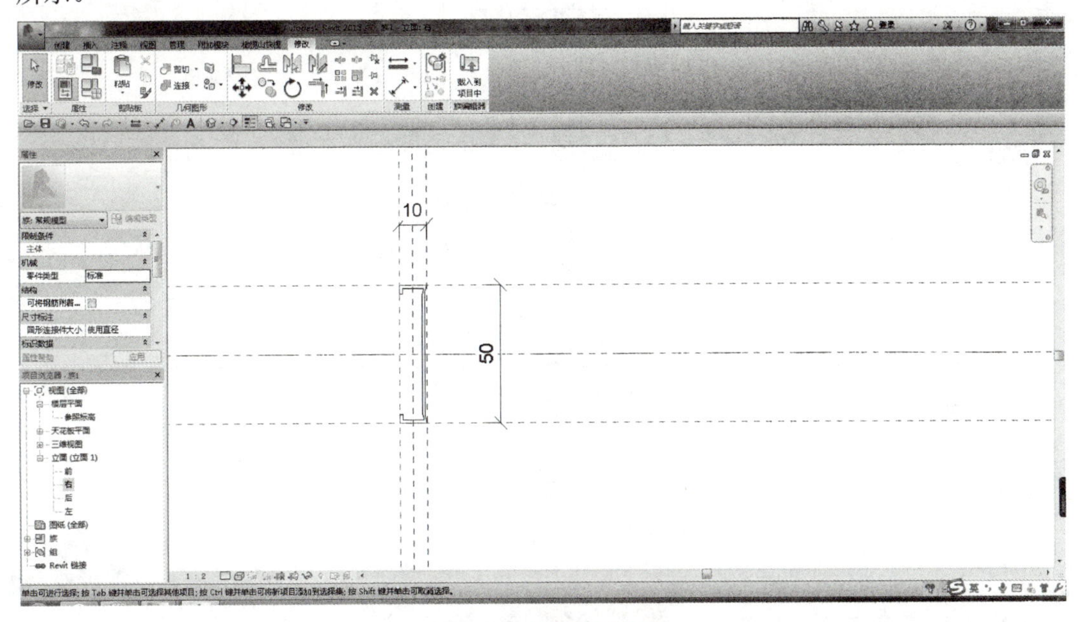

图 7.3.5　龙骨型材创建

图 7.3.6　主龙骨吊件创建

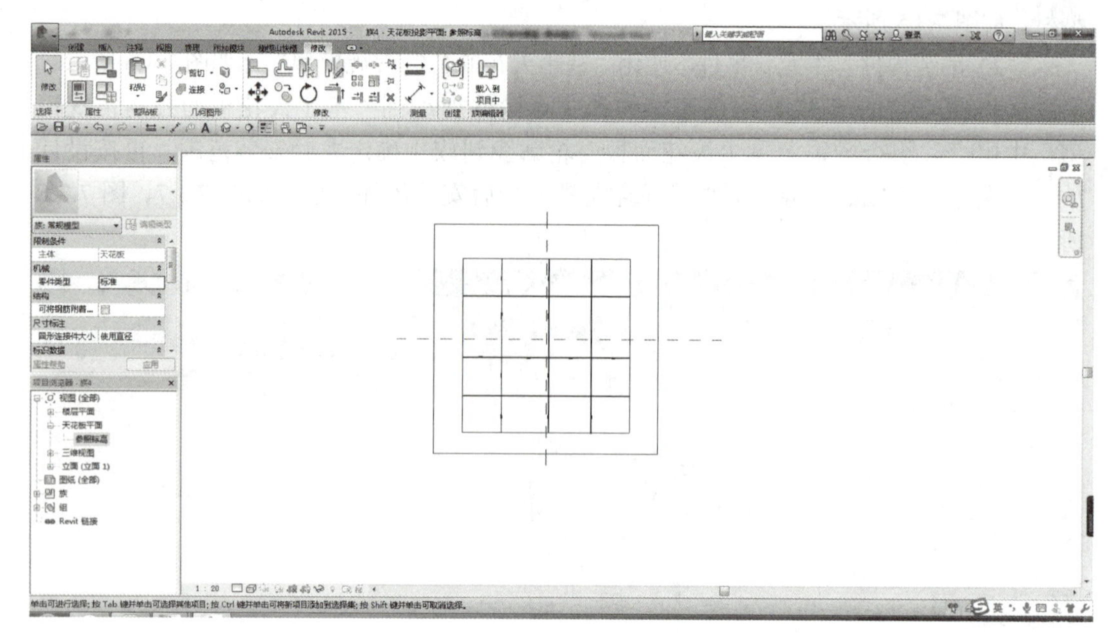

图 7.3.7　主次龙骨创建

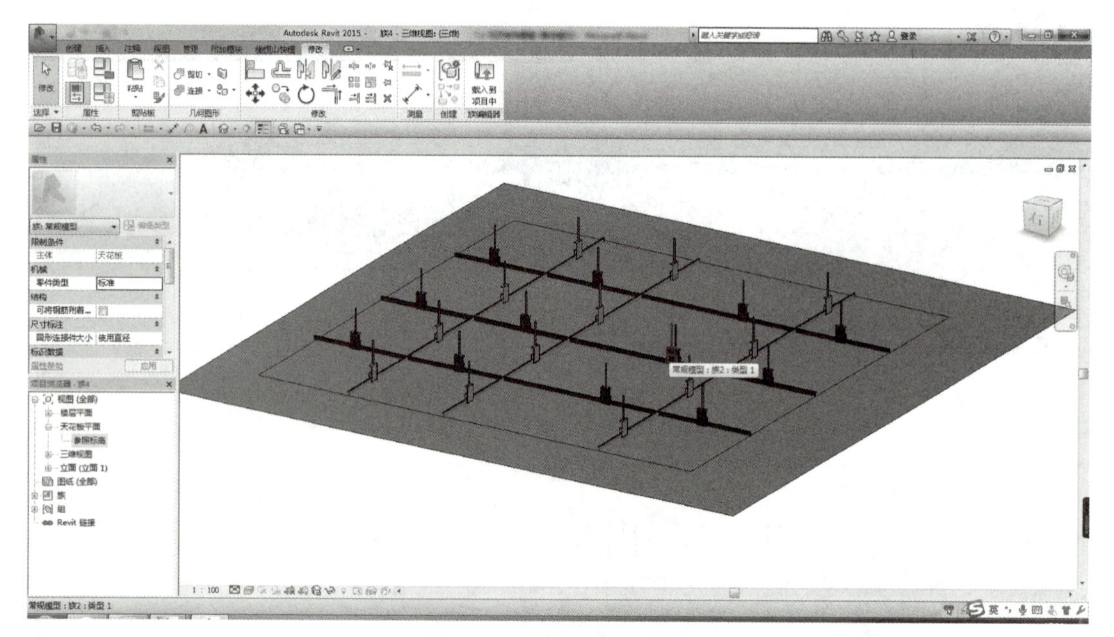

图 7.3.8　吊顶龙骨完成图

7.4 室内布置

7.4.1 布置家具

1. 载入族

单击“常用”选项卡“构件”面板下“放置构件”→“插入”→“从库中载入”→“载入族”命令，从外部文件夹导入需要的所有家具。

视频 7.4.1 布置家具

2. 布置家具

打开“楼层平面 -1F”视图，开始布置家具，先布置两张双层床，单击“建筑”选项卡“构件”面板下的“放置构件”命令，从“类型选择器”中选择一个双层床，然后进入平面开始放置。放置后平面中的位置可直接用“移动”命令调整其位置，如图 7.4.1 所示。

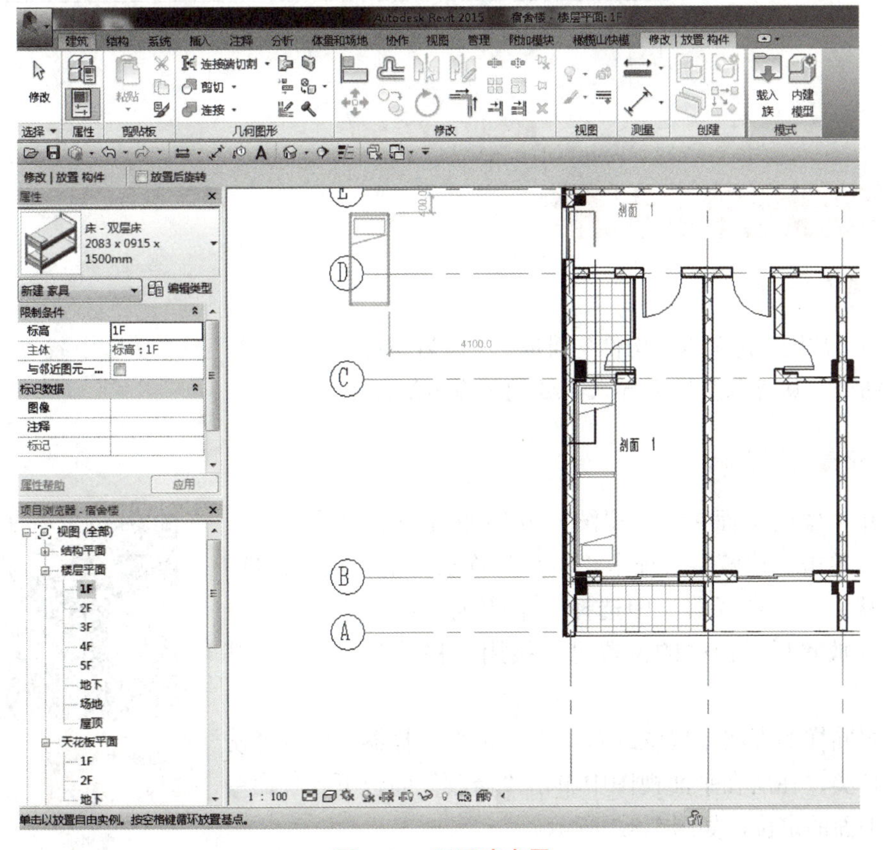

图 7.4.1 双层床布置

第一章
第二章
第三章
第四章
第五章
第六章
第七章

按照同样的方法布置书柜，插入书柜族，在“类型选择器”中选择书柜，在家具所在平面视图中单击“修改”面板下各种命令完成其平面的定位。如果调节相应家具，可进入其“属性”面板中的“类型参数”对话框完成“尺寸”“材质”等的修改，如图 7.4.2 所示。

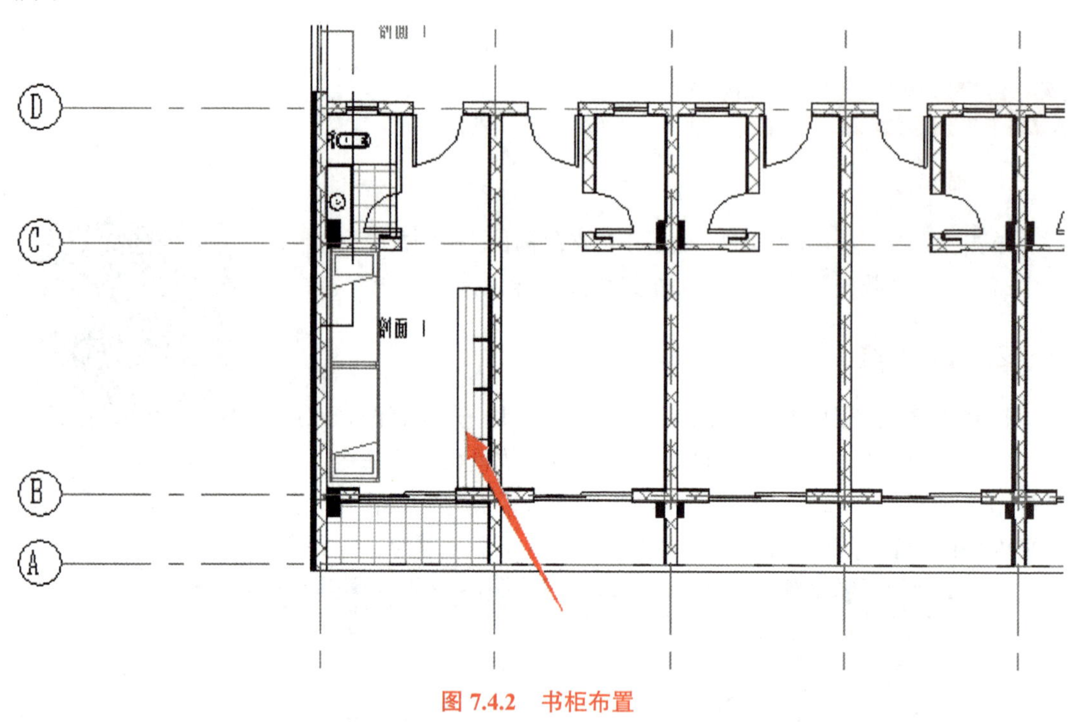

图 7.4.2　书柜布置

7.4.2　卫生间布置

1. 载入族

单击“常用”选项卡“构件”面板下“放置构件”→“插入”→“从库中载入”→“载入族”命令，从外部文件夹导入需要的所有卫浴设施。

2. 布置卫浴设施

打开“楼层平面 -1F”视图，开始布置卫浴设施，先布置蹲坑，单击“建筑”选项卡“构件”面板下的“放置构件”命令，从“类型选择器”中选择一个蹲坑，然后进入平面开始放置。放置后平面中的位置可直接用“移动”命令调整其位置。

视频 7.4.2 卫生间布置

按照同样的方法布置洗脸台，在“类型选择器”中选择洗脸台的种类，在所在平面视图中单击“修改”面板下各种命令完成其平面的定位，如图 7.4.3 所示。

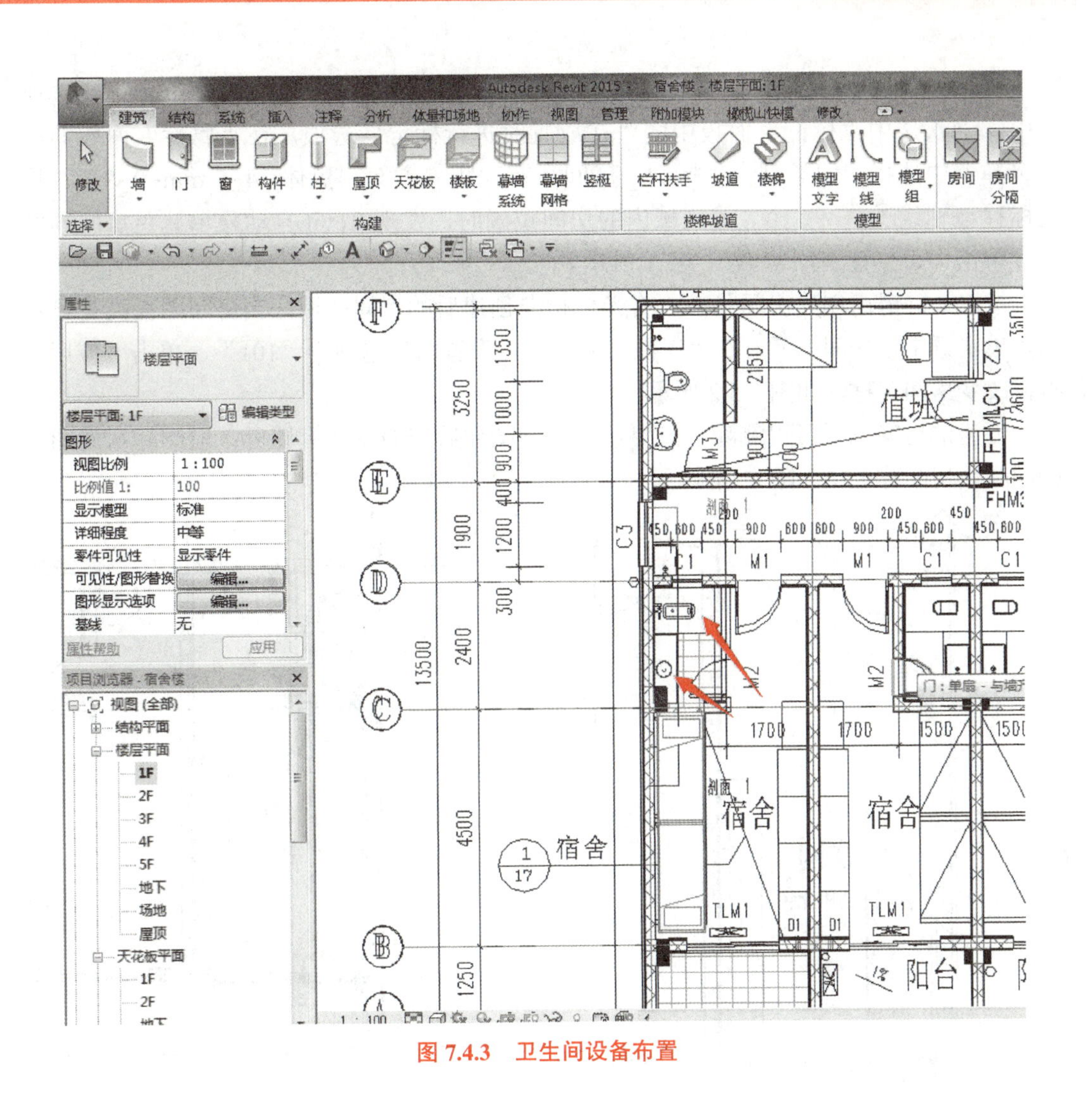

图 7.4.3　卫生间设备布置

7.5　房间

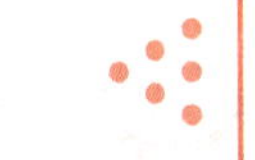

房间和面积是建筑中重要的组成部分，使用房间、面积和颜色方案规划建筑的占用和使用情况，并执行基本的设计分析。

7.5.1　创建与选择房间

只有闭合的房间边界区域才能创建房间对象。Revit 可以自动搜索闭合的房间边界，并在房间边界区域内创建房间。打开“宿舍楼 .rvt”项目文件，切换至 F1 平面视图。

视频 7.5.1 创建与选择房间

打开“建筑”→“房间和面积”→“房间”，进入“修改 | 放置房间”上下文选项卡中，确认选中“标记”面板中的“在放置时进行标记”选项，在“属性”面板的类型选择器中选择房间类型为“标记 _ 房间 - 有面积 - 方案 - 黑体 -4-5 mm-0-8”，将光标移至轴线①、②、Ⓑ、Ⓒ区域内的房间位置时，发现 Revit 自动显示蓝色房间预览线，单击即可创建房间，如图 7.5.1 所示。

按 Esc 键退出创建房间状态，将光标指向创建后的房间区域，当房间图元高亮显示时，单击选中该房间图元。在“属性”面板中，设置名称选项为“101”，单击“应用”按钮改变房间名称，如图 7.5.2 所示。

创建的房间图元可以删除，只要选中房间图元后按 Delete 键即可。但删除房间图元的同时，房间标记也会随之删除。

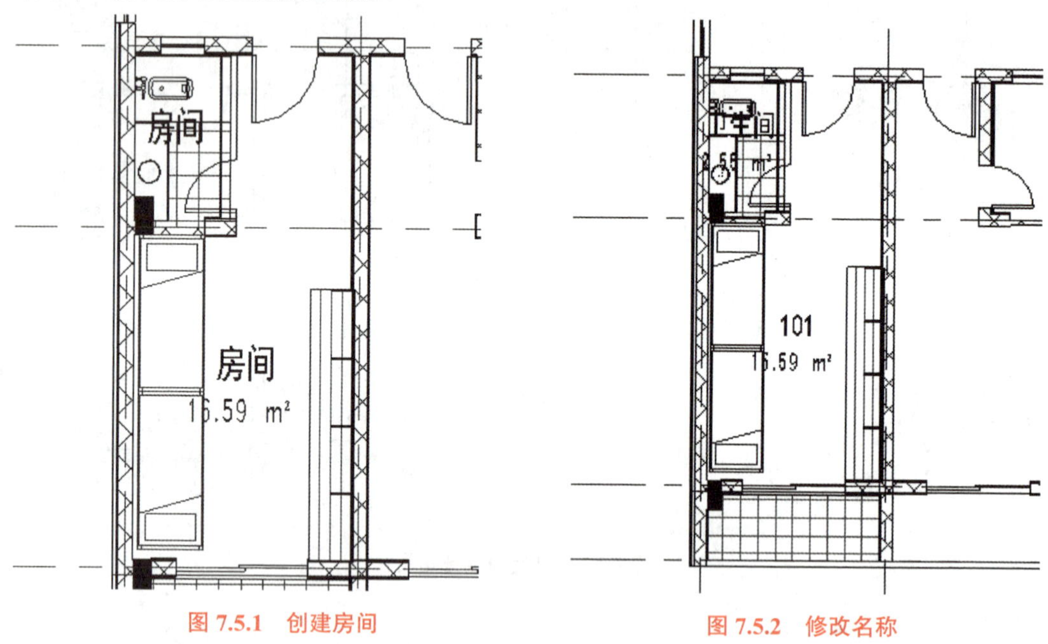

图 7.5.1　创建房间　　图 7.5.2　修改名称

7.5.2　房间的颜色填充

视频 7.5.2 房间的颜色填充

添加房间后，可以在房间中添加图例，并采用颜色填充等方式更清晰地表现房间范围与分布。对于使用颜色方案的视图，颜色填充图例是颜色标识的关键所在。

确定在房间图例平面视图中，切换至“视图”选项卡，单击“图形”→“可见性 / 图形”命令，打开“楼层平面：房间图例的可见性 / 图形替换”对话框，单击“注释类别”标签，在列表中不勾选“剖面”“剖面框”“参照平面”“立面”以及“轴网”复选框，如图 7.5.3 所示。

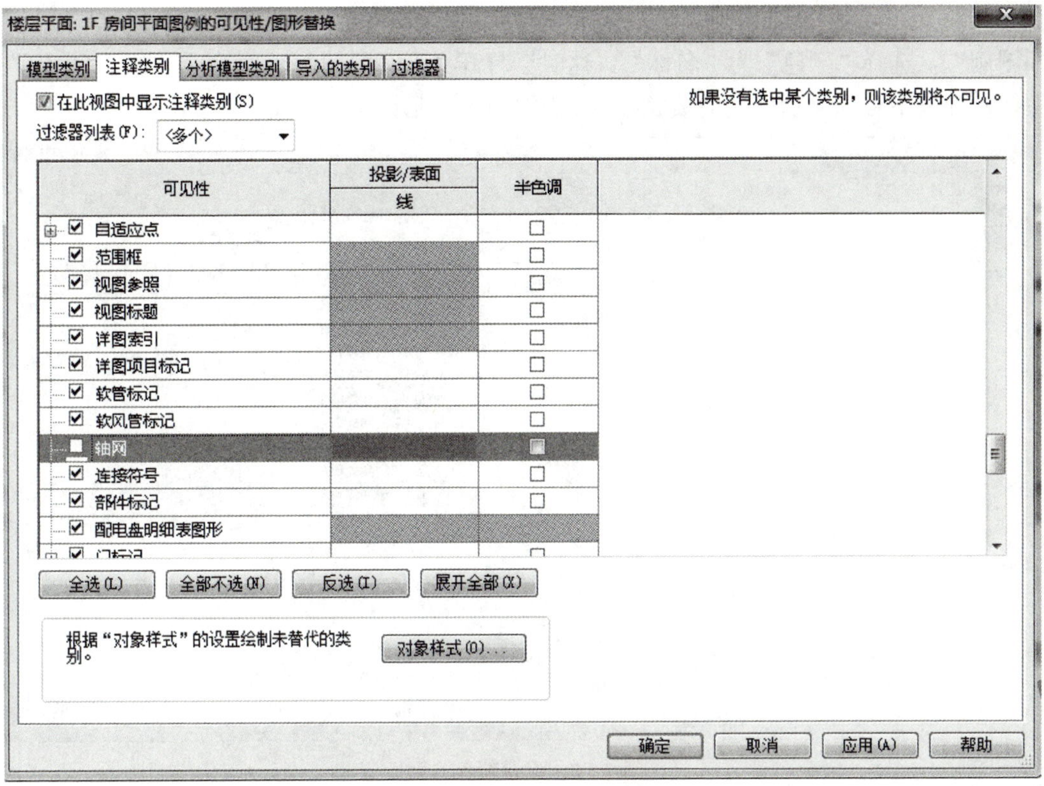

图 7.5.3　可见性 / 图形替换

单击“确定”按钮后，关闭该对话框，房间图例平面视图中将隐藏辅助项目的轴线、剖面等参考图元，如图 7.5.4 所示。

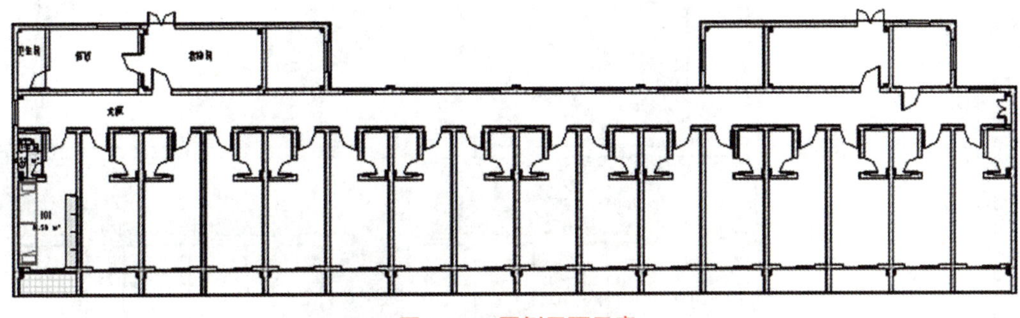

图 7.5.4　图例平面示意

切换至“注释”选项卡，单击“颜色填充”面板→“颜色填充图例”命令，单击视图的空白区域，在打开的“选择空间类型和颜色方案”对话框中选择“空间类型”为“房间”，“颜色方案”为“方案”，再次单击空白区域放置图例。

由于在项目中未定义颜色方案的显示属性，因此该图例显示为“未定义颜色”。当在多层项目中放置图例时，需要在相应的“类型属性”对话框中设置“显示的值”参数为“按视图”，这样，图例就可以只显示当前视图中的房间图例。

切换至“建筑”选项卡，单击“房间和面积”面板下拉按钮，选择“颜色方案”选项。

在打开的“编辑颜色方案”对话框中选择“类别”列表中的“房间”，设置“标题”为“房间图例”，选择“颜色”为“名称”，这时会打开“不保留颜色”对话框，单击“确定”按钮，列表中自动显示房间的填充颜色，如图 7.5.5 所示。

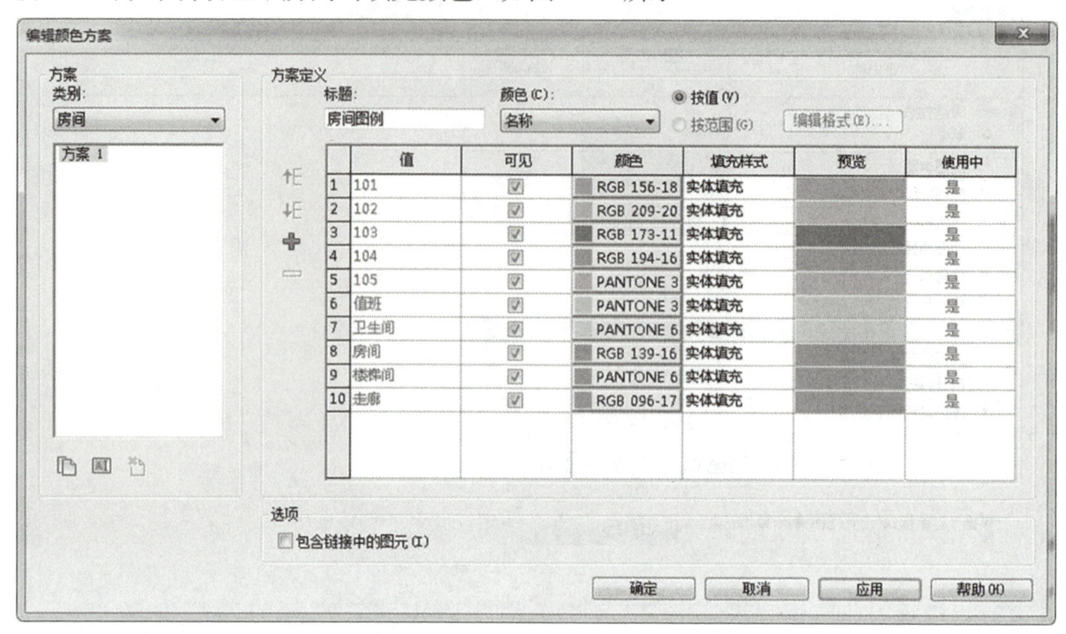

图 7.5.5 设置颜色方案

单击“确定”按钮，关闭“编辑颜色方案”对话框。在房间平面视图中的项目房间中添加相应的颜色填充，并且左侧图列中显示颜色图例，如图 7.5.6 所示。

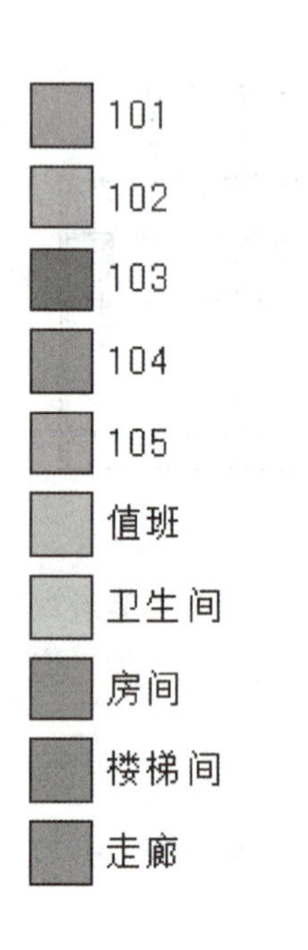

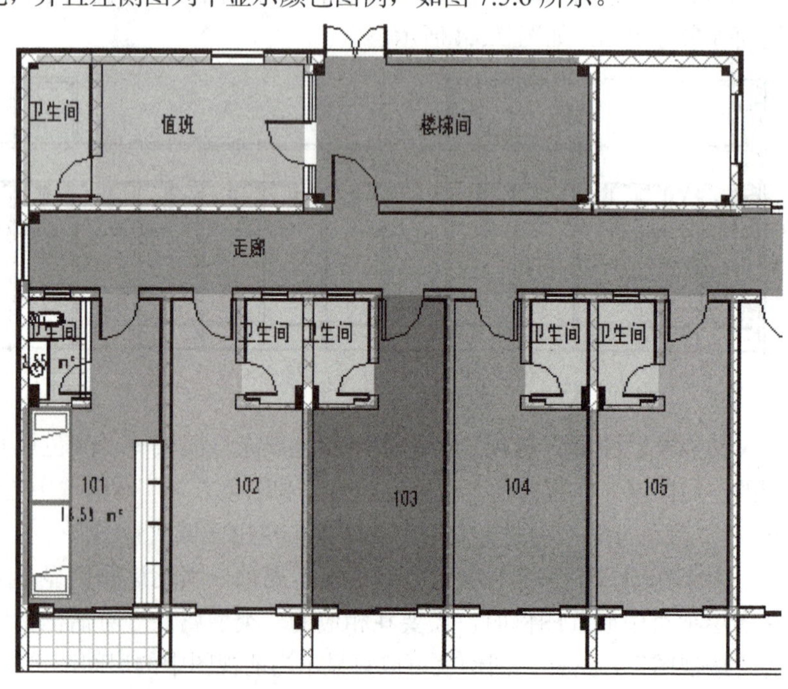

图 7.5.6 颜色方案效果

7.6 渲染和漫游 

渲染视图前应先对构件材质进行编辑，然后放置相机调节视图，最后渲染视图。漫游就是由一个个帧组成的，每一个帧都是一个相机视图，其实也是对相机视图的调节。

7.6.1 构件材质设置

视频 7.6.1 构件材质设置

在渲染视图之前应该对材质进行编辑设置，以木质地板的材质为例，单击“管理”选项卡“设置”面板内的“材质”命令，进入材质编辑对话框。从左侧类型选择栏内找到“柚木”双击，然后在右侧勾选“使用渲染外观”复选框，如图 7.6.1 所示。

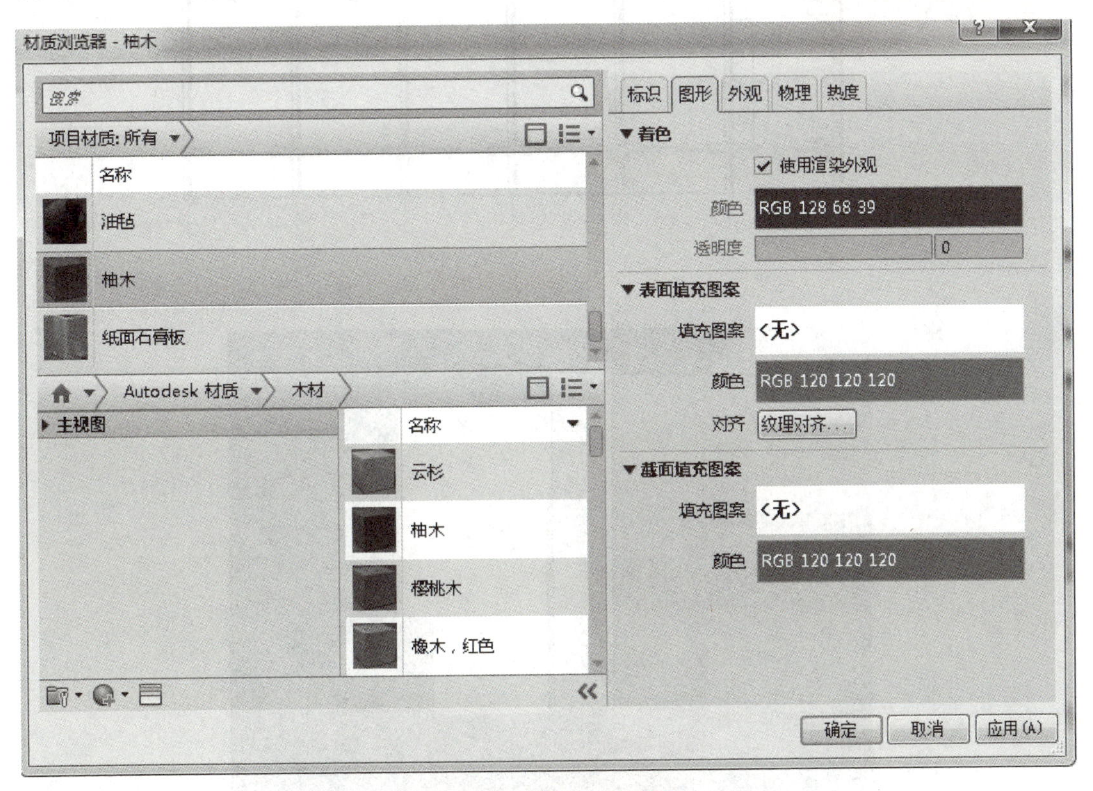

图 7.6.1　地板材质设置

7.6.2 布置相机视图

视频 7.6.2 布置相机视图

对材质设置完成后，开始放置相机，创建相机视图。相机视图是为渲染作准备。

在一层平面视图中，单击“视图”选项卡→“创建”面板→“三维视图”→“相机”命令，将鼠标放到视点所在的位置单击，然后拖动鼠标朝向视野一侧，然后再次单击，完成相机的放置，如图 7.6.2 所示。放置完相机后，当前视图会自动切换到相机视图，单击“着色模式”，如图 7.6.3 所示。

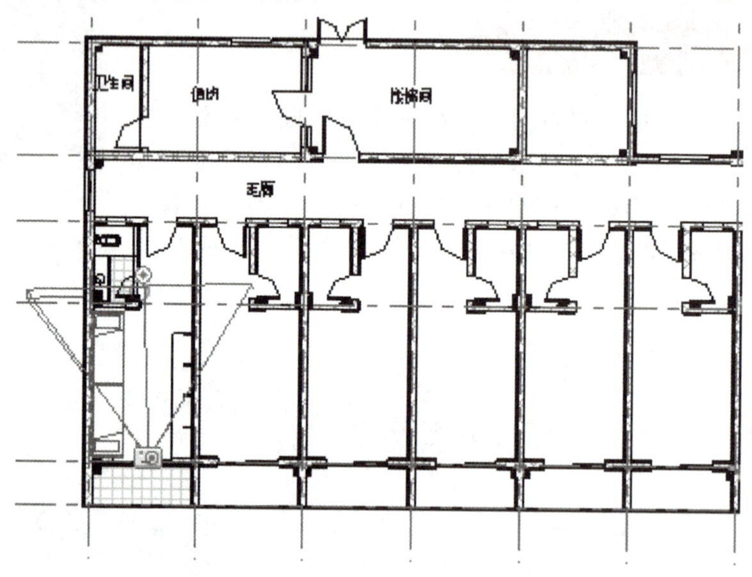

图 7.6.2　相机位置设置

图 7.6.3　相机视图

7.6.3 渲染图像

视频 7.6.3 渲染图像

渲染视图前首先要进入将要渲染的相机视图，单击“视图”选项卡“图形”面板内的“渲染”命令。弹出“渲染”对话框，首先调节渲染出图的质量，单击对话框中“质量”栏内“设置”选项框后的下拉菜单，如图 7.6.4 所示，从中选择渲染的标准，渲染的质量越好，需要的时间就会越多，所以要根据需要设置不同的渲染质量标准。

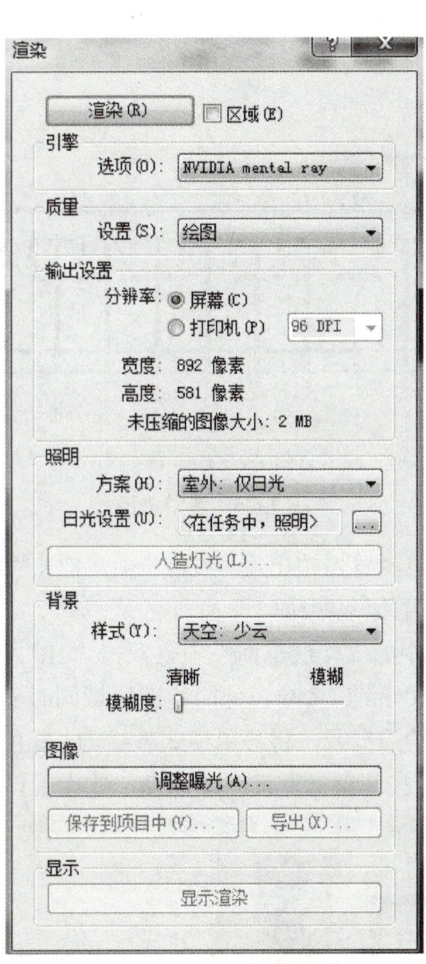

图 7.6.4 渲染选项设置

在“渲染”对话框中“输出设置”栏内调节渲染图像的“分辨率”，“照明”设置栏内将“方案”选项栏内设置为“室内：日光 + 人造光”。“背景”设置栏内可设置视图中天空的样式，不过我们是渲染室内视图，所以可以不考虑。“图像”设置栏内可调节曝光和最后渲染图像的保存格式和位置。所有参数设置完成后，单击对话框左上角的“渲染”按钮，开始进入渲染过程，渲染完成后单击对话框下端“导出”按钮，弹出对话框后设置图像的保存格式和存放位置，最后完成图片的渲染。

7.6.4 漫游

视频 7.6.4 漫游

（1）在项目浏览器中进入 1F 平面视图。

（2）单击“视图”→“创建”→“三维视图”→“漫游”命令。

（3）将光标移至绘图区域，在 1F 平面视图中宿舍楼北面中间位置单击，开始绘制路径，即漫游所要经过的路径，单击选项栏上的“完成”按钮或按 Esc 键完成漫游路径的绘制，如图 7.6.5 所示。

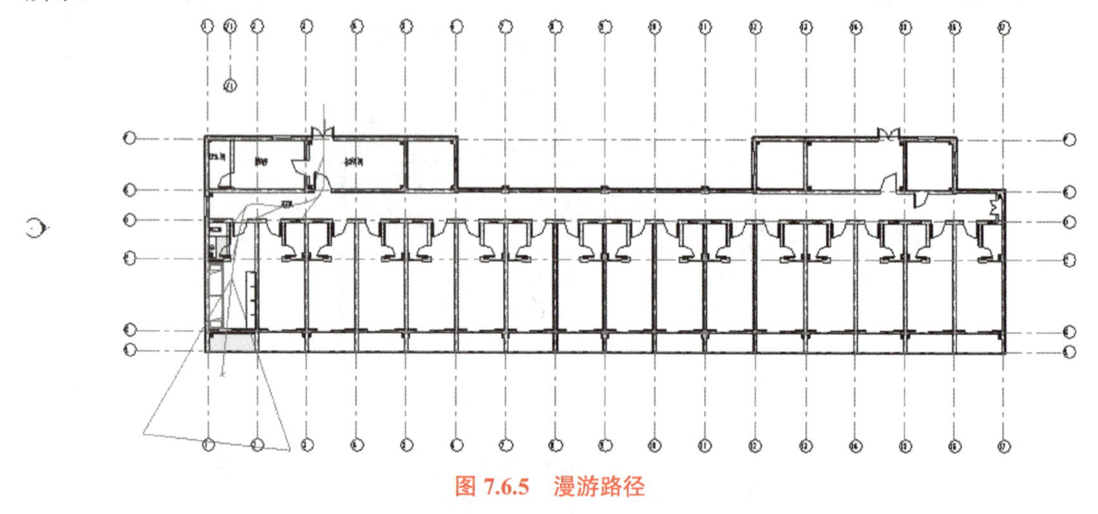
图 7.6.5 漫游路径

（4）完成路径后，项目浏览器中出现“漫游”项，双击“漫游”项显示的名称是“漫游 1”，双击“漫游 1”打开漫游视图。

（5）打开项目浏览器中的“楼层平面”项，双击“1F”，打开一层平面图，在功能区单击“视图”→“窗口”→“平铺”命令，此时绘图区域同时显示楼层平面图和漫游视图。

（6）单击漫游视图中的边框线，将显示模式替换为“着色”，选择漫游视口边框线，单击视口四边上的控制点，按住鼠标左键向外拖曳，放大视口，如图 7.6.6 所示。

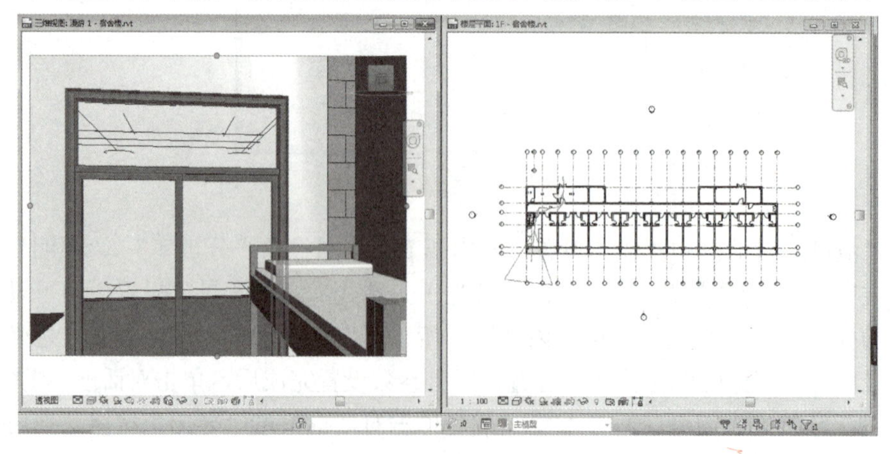
图 7.6.6 漫游视图平铺

（7）选择漫游视口边界，单击“漫游”面板上的“编辑漫游”按钮，在 1F 视图上单击，此时选项栏的工具可以用来设置漫游单击帧数“300”，输入“1”，按 Enter 键确认。在“控制”“活动相机”状态下，1F 平面视图中的相机为可编辑状态，此时可以拖曳相机视点改变相机方向，直至观察三维视图该帧的视点合适。在“控制”下拉列表框中选择“路径”选项即可编辑每帧的位置，在 1F 视图中关键帧变为可拖曳位置的蓝色控制点，如图 7.6.7 所示。

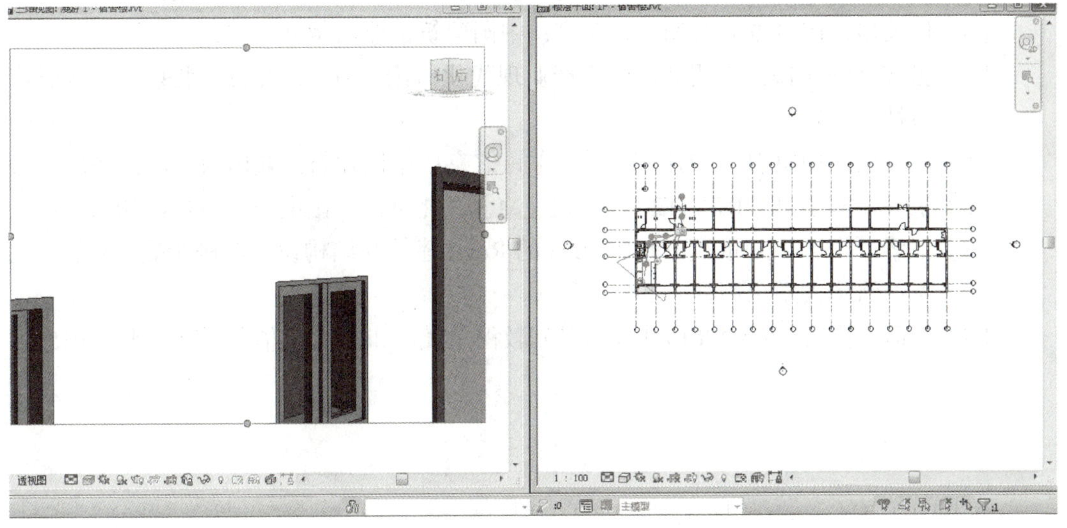

图 7.6.7　漫游编辑

（8）第一个关键帧编辑完毕后单击选项栏的下一关键帧按钮，借此工具可以逐帧编辑漫游，使每帧的视线方向和关键帧位置合适，得到完美的漫游。

（9）如果关键帧过少，则可以在“控制”下拉列表框中选择“添加关键帧”选项，就可以在现有两个关键帧中间直接添加新的关键帧，而“删除关键帧”则是删除多余关键帧的工具。

（10）编辑完成后可单击选项栏上的“播放”按钮，播放刚刚完成的漫游。

（11）漫游创建完成后，可单击“文件”→“导出”→“漫游”命令，弹出“长度 / 格式”对话框，单击“确定”按钮。

参 考 文 献

[1] BIM工程技术人员专业技能培训用书编委会．BIM技术概论［M］．北京：中国建筑工业出版社，2016.

[2] 中国建设教育协会．BIM建模［M］．北京：中国建筑工业出版社，2016.

[3] 何关培．BIM总论［M］．北京：中国建筑工业出版社，2011.

[4] 张波，陈建伟，肖明和．建筑产业现代化概论［M］．北京：北京理工大学出版社，2016.

[5] 何关培．BIM技术应用基础［M］．北京：中国建筑工业出版社，2015.

[6] 王婷，应宇垦．REVIT2015初级［M］．北京：中国电力出版社，2016.

[7] 卫涛，李容，刘依莲．基于BIM的Revit建筑与结构设计案例实战［M］．北京：清华大学出版社，2017.

[8] 李恒，孔娟．Revit 2015中文版基础教程［M］．北京：清华大学出版社，2015.